W. UELLNER · BIBLIOTHEK JOACHIM SCHLIEMANN

FUNGORUM LIBRI BIBLIOTHECAE JOACHIM SCHLIEMANN

Books and Prints
of Four Centuries

Bücher und Schriften
aus vier Jahrhunderten

Edited   Bearbeitet
by   von

WINFRIED UELLNER

1976 · J. CRAMER

In der A.R. Gantner Verlag Kommanditgesellschaft
FL-9094 VADUZ

3., wesentlich erweiterte
und verbesserte Auflage von
CATALOGUS BIBLIOGRAPHICUS
LIBRORUM BOTANICORUM PRAESERTIM
MYCOLOGICORUM QUOS COLLEGIT
JOACHIM SCHLIEMANN
Hamburg 1970

Einbandtitel unter Verwendung des Titelkupfers aus
Bolton, Geschichte der merckwürdigsten Pilze (Nr. 151).
Einbandrückseite: Aus *Tulasne, Selecta fungorum Carpologia*
(Nr. 1798)

© 1976 ELIAS-FRIES-GESELLSCHAFT FÜR PILZFORSCHUNG
D-2000 Hamburg 1, Ballindamm 35

Council/Kuratorium: Prof.Dr.Nils Fries (Chairman/Vors.)
Dr. Werner Bötticher, Prof.Dr. Andreas Bresinsky,
Prof. Dr. Rolf Singer, Prof. Dr. Theodor Wieland.
Board/Vorstand: Joachim Schliemann

Printed in Germany
By Strauss & Cramer GmbH, 6945 Hirschberg 2
ISBN 3-7682-1075-8 (Cramer)
ISBN 3-487-06115-5 (Olms)

In memoriam

ERNST KARL SCHLIEMANN
(1883 - 1945)

1 **ABC Biologie.** Ein alphabetisches Nachschlagewerk für Wissenschaftler und Naturfreunde. (Hrsg.: Gerhard Dietrich und Friedrich W. Stöcker. Verantwortl. Red.: Roselore Ehrlich.) Frankfurt/Main & Zürich: Deutsch (1968). 916 S., 2 Bl. Mit 32 Taf. (davon 14 mit farb. Abb.) 8° (1053)

2 **Abstracts of Mycology.** Fungi in biochemistry, cytology, genetics, microbiology <medical and industrial>, pathology <plant and animal>. Vol. 1, no 1-3. Philadelphia: BioSciences Information Service. Jan. - March 1967. 8° (1)

3 **Abstracts of Symposia Papers.** First International Mycological Congress, Exeter 1971. (Ed. by G.C. Ainsworth and J. Webster.) Old Woking, Surrey: Unwin o.J. (um 1971.) 113 S. 8° (1491)

4 **Académie de La Rochelle.** Soc. des Sciences Natur. de la Charente-Inférieure. Annales. 1881. No 18. Text- und Atlasbd. La Rochelle: Mareschal & Martin 1882. 432 (false 434) S., 1 Bl. (Reg.) Mit 5 (davon 3 doppels.) Taf.; Titel, 4 S., 56 Taf. mit kolor. Abb. 8° (1168). Die S. 357/58 in der Paginierung übersprungen.

5 **Afzelius, Adam.** Reliquiae Afzelianae, sistentes icones fungorum, quos in Guinea collegit et in aere incisas excudi curavit Adamus Afzelius. Interpretatur E. Fries. Uppsala: Edquist 1860. 2 Bl., 12 Kupfertaf. Fol. (2)

Pritzel 32. - Nouv. biogr. gén. I, 356.-

6 **Agardh, Karl Adolf.** Om Inskrifter i lefvande träd. (Resp. P. Olof Liljevalch.) Lund: Berling 1829. Titel, 18 S. 8° (1154)

Pritzel 50.-

Agostini, B. In-Vitro Effect of phalloidin on a plasma membrane preparation from rat liver. 1972. s. **Govindan**, V.M.

Agoty, Louis Gautier d'. Lettres sur les truffes du Piémont. 1780. s. **Borch**, Michael Johann Graf von.

7 **Ahles, Wilhelm Elias von.** Allgemein verbreitete eßbare und schädliche Pilze. Mit einigen mikroskopischen Zergliederungen und erl. Text zum Gebrauche in Schule und Haus. =Unsere Wichtigeren Giftgewächse mit Ihren Pflanzlichen Zergliederungen. 2. Esslingen: Schreiber 1876. 4 Bl., 13 S. Mit 30 (davon 29 farb.) Taf. Fol. (3)

8 — —. 2. Aufl. Esslingen: Schreiber (1898). VII, 52, VS. Mit 40 lithogr. Farbtaf. und 4 Textabb. 8° (4)

Krieger/Kelly S. 2.-

Ahlin, Erik. Om Pilplanteringar och dessas vigt för landthus-hållningen. 2. 1836. Resp. s. **Fries**, Elias.

Ahrberg, H. Versuch einer Konidieninfektion an Fichten in verschiedenen Böden der Gießener Umgebung durch Fomes annosus. 1973. s. **Schwantes**, Hans Otto.

9 **Aichele, D.** Riesenboviste. (Aus: Kosmos. 50 (1954) S. 461. Mit 1 Abb.) (1510)

Ainsworth, Geoffrey Clough. s. **Abstracts of symposia papers.** Um 1971.

10 **—und Guy Richard Bisby.** Dictionary of the fungi. 5th ed. Kew, Surrey: Commonwealth Mycological Inst. 1961. VIII, 547 S. Mit Portr. (Bisby) und 14 Taf. i.T. 8° (5)

11 — — —. 6th ed. including the lichens by P.W. James and D.L. Hawksworth. Kew, Surrey: Commonwealth Mycological Inst. 1971. X, 663 S. Mit 16 Taf. i.T. und Textabb. 8° (1547)

Rez: BSMF 88, 227: Ch. Zambettakis; Fr 10, 347-348: N.F. Buchwald

—. s. **Fungi**, The. 1965-1973.

12 **Albertini, Johann Baptist von und Ludwig Daniel von Schweiniz.** Conspectus fungorum in Lusatiae superioris agro Niskiensi crescentium. Leipzig: Kummer 1805. XXIV, 376 S. Mit 12 kolor. Kupfertaf. 8° (1170)

Pritzel 88 (gibt am Anfang XXIX S. an!).- ADB I,216-217.- NDB I,142-143.- Krieger/Kelly, S. 2.- Biogr.: ZfP 2, 221-225 und 11, 91: M. Seidel. Rez. ZfP 11, 58-62: S. Killermann

13 **Alder, A.E.** Erkennung und Behandlung der Pilzvergiftungen. (Aus: Dt. Medizinische Wochenschrift. 86 (1961) S. 1121-27.) (6)

14 —. Hilfstabellen für die Bestimmung der Russula-Arten nach J. Schaeffer. (St. Gallen: Verein für Pilzkunde 1950.) 11 doppelblattgroße Tab. 8°. (7)

15 **Alexopoulos, Constantine John.** Introductory Mycology. 2nd ed. New York, London: Wiley (1962). XVIII, 613 S. Mit 194 Abb. 8° (8)

16 **—und Everett Smith Beneke.** Laboratory Manual for introductory mycology. (2nd ed.) Minneapolis, Minn.: Burgess (1962). 1 Bl., V, 199 S. Mit 16 Taf. 8° (9)

17 **Allegro, John Marco.** Der Geheimkult des heiligen Pilzes. Rausch-
gift als Ursprung unserer Religionen. (Aus dem Engl. übertr. von
Peter Marginter.) Wien, München, Zürich: Molden (1970). 376 S.
Mit 6 Abb. 8° (1172)

18 —. The sacred Mushroom and the cross. A study of the nature
and origins of christianity within the fertility cults of the ancient
Near East. (London:) Hodder & Stoughton (1970). XXII, 349 S. Mit
2 Farbtaf. und 6 Textabb. 8° (1171)

19 **Allen, Ruth Florence und Hally Delilia Mary Jolivette.** A Study of
the light reactions of Pilobolus. (Aus: Transactions of the Wisconsin Acad. of Sciences, Arts, and Letters. 17 (1913) S. 533-598. Mit
Tab. und Fig.) (10)

    Krieger/Kelly, S. 3.-

20 **Allescher, Andreas.** Diagnosen einiger neuer, im Jahre 1895 ge-
sammelter Arten bayerischer Pilze aus der Abteilung der Fungi
imperfecti. (Aus: Berichte der Bayerischen Botanischen Ges. 1896.
S. 31-40.) (11)

21 **Almroth, Ulf.** Svampboken. Stockholm: Lindquist (1951). 95 S.
Mit ca 100 farb. Abb. auf Taf. i.T. 8° (12)

22 **Amann, Gottfried.** Bäume und Sträucher des Waldes. (10. Aufl.)
(Melsungen:) Neumann (-Neudamm 1968). 231 S. Mit 500 **farb.**
und 140 s.-w. Abb. von Paul Richter. 8° (1085)

23 —. Bodenpflanzen des Waldes. (Neue Aufl.) Melsungen: Neumann-Neudamm (1970). 420 S. Mit 630 farb. und 150 s.-w. **Abb.**
von Paul Richter. 8° (1086)

    Rez.: SZP 48, 116: R. Hotz

24 —. Pilze des Waldes. (Teilausg. von: Bodenpflanzen des Waldes.)
Melsungen: Neumann-Neudamm (1962). 89 S. Mit 70 farb. und
27 s.-w. Illustr. von Paul Richter. 8° (13)

    Rez.: ZfP 29, 61-62: E.H. Benedix

25 **L'Amateur de Champignons.** Journal consacré à la connaissance
populaire des champignons. Dir. par Paul Dumée (Vol. 1-7, bzw.:)
René Maire (Vol. 8 ff.). Vol. 1-9. 11, 3-6 und Taf.bd mit den Taf.
zu Vol. 1-10. Paris: Klincksieck 1908-1926. 8° (14)

    Krieger/Kelly, S. 245.-

Amsel, H.G. Morcheln und Lorcheln. 1953. s. **Hennig**, Bruno.

Andersson, A.R. Svampe Livet. 1961. s. **Lange**, Morten.

26 **Andersson, Olof.** Larger Fungi on sandy grass heaths and sand dunes in Scandinavia. = Botaniska Notiser. Suppl. Vol. 2, 2. Lund: Gleerup (1950). 89 S. Mit 9 Taf. und 33 Textabb. 8° (15)

—. Svampflora. 1964. s. **Lange**, Jakob Emmanuel.

27 **André, E.** Les Champignons comestibles de Saône-et-Loire. Macon: Protat 1904. 42 S. Mit 52 (gez. 49) Abb. von G. Lafay. 8° (16)

28 **Angerer, Jakob und Josef Poelt.** Mykologische Notizen aus Südbayern. (Aus: Berichte der Bayerischen Botanischen Ges. 33 (1960) S. 5-10.) (17)

Rez.: WP 3, 16: H. Jahn

Anschriftenverzeichnis der Pilzberatungsstellen in der Bundesrepublik Deutschland. (Stand: Juli 1974.) s. **Landeszentrale für Gesundheitsförderung Baden-Württemberg e.V.**

Apreval, A. de. Tableau des principaux champignons comestibles et vénéneux. Um 1920. s. **Dumée**, Paul.

29 **Arietti, Nino und Renato Tomasi.** I Funghi velenosi. Specie responsabili, sindromi, terapie. =Monografie di 'Natura Bresciana'. No 1, 1969. (Brescia:) 'Natura Bresciana' 1969. 186 S., 1 Bl. Mit 58 Abb. Lose beiliegend: 1 Bl. mit farb. Pilzabb., 1 Übersichtstaf., 1 Bl. Addenda, Corrigenda. 8° (1064)

Rez.: BSMF 86, 929: Ch. Zambettakis; SZP 48, 24:J. Peter

30 **Arimoto, Kunitaro, Tadayoshi Ono und Chikako Kurata.** Studies on the chages (!) of vitamin D in the Shii-ta-ke mushroom <Lentinus edodes> on the cooking. O.O. u. J. (um 1970.) 1 Bl. Mit 1 Tab. 8° (1898)

Annales. Académie de La Rochelle. s. **Académie de La Rochelle.**

31 **Aristospel, A.-B.** Svampplockarens A och o. Granskad av mykolog Hugo Stelin. Bd 1.2. Stockholm: Petterson 1961. 247 S., 4 Bl. (Reg.). Mit einigen s.-w. und 117 ganzs. farb. Abb.; Titel, S. 303 (!)-407, 7 Bl. (Reg.) Mit 36 ganzs. farb. Abb. 8°. Dazu: 1 Faltkt. mit 61 farb. Abb. und 1 Faltkt. mit ca 100 farb. Abb. (18)

32 **Arrhenius, Johan Pehr.** Nordens Matsvampar, deras odling och användning efter W. Robinson. Fri bearb. med ändringar och tillägg. Stockholm: Arrhenii förl. (1874.) 2 Bl., VII S., 1 Bl., 165 S., 1 Bl. (Reg.) Mit 47 Abb. 8° (20)

33 **Arx, Josef Adolf von.** The Genera of fungi sporulating in pure culture. 2nd, fully rev. ed. Vaduz: Cramer 1974. 2 Bl., 315 S. Mit 136 Abb. 8° (1212)

Rez.: ČM 28, 63-64: V. Holubová-Jechová (Ausg. 1970)

34 —. Pilzkunde. Ein kurzer Abriß der Mykologie unter bes. Berücks. der Pilze in Reinkultur. Lehre: Cramer 1967. 4 Bl., 356 S. Mit 123 Abb. 8° (837)

Rez.: BSMF 84, 151-152: M. Chadefaud; MoeMG 103, 1967: K. Lohwag; Pe 5, 208: R.A. Maas Gersteranus; RM 32, 414-415: C. Moreau; Sy 20, 361-362: F. Petrak; WP 7, 16: H. Jahn

Arzneimittelkommission der Deutschen Ärzteschaft. Richtlinien. s. **Pilzvergiftungen**. 1958.

Aschan, Karin. The physiological Heterogeneity of the dikaryotic mycelium of Polyporus abietinus investigated with the aid of micrurgical technique. 1952. s. **Fries**, Nils.

35 **Atkins, Frederick Charles.** Mushroom Growing to-day. (2nd ed.) London: Faber & Faber (1950). 187 S. Mit 14 Taf. und Textabb. 8° (21)

36 **Atkinson, George Francis.** Studies of American fungi. Mushrooms edible, poisonous etc. Recipes for cooking mushrooms by Sarah Tyson Rorer. Chemistry and toxicology of mushrooms by J.F. Clark. 3rd ed. New York: Holt 1911. VII, 323 S. Mit 250 Abb., teils i.T., teils auf 85 (false 86) Taf. 8° (22)

Krieger/Kelly, S. 6 (1. und 2. Aufl.).-

37 **Aubriet, Claude.** Aquarelle. 109 Bl. mit ca 500 meist farb. Abb. von Pilzen und überwiegend lat. Bezeichnungen von der Hand des Botanikers Seb. Vaillant. Um 1720 (1990)

Menu, H.: Claude Aubriet, peintre de fleurs. Chalons sur Marne 1867.- Thieme-Becker II, 229-230.- Nouv. biogr. gén. III, 583.- Vor allem 2 mit den Papieren der Göttinger Aubriet-Zeichnungen identische Wasserzeichen (P Herz G und Christuszeichen in Oval, oben Kreuz, unten Herz mit 3 Nägeln) sprechen für die Eigenhändigkeit der Darstellungen. A.d. Bibliothek von Dr. Alfred Schmid, Bern, s. Exlibris a.d. Innendeckel.

—. Botanicon Parisiense. 1727. s. **Vaillant**, Sébastien.

38 **Auswahl, Eine, von bekannten Standardwerken und Publikationen der Pilzliteratur.** Tl 1.2. (Aus: Südwestdt. Pilzrundschau. 11 (1975) Nr 2, S. 10-14 und 12 (1976) Nr 1, S. 10-12.) (2024)

39 **Bach, Erna.** The Agaric Pholiota aurea. Physiology and ecology.
=Dansk Botanisk Arkiv. 16, 2. Kopenhagen: Munksgaard 1956.
220 S. Mit 1 farb. Taf., 4 Abb. und tabellar. Darst. i.T. 8° (23)

Bachmann, Hans. Die Pilze des Waldes. Volksausg. 1920. s. **Rothmayr**, Julius.

40 **Badham, Charles David.** A Treatise on the esculent funguses of
England. London: Reeve 1847. X, 138 S. Mit kolor. lithogr. Frontispiz, Titelvign. und 20 (davon 17 kolor.) lithogr. Taf. 8° (24)

Brunet VI, 5375 (zählt 30 Taf.!).- Graesse I, 274.- Pritzel 320.-
Nissen 58.- Krieger/Kelly, S. 9.-

41 **Bässler, Karl.** Giftpilze im Pfälzer Raum. (Aus. Pfälzer Heimat.
10 (1959) S. 65-68.) (25)

Biogr.: ZfP 30, 1 (m. Portr.): H. Kühlwein
Rez.: WP 2, 102: H. Jahn

42 —. Neufunde an höheren Pilzen 1958 und 1959 im Pfälzer Raum.
(Aus: Pfälzer Heimat. 11 (1960) S. 26-28.) (26)

Rez.: WP 2, 102: H. Jahn

43 —. Der gelbe Schuppenwulsting (Squamanita Schreieri Imbach).
Erstfund des in Deutschland bisher unbekannten Blätterpilzes auf
Pfälzer Boden. (Aus: Pfälzer Heimat. 10 (1959) S. 112-113. Mit
1 Abb.) (27)

Rez.: WP 2, 101-102: H. Jahn

44 —. Untersuchungen über die Pilzflora der Pfälzer Kastanienwälder. (Aus: Mitteilungen der Pollichia. N.F. 12 (1944) S. 3-87. Mit
9 Abb., 16 Tab. und 1 Kt. i.T.) (28)

Bahl, Nita. Mushroom Cultivation. Um. 1974. s. **Munjal**, R.L.

45 **Baillon, Henri Ernest.** Traité de botanique médicale cryptogamique suivi du tableau du droguier de la faculté de médicine
de Paris. Paris: Doin 1889. 2 Bl., 376 S., 2 Bl. (letztes leer.) Mit
370 Holzschnitten. 8° (1173)

Nissen, 65.- Krieger/Kelly, S. 9.-

46 **Balfour-Browne, Frances Lotte.** Some Himalayan Fungi. = Bulletin of the Brit. Mus. <Natural History> Botany. 1, 7. London
1955. S. 187-218. Mit 8 Abb. 4° (29)

47 **Baranov, A.** Basic Latin for plant taxonomists. (Authorized repr.
aus: Advancing Frontiers of Plant Science. Vol. 21.) Lehre:
Cramer 1971. 2 Bl., V, 146 S. 8° (1551)

48 **Barkmann, J.J.** Paddestoelen in Jeneverbesstruwelen. (Aus: Coolia. 11. 1964. 29 S. Mit 17 Abb.) (838)

  Rez.: WP 5, 68: A. Runge

49 **Barla, Jean Baptiste.** Aperçu mycologique et catalogue des champignons observés dans les environs de Nice. Nice: Canis 1858. 62 S., 1 Bl. 8° (4°) (1174-1176). Angeb.: **Barla**: Tableaux comparatifs des champignons comestibles et vénéneux de Nice. (Nice) 1855. Titel (hs.), 4 doppelbl.gr. kolor. lithogr. Taf., 2 Bl. (hs. Index.) 2. **Barla**: Descriptions et figures de quatre espèces de champignons. (Aus: Nova Acta Acad. Caesareae Leopoldino-Carolinae Naturae Curiosorum. 27. 1857. 12 S. Mit 4 kolor. lithogr. Taf.

  Krieger/Kelly, S. 247 (Hauptwerk und Beibd 2).- Das Hauptwerk ohne die 4 Taf.

50 —. Les Champignons de la province de Nice et principalement les espèces comestibles, suspectes ou vénéneuses, dessinées d'après nature et décrits. Nice: Canis 1859. Vortitel, LV, 138 S., 1 Bl. Mit 48 kolor. lithogr. Taf. Quer-4° (1177)

  Pritzel 415.- Nissen 77.- Raab 54, 10.- Krieger/Kelly, S. 13.-

51 —. Descriptions et figures de quatre espèces de champignons. 1857. vgl. Aufn. zu **Barla**: Aperçu mycologique et catalogue des champignons observés dans les environs de Nice. 1858. (Beibd 2.)

52 —. Flore mycologique illustrée. Les champignons des Alpes-Maritimes. Avec l'indication de leurs propriétés utiles ou nuisibles. Nice: Giletta 1888-1892. 80 S. Mit 69 (gez. 64) kolor. lithogr. Taf. 4° (30)

  Nissen 79.- Krieger/Kelly, S. 13.-

53 —. Tableaux comparatifs des champignons comestibles et vénéneux de Nice. 1855. vgl. Aufn. zu **Barla**: Aperçu mycologique et catalogue des champignons observés dans les environs de Nice. 1858. (Beibd 1.)

Barlowe, Dorothea. Blütenlose Pflanzen. 1970. s. **Shuttlerworth**, Floyd Stephen.

Barlowe, Sy. Blütenlose Pflanzen. 1970. s. **Shuttlerworth**, Floyd Stephen.

Barnes, Bertie Frank. The Structure and development of the fungi. 1927 u.ö. s. **Gwynne**-Vaughan, Helen Charlotte Isabella.

Barnett, Horace Leslie. Physiology of the fungi. 1951. s. **Lilly**, Virgil Greene.

CONSPECTUS

FUNGORUM

IN LUSATIAE SUPERIORIS

AGRO NISKIENSI

CRESCENTIUM.

E METHODO PERSOONIANA.

CUM TABULIS XII AENEIS PICTIS, SPECIES
NOVAS XCIII SISTENTIBUS.

AUCTORIBUS

I. B. DE ALBERTINI

L. D. DE SCHWEINIZ.

LIPSIAE

SUMTIBUS KUMMERIANIS 1805.

Zu Nr. 12

ELENCHVS FVNGORVM.

CONSCRIPSIT

AVG. JO. GEORG. CAR. BATSCH,

PHIL. D.

ACCEDVNT ICONES LVII. FVNGORVM NONNVLLORVM
AGRI JENENSIS, SECVNDVM NATVRAM AB AVTORE
DEPICTAE; AERI INCISAE ET VIVIS COLORIBVS
FVCATAE a I. S. CAPIEVX.

HALAE MAGDEBVRGICAE,
APVD JOANNEM JACOBVM GEBAVER.
CIƆIƆCCLXXXIII.
Zu Nr. 62

Barratt, R.W. Biochemical mutant Strains of Neurospora produced by physical and chemical treatment. 1950. s. **Tatum**, E.L.

Barsuhn, E. Tropische Reaktionen der Fruchtkörper von Lentinus tigrinus Bull. 1971. s. **Schwantes**, Hans Otto.

54 **Bary, Anton de.** Morphologie und Physiologie der Pilze, Flechten und Myxomyceten. = Handbuch der Physiologischen Botanik. Hrsg. von Wilhelm Hofmeister. 2, Abt. 1. Leipzig: Engelmann 1866. XII, 316 S. Mit 1 gefalt. Kupfertaf. und 101 Holzschn. 8° (31.208). Angeb.: **Bary**: Die Mycetozoen <Schleimpilze>. 2., umgearb. Aufl. Leipzig: Engelmann 1864. XII, 132 S. Mit 6 gefalt. Kupfertaf.

> Pritzel 458 und 456.- Lütjeharms, S. 1 und 19.- Raab 54, 10.- Krieger/Kelly, S. 14 (Beibd).-

55 —. Vergleichende Morphologie und Biologie der Pilze, Mycetozoen und Bacterien. Leipzig: Engelmann 1884. XVI, 558 S. Mit 198 Holzschnitten. 8° (32)

> Krieger/Kelly, S. 14 (engl. Ausg. von 1887).-

56 —. Die Mycetozoen <Schleimpilze>. 1864. vgl. Aufn. zu: **Bary**: Morphologie und Physiologie der Pilze, Flechten und Myxomyceten. 1866.

57 —. Zur Systematik der Thallophyten. 1-3. (Aus: Botanische Zeitung. 39 (1881) Sp. 1-17. Mit 1 Tab.) (33)

Bas, C. The genus Amanita in Singapore and Malaya. 1962. s. **Corner**, Edred John Henry.

58 **Bataille, Frédéric.** Flore analytique et descriptive des Hyménogastracées d'Europe. (Aus: Bulletin de la Soc. Mycologique de France. 39 (1923) S. 157-196.) (35)

59 —. Flore analytique et descriptive des Tubéroidées de l'Europe et de l'Afrique du Nord. (Aus: Bulletin de la Soc. Mycologique de France. 37 (1922) S. 155-207.) (34)

> Krieger/Kelly, S. 15.-

60 —. Flore monographique des Cortinaires d'Europe. (Aus: Bulletin de la Soc. d'Histoire Natur. du Doubs. No 22. 1911. 112 S.) (36)

> Krieger/Kelly, S. 14.-

61 —. Les Réactions macrochimiques chez les champignons suivies d'indications sur la morphologie des spores. Paris: Lechevalier 1948. 172 S. 8° (37)

> Rez.: WP 8, 39: H. Jahn

62 **Batsch, August Johann Georg Carl.** Elenchus fungorum. (Nebst) Continuatio 1.2. Halle: Gebauer 1783-1789. 6 Bl., 184 Sp.; (Cont. 1: 1786) 280 Sp.; (Cont. 2: 1789) XL, 164 Sp. Mit insgesamt 42 kolor. Kupfertaf. 4° (1178)

> Brunet VI, 5362.- Pritzel 475.- Nissen 92.- ADB II, 132-133.- NDB I, 628-629.- Nouv. biogr. gén. IV, 743-744.- Krieger/ Kelly, S. 15.-
> Biogr.: ZfP 5, 285-289: S. Killermann
> Rez.: ZfP 8, 36-42: S. Killermann

63 **Battarra, Giovanni Antonio.** Fungorum agri Ariminensis Historia. Faenza: Typis Ballantianis 1755. VII, 80 S. Mit 40 Kupfertaf. 4° (1179)

> Brunet VI, Nr 5374.- Graesse I,311.- Ebert I,1762.- Pritzel 490.- Nissen 95.- Nouv. biogr. gén. IV, 747.- Lütjeharms, S. 145 u. 228.- Krieger/Kelly, S. 15 (2. Ausg.).-

Bauer-Bovet, Pierrette. BLV Bestimmungsbuch Bäume + Sträucher. 1974. s. **Quartier**, Archibald.

64 **Baumgärtel, Traugott.** Mikrobielle Symbiosen im Pflanzen- und Tierreich. = Die Wissenschaft. 94. Braunschweig: Vieweg 1940. IV, 132 S. Mit 25 (gez. 24) Abb. 8° (1293)

65 **Bavendamm, Werner.** Der Hausschwamm und andere Bauholzpilze. Erkennung und Bestimmung, Verhütung und Bekämpfung. Stuttgart: G. Fischer 1969. 69 S. Mit 33 Abb. 8° (1181)

> Rez.: MOeMG 111, 1969: K. Lohwag; Sy 22, 333: F. Petrak

66 —. Neue Untersuchungen über die Lebensbedingungen holzzerstörender Pilze. Ein Beitrag zur Frage der Krankheitsempfänglichkeit unserer Holzpflanzen. (Hab.-Schr.) (Aus: Zentralblatt für Bakteriologie. Abt. 2, Bd 75 (1928) und 76 (1929). S. 425-452, 503-533 und 172-227. Mit 8 Abb., 35 Tab. und 3 Taf.) (1180)

67 —. Wie unterscheide ich die Speisepilze von den Gift- und Bitterpilzen? Bestimmungsschlüssel zum sicheren Erkennen von 10 Familien, 40 Gattungen und 120 Arten. = Merkblätter des Reichsinst. für Forst- und Holzwirtschaft. R. 7. Sondernutzungen. Nr 7. (Hamburg-Reinbek 1948.) 61 S. Mit 30 Abb. 8° (1321)

68 **Bechmann, Eugen.** Untersuchungen über die Kulturfähigkeit des Champignons <Psalliota campestris>. (Dissertation Erlangen.) (Aus: Zeitschrift für Botanik. 22 (1929) S. 290-323. Mit 18 Tab. und 8 Abb.) (971)

69 **Bechstein, Johann Matthäus.** Forstbotanik oder vollständige Naturgeschichte der deutschen Holzgewächse und einiger fremden

für Oberförster, Förster und Forstgehülfen. (4. Aufl.) Gotha: Henning 1821. XXVIII, 948 S., 2 Bl. (Errata), 1 Bl. (leer). Mit 1 Falttab. und 9 (davon 6 kolor.) gefalt. Kupfertaf. 8° (38)

Pritzel 539 (nicht diese Aufl.).- Nissen, Suppl. 113n.- ADB II, 205-206.- Nouv. biogr. gén. V,89.-

70 **Beck, Günther.** Übersicht der bisher bekannten Kryptogamen Niederösterreichs. (Aus: Verhandlungen der Zoologisch-Botanischen Ges. in Wien. 37 (1887) S. 253-378.) (39)

71 **Beck, Hermann.** Mein Pilzkochbuch. = Gastgewerbliche Praxis. 12. Stuttgart: Matthaes (1956). 87 S. Mit 2 farb. Pilztaf. und 12 Textabb. 8° (40)

72 **Becker, Georges.** Les Champignons et nous. <1.2.> Avant-propos de Roger Heim. = Revue de Mycologie. Mémoire hors-série. No 4.7. Paris: Laboratoire de Cryptogamie du Mus. Nat. d'Histoire Natur. 1950-1959. 79 S.; 92 S., 1 Bl. 8° (42.43)

73 —. La Mycologie et ses corollaires. Une philosophie des sciences naturelles. Préf. de Roger Heim. = Recherches Interdisciplinaires. Paris: Maloine-Doin (1974). 242 S., 1 Bl. 8° (1495)

Rez.: BSMF 91, 448: Ch. Zambettakis; RM 38, 55-56: R. Heim; ZfP 40, 242-243: M. Moser

74 —. La Vie privée des champignons. Préf. de Roger Heim. = Les Livres de Nature. Paris: Stock 1952. 202 S. Mit 8 Taf. und 9 Textabb. 8° (41)

Rez.: SZP 30, 196-197: M. Kraft

75 **Becker, Hildeg.** Pilze muß man kennen! Eine Anl. zum Erkennen und Verwerten unserer wichtigsten Speisepilze. (2. Aufl.) (Verf. Hildeg. Becker.) Bremen, Hamburg, Hannover: Dorn (1947). 16 S. Mit 30 farb. Abb. auf 2 Taf. 8° (1217)

Beers, Alma Holland. The Boletaceae of North Carolina. 1943. s. **Coker**, William Chambers.

76 **Bels-Koning, H.C.** Mushroom Terms in five languages. Wageningen: Centre for Agricultural Publ. and Document. 1966. 148 S. 8° (44)

Rez.: MOeMG 100, 1966: K. Lohwag

77 **Benecke, W.** Ernährungsphysiologie (der Pilze). (Aus: Handbuch der technischen Mykologie. Hrsg. von Franz Lafar. Bd 1 (1904) S. 303-429.) (1325)

78 **Benedix, Erich Heinz.** Art- und Gattungsgrenzen bei höheren Discomyceten. 2. (Aus: Die Kulturpflanze. 14 (1966) S. 360-379. Mit 2 Farbtaf. und 8 Textabb.) (1036)

Biogr.: ZfP 40, 236-238 (m. Portr.): M. Moser

79 — —. 4. (Aus: Die Kulturpflanze. 19 (1972) S. 163-183. Mit 1 Tab. und 10 Abb.) (2035)

80 —. Gattungsgrenzen bei höheren Discomyceten. (Aus: Die Kulturpflanze. 10 (1962) S. 360-371. Mit 6 Abb.) (1035)

Rez.: MyM 7, 101: F. Gröger; ZfP 28, 118: M. Siegel

81 —. Die Knollenblätterpilze. = Pilztabellen für Jedermann. 10. Berlin-Kleinmachnow: Gartenverl. (1950.) 56 S. Mit 10 Abb. auf 8 Taf. i.T. 8° (45)

82 —. Unsere Kremplinge und Röhrenpilze. = Pilztabellen für Jedermann. 14. Berlin-Kleinmachnow: Gartenverl. (1948.) 48 S. Mit 8 Abb. auf 4 Taf. und 2 Textabb. 8° (46)

Rez.: WP 1, 19-20: H. Jahn; ZfP 21, Nr 2, 43-44: Stricker

83 —. Neues über Geoglossaceen: Coelotiella, Mitrula. (Aus: Die Kulturpflanze. Beih. 3 (1962) S. 390-410. Mit 3 Farbtaf., 2 Taf. und 1 Textabb.) (1037)

Rez.: MyM 7, 101: F. Gröger; ZfP 29, 30: M. Siegel

84 —. Pilzjagd - weidgerecht! = Pilztabellen für Jedermann. 1. Berlin-Kleinmachnow: Gartenverl. (1948.) 76 S. Mit 33 (davon 13 farb.) Abb. auf 18 Taf. 8° (47)

Rez.: WP 1, 19-20: H. Jahn; ZfP 21, Nr 2, 43-44: Stricker

Beneke, Everett Smith. Laboratory Manual for introductory mycology. 1962. s. **Alexopoulos**, Constantine John.

85 **Benick, Ludwig.** Pilzkäfer und Käferpilze. Ökologische und statistische Untersuchungen. = Acta Zoologica Fennica 70. Helsingfors: Tilgmann 1952. . Bl., 250 S. Mit 23 Tab. und 8 Blockdiagrammen. 8° (1038)

Berdrow, Hermann. Botanisches Bilderbuch für Jung und Alt. 1897-1898. s. **Bley**, Franz.

Berg, Carl Olof Vilhelm. Monographia Cortinariorum Sueciae. 1851. Resp. s. **Fries**, Elias.

86 **Berge, Friedrich und Viktor Adolf Riecke.** Giftpflanzen-Buch oder allgemeine und besondere Naturgeschichte sämmtlicher inländischen sowie der wichtigsten ausländischen phanerogamischen

und kryptogamischen Giftgewächse. 2. Aufl. Stuttgart: Scheitlin & Krais 1850. Titel, 329 S. Mit 72 kolor. lithogr. Taf. (davon 8 mit Abb. von Pilzen.) 4° (48)

Brunet VI, 5348.- Pritzel 654 (nicht diese Ausg.).- Nissen 143.-

Bergström, Sune. The Effect of various imidazole compounds on the growth of purine-deficient mutants of Ophiostoma. A preliminary report. 1949. s. **Fries**, Nils.

Berkeley, Miles Joseph. Les Champignons. 1889. s. **Cooke**, Mordecai Cubitt.

87 —. Introduction to cryptogamic botany. = Library of Illustrated Standard Scientific Works. 12. London: Baillière 1857. VIII, 1 Bl. (Errata, Addenda), 604 S. Mit 127 (gez. 126) Holzschnitten. 8° (49)

Pritzel 685.- Krieger/Kelly, S. 17.-

88 **—und Worthington George Smith.** Outlines of British fungology. (Hauptwerk nebst) Suppl. London: Reeve 1860-1891. 1 Bl., XVII, 442 S. Mit 24 (davon 23 kolor.) Taf.; XII, 386 S. 8° (50)

Graesse VII, 78.- Pritzel 686.- Nissen 148 (ohne Suppl.).- Krieger/Kelly, S. 17 und 216.-

89 **Berlese, Augusto Napoleone.** Fungi moricolae. Iconografia e descrizione dei funghi parassiti del Gelso. Padua: Tipografia del seminario 1889. 13 S., 71 kolor. lithogr. Taf. mit je 1 Bl. erl. Text, 63 S. 8° (1182)

90 **Bernard, Georges.** Champignons observés à La Rochelle et dans les environs. (Aus: Acad. de La Rochelle. Annales. 1881. No 18. S. 99-394; 4 S. Mit 56 Taf.) (1168)

Nissen 151; Krieger/Kelly, S. 19 (Ausg. Paris 1882).-

91 **Bernardin, Charles.** Soixante Champignons comestibles. Nouv. éd. Paris: Berger-Levrault 1956. XXII, 167 S. Mit 12 doppels. Farbtaf. von Max Gillard. 8° (51)

92 —. Guide pratique pour la recherche de soixante champignons comestibles choisis parmi les meilleurs et les plus faciles à déterminer avec certitude. 3e éd. Saint-Dié: Weick o.J. (um 1925.) XXXII, 167 S. Mit 12 kolor. Falttaf. nach Aquarellen von Max Gillard. 8° (986)

Krieger/Kelly, S. 19.-

93 **Bernhardt, D.** Merkblatt für Pilzsammler! Nach dem Merkblatt der RAG Schadenverhütung Gau Ostpreußen und dem Pilzkoch-

buch von E. Gramberg zs.gest. Freudenstadt: Keller o.J. (um 1938.) 1 Bl. 8° (1392)

Bertaux, André. Les Champignons de France. 1959. s. **Maublanc**, André.

94 —. Les Cortinaires. Descriptions, déterminations, classifications. = Études Mycologiques. 2. Paris: Lechevalier 1966. 136 S. Mit Portr. d. Verf. i.T., 16 Farbtaf. und Textabb. 8° (52)

    Rez.: BSMF 82, 630-631: P.O.Z; ČM 21, 111: A. Pilát; MOeMG 101, 1967: K. Lohwag; RM 32, 123: P.J.; Sy 20, 364-365: F. Petrak

Bertotti, P. I Miceti dell'agro Bresciano descritti ed illustrati. 1845-1846. s. **Venturi**, Antonio.

95 **Bertsch, Karl.** Sumpf und Moor als Lebensgemeinschaft. Ravensburg: Maier (1947). 142 S. Mit 50 Abb. 8° (53)

96 —. Der Wald als Lebensgemeinschaft. 3. Aufl. Ravensburg: Maier (1947). 224 S. Mit 87 Abb. 8° (54)

97 —. Die Wiese als Lebensgemeinschaft. 2. erw. Aufl. Ravensburg: Maier (1947). 147 S. Mit 73 Abb. 8° (55)

98 **Besl, Helmut, Andreas Bresinsky und I. Kronawitter.** Notizen über Vorkommen und systematische Bewertung von Pigmenten in höheren Pilzen. 1. (Aus: Zeitschrift für Pilzkunde. 41 (1975) S. 81-97.) (1143)

99 **——, Wolfgang Steglich und Klaus Zipfel.** Pilzpigmente. 17. Über Gyrocyanin, das blauende Prinzip des Kornblumenröhrlings <Gyroporus cyanescens>, und eine oxidative Ringverengung des Atromentins. (Aus: Chemische Berichte 106 (1973) S. 3223-3229.) (1456)

    —. Pilzpigmente. 18. 1974. s. **Bresinsky**, Andreas.

    —. Pilzpigmente. 19. 1974. s. **Steglich**, Wolfgang.

100 **—, Ilona Michler, Regina Preuss und Wolfgang Steglich.** Pilzpigmente. 22. Grevillin D, der Hauptfarbstoff von Suillus granulatus, S. luteus und S. placidus <Boletales>. (Aus: Zeitschrift für Naturforschung. 29c (1974) S. 784-786.) (1454)

    —. Zur Struktur der Grevilline, neuartiger Pigmente aus dem Goldröhrling, Suillus Grevillei <Boletaceae>. 1972. s. **Steglich**, Wolfgang.

101 **Bessey, Ernst Athearn.** Morphology and taxonomy of fungi. (3rd pr.) New York, London: Hafner 1965. XIII, 791 S. Mit 210 Abb. 8° (56)

Rez.: MOeMG 100, 1966: K. Lohwag

Bessin, A. Atlas des champignons de France, Suisse et Belgique. 1906-1910. s. **Rolland**, Léon.

—. Champignons qui tuent. Um 1925. s. **Radais**, Maxime.

102 **Bianco, Oswald und Maria-Theresia Jung.** Pilze. München: Verl. für Biohygiene 1955. 2 Bl., 240 S. Mit 240 meist farb. Abb. 8° (57)

Rez.: WP 1, 22-24: H. Jahn; ZfP 23, 61-62: E.H. Benedix

Bickerich, Günther. Gift- und Speisepilze und ihre Verwechslungen. 1933. s. **Klein**, Ludwig.

—. Das praktische Pilzbuch. 1949. s. **Bickerich**, Reinhard.

Bickerich, Reinhard. Gift- und Speisepilze und ihre Verwechslungen. 1933. s. **Klein**, Ludwig.

103 **— und Günther Bickerich.** Das praktische Pilzbuch. Berlin: Dt. Bauernverl. 1948. 160 S. Mit 64 farb. Abb. auf Taf. i.T. 8° (1084)

Rez.: ZfP 21, Nr 4, 22-23: E.H. Benedix

104 — — —. 2. Aufl. Berlin: Dt. Bauernverl. (1949.) 168 S. Mit 64 farb. Taf. i.T. 8° (58)

105 **Bickerich-Stoll, Katharina.** Taschenbuch der wichtigsten heimischen Pilze. Leipzig, Jena, Berlin: Urania (1964). 142 S., 1 Bl. Mit 48 farb. Taf. und einigen s.-w. Abb. i.T. 8° (59)

Rez.: MyM 8, 61-62: M. Herrmann

Biebl, Richard. Botanische Versuche und Beobachtungen ohne Apparate. 1965. s. **Molisch**, Hans.

106 **Bigeard, R. und Henri Guillemin.** Flore des champignons supérieurs de France, les plus importants à connaître <comestibles et vénéneux>. Préf. Emile Boudier. (1.) 2. Chalon-sur-Saône: Bertrand (2: Paris: Lhomme) 1909-1913. XVI, 600 S. Mit 56 Taf. i.T.; XX, 791 S. Mit 44 Taf. i.T. 8° (999.61)

107 —. Petite Flore mycologique des champignons les plus vulgaires et principalement des espèces comestibles et vénéneuses. (Nebst) Suppl. 1.2 in 1 Bd. Chalon-sur-Saône: Bertrand 1903-1906. VIII, 214 S.; 16 S.; 16 S. 8° (60.2048.2049).

Angeb.: **Bigeard**: Introduction à l'étude des champignons mise à la portée du public en 2 leçons. (Chalon-sur-Saône: Bertrand) o.J. (um 1905.) 16 S.

2. **Champignons**, Les, dont la vente est autorisée à Macon. (Macon: Protat 1904.) 16 S. Mit Abb.

108 —. Introduction à l'étude des champignons mise à la portée du public en 2 leçons. Um 1905. vgl. Aufn. zu: **Bigeard**: Petite flore mycologique des champignons les plus vulgaires et principalement des espèces comestibles et vénéneuses. 1903-1906. (Beibd 1.)

109 **Binz, F.C.** Der Spargelbau. Neue praktische Winke zur Erhöhung des Ertrages größerer und kleinerer Spargelkulturen. 1890. vgl. Aufn. zu: **Wendisch**, Ernst: Die Champignons-Cultur in ihrem ganzen Umfange. 1892. (Beibd 2.)

Biologische Gesellschaft in der DDR. Internationales Mykorrhiza-Symposium. 1963. s. **Mykorrhiza**.

110 **Birkfeld, Alfred und Kurt Herschel.** Morphologisch-anatomische Bildtafeln für die praktische Pilzkunde. Lief. 1-13 (nebst) Reg. Wittenberg: Ziemsen (2 ff.: Hanau: Dausien) 1961- 1968. 6 Bl., 200 Taf. mit je 1 Bl. erl. Text, 4 Bl. (Reg.) 4° (63)

> Biogr.: MyM 14, 29-30 (m. Portr.): H. Bergner
> Rez.: ČM 16, 246: F. Kotlaba; Fr. 7, 114: F.H. Møller; MOeMG 93, 1965; 97, 1966; 99, 1966; 103, 1967; 104, 1968; 108. 1969: K. Lohwag; MyM 6, 47-48; 7, 70-71; 10, 29-30; 12, 97-99: F. Gröger; Sy 15, 317; 16, 323-324; 18, 392-393; 19, 284; 20, 366: F. Petrak; WP 3, 87-88; 7, 67-68: H. Jahn; ZfP 28, 27: E.H. Benedix; 30, 125-126: W. Neuhoff; 34, 194: A. Bresinsky

—. Das kleine Pilzbuch. 1956. s. **Harwerth**, Willi.

111 — **und Kurt Herschel.** Pilze. Eßbar oder giftig? 2. verb. Aufl. Wittenberg-Lutherstadt: Ziemsen 1964. 72 S. Mit 63 ganzs. farb. Abb. 8° (64)

> Rez.: MyM 8, 60-61: M. Herrmann

—.Unsere Pilze. 1963. s. **Böhme**, Friedrich.

Birkmann, Kurt. Antamanide protects hepatocytes from phalloidin destruction. 1974. s. **Faulstich**, Heinz.

Bisby, Guy Richard. Dictionary of the fungi. 1961 u.ö. s. **Ainsworth**, Geoffrey Clough.

112 —. An Introduction to the taxonomy and nomenclature of fungi. 2nd ed. Kew, Surrey: Commonwealth Mycological Inst. 1953. VIII, 143 S. 8° (65)

> Rez.: ZfP 24, 99: E.H. Benedix

Biset, Charles Emmanuel. Theatrum fungorum oft het tooneel der Campernoelien. 1675. s. **Sterbeeck**, Franciscus van.

Thieme-Becker IV, 59.-

113 **Bittmann, Otto.** Aus der forstlichen Pilzwelt. Darstellung der forstlich wichtigsten und verhältnismäßig verbreitetsten Pilzarten. Wien, Leipzig: Frick 1928. 51 S. 8° (66)

114 **Björkman, Erik.** Über die Bedingungen der Mykorrhizabildung bei Kiefer und Fichte. = Symbolae Botanicae Upsalienses 6,2. Uppsala: Lundequist (1942). 190 S. Mit 62 Abb. 8° (67)

Björkman, Ulla. Microbiological Determination of adenine and guanine. 1949. s. **Fries**, Nils.

Björnström, Johan Victor. Monographia Collybiarum Sueciae. 1854. Resp. s. **Fries**, Elias.

115 **Blätter für Pilzfreunde.** Mitteilungen für die Mitglieder des Vereins der Pilzfreunde, e.V. (Stuttgart) 1919, H. 1 und 1920, H. 1.2 (1884)

Blaich, Rolf. Function of enzymes in wood decaying fungi. 1. 1971. s. **Schánĕl**, Lubomír.

116 **— und Karl Esser.** Function of enzymes in wood destroying fungi. 2: Multiple forms of laccase in white rot fungi. (Aus: Archiv für Mikrobiologie. 103 (1975) S. 271-277. Mit 2 Tab. und 3 Abb.) (1843)

—. Heterogenic Incompatibility in plants and animals. 1973. s. **Esser**, Karl.

117 **— und Karl Esser.** The Incompatibility Relationships between geographical races of Podospora anserina. 4. Biochemical aspects of the heterogenic incompatibility. (Aus: Molecular and General Genetics. 109 (1970) S. 186-192. Mit 1 Tab. und 4 Abb.) (1938)

118 **— — —.** 5. Biochemical characterization of heterogenic incompatibility on cellular level. (Aus: Molecular and General Genetics. 111 (1971) S. 265-272. Mit 4 Abb.) (1939)

119 **Blanchet, Rodolphe.** Les Champignons comestibles de la Suisse. Lausanne: Chantrens 1847. 18 S. 1 Bl. Mit 9 kolor. Darst. auf 3 lithogr. Taf. 4° (68)

Pritzel 825.-

120 **Blaringhem, L.** La Notion d'espèce et la disjonction des hybrides, d'après Charles Naudin <1852-1875>. (Aus: Progressus Rei Botanicae. 4 (1911) S. 27-108.) (1183)

121 **Bley, Franz und Hermann Berdrow.** Botanisches Bilderbuch für Jung und Alt. 1.2. Berlin: G. Schmidt 1897-1898. XI, 96 S.; VIII, S. 97-192. Mit insgesamt 432 farb. Pflanzenbildern auf 48 Aquarelldrucktaf. 4° (69)

> Nissen 173.-

Bloching, Maria. Analysis of the toxins of amanitin-containing mushrooms. 1974. s. **Faulstich**, Heinz.

—. Conformation and toxicity of amanitins. 1973. s. **Faulstich**, Heinz.

122 **Blottner, Karl Ludwig.** Dissertatio inauguralis botanica de fungorum Origine. Halle: Bath 1797. 46 S., 1 Bl. 8° (70)

> Pritzel 836.-

123 **Blücher, Hans.** Praktische Pilzkunde. Tl 1.2. = Miniatur-Bibliothek. 200-204 und 650-653. Leipzig: Paul (1919). 31 S., 32 Farbtaf.; 31 S., 32 Farbtaf., 2 Bl. 8° (1095)

> Rez.: PuK 2, 55: J. Weisbart

124 **Blum, Jean.** Les Bolets. Descriptions, déterminations, classifications, comestibilité. = Études Mycologiques. 1. Paris: Lechevalier 1962. 168 S., 3 Bl. Mit 16 farb. Taf. und 52 s.-w. Abb. auf 13 Taf. 8°

> Rez.: ČM 17, 167: A. Pilát; Sy 16, 382: F. Petrak; ZfP 29, 57-58: E.H. Benedix

125 —. Les Russules. Flore monographique des Russules de la France et des pays voisins. Préf. de Roger Heim. = Encyclopédie Mycologique. 32. Paris: Lechevalier 1962. VII, 228 S., 2 Bl. Mit 210 Abb. auf 6 Sporentaf. i.T. 8° (72)

> Rez.: ČM 17, 166-167: A. Pilát; Sy 16, 382-383: F. Petrak; WP 5, 15-16: H. Jahn; ZfP 29, 58: E.H. Benedix

126 **Blumer, Samuel.** Parasitische Pilze aus dem Schweizerischen Nationalpark. = Ergebnisse der Wissenschaftl. Untersuchung des Schweizerischen Nationalparks. N.F. 2,14. Aarau: Sauerländer 1946. 102 S. Mit 1 gefalt. Kt. 8° (73)

127 **Blytt, Axel.** Hymenomyceter. Efter forf. død gennemset og afsluttet af E. Rostrup. = Videnskabs-Selskabets Skrifter. 1. Math.-Naturv. Kl. 1904, No 6. Christiana: Dybwad i Komm. 1905. 164 S. 8° (74)

Blytt, Math. N. Novitiae Florae Suecicae. Continuatio. 1832-1842. s. **Fries**, Elias.

Bodman, Gustaf Lorentz. Monographia Clitocybarum Sueciae. P. 1. 1854. Resp. s. **Fries**, Elias.

128 **Boedijn, Karel Bernard.** Niedere Pflanzen. (Dt. Bearb. von Walter Kausch und Maria Boidol.) = Knaurs Pflanzenreich in Farben. 3. (München, Zürich:) Droemer 1967. 319 S. Mit 955 Abb. (davon 175 farb.) 8° (882)

> Biogr.: Pe 3, 325-330 (m. Portr. u. Bibliogr.): M.A. Donk; RM 31, 260:-

129 **Böhme, Friedrich.** Unsere Pilze. = Die Neue Brehm-Bücherei. 19. Leipzig: Geest & Portig; Wittenberg: Ziemsen 1950. 54 S., 1 Bl. Mit 2 Farbtaf. mit 24 Abb. nach Aquarellen von Gottfried Böhme und 8 Textabb. 8° (75)

> Rez.: ZfP 21, Nr 8, 20-21: E.H. Benedix

130 — —. 6. Aufl. = Die Neue Brehm-Bücherei. 19. Wittenberg Lutherstadt: Ziemsen 1963. 64 S. Mit 2 farb. Taf. und 41 Textabb. 8° (76). Die Illustr. von Kurt Herschel, Alfred Birkfeld und Horst Siegemund

Böhme, Gottfried. Unsere Pilze. 1950. s. **Böhme**, Friedrich.

Boehringer, Hans. Über die Inhaltsstoffe des grünen Knollenblätterpilzes. 32. 1967. s. **Wieland**, Theodor.

Boehringer, Wilhelm. Über die Giftstoffe des grünen Knollenblätterpilzes. 19. 1960. s. **Wieland**, Theodor.

Boerner, Franz. Gehölzflora. 1959. s. **Fitschen**, Jost.

131 —. Taschenwörterbuch der botanischen Pflanzennamen für Gärtner, Baumschulen, Garten- und Pflanzenfreunde, Land- und Forstwirte. Berlin, Hamburg: Parey 1951. VII, 395 S. 8° (77)

Bösemann, F.A. Die Hautpilze. 1872. s. **Lösecke**, A. von.

132 **Böttcher, Helmuth Maximilian.** Wunderdrogen. Die abenteuerliche Geschichte der Heilpilze. Köln, Berlin: Kiepenheuer & Witsch (1959). 555 S. 8° (78)

Bötticher, Werner. Zur Beurteilung von Pfifferlingskonserven aus frischer bzw. vorgesalzener Rohware mit Hilfe des Natrium/Kalium-Verhältnisses. 1970. s. **Bosch**, H.

> Biogr.: SPRd 11, Nr 2, 20: H. Steinmann; ZfP 30, 62-63: H.J. Rehm; 36, 195-196: H.J. Rehm; 41, 110: A. Bresinsky

133 —. Europäische Normen für Pilze und Pilzerzeugnisse. (Aus: Dt. Lebensmittel-Rundschau. 57 (1961) S. 175-178.) (79)

Rez.: MyM 6, 23-24: M. Herrmann

134 **— und Julius Rothmayr.** Pilze. = Richtige Ernährung. 16. Köln: Bundesausschuß für volkswirtschaftl. Aufklärung o.J. (um 1960.) 22 S. Mit Tab. und farb. Abb. Quer-8° (82)

135 — — —. (Neue Aufl.) = Richtige Ernährung. 16. Köln: Bundesausschuß für volkswirtschaftl. Aufklärung o.J. (um 1962.) 35 S. Mit Tab. und farb. Abb. Quer-8° (1062)

Rez.: MyM 10, 66: M. Herrmann.

136 —. Pilze und Pilzdauerwaren. (Aus: Handbuch der Lebensmittelchemie. Bd 5, Tl 2 (1968) S. 507-537. Mit 5 Tab.) (1116)

137 —. Pilzverwertung und Pilzkonservierung. = Technika. 4. München: Oldenbourg 1950. 1 Bl., 141 S. Mit 12 Abb. 8° (80)

138 **—, Paul Pannwitz und Ehrich Nier.** Die Pilzverwertung und ihre Zukunftsaufgaben. Ratgeber für Pilzfreunde, Großküchen, Industrie und Handel. Leipzig: Arnd (1940). 60 S. Mit 7 farb. und 2 s.-w. Taf. 8° (81)

Rez.: DBP, N.F. 5, 54-55: H. Lohwag

139 — — — —. 2. Aufl. Leipzig: Arnd 1944. 60 S. Mit 7 farb. und 2 s.-w. Taf. 8° (1061)

140 —. Weltwirtschaftliche Probleme der Speisepilzverwertung. (Aus: Proceedings of the Seventh International Congress of Nutrition. 5 (1966) S. 253-259. Mit 1 Abb. und 3 Tab.) (1393)

141 —. Qualitätsüberwachung der Pilz- und Waldbeerenernte 1967 im Bayerischen Wald. Kennzahlen der Himbeermuttersäfte. Mit hs. Widmung des Verfassers. (Aus: Die Industrielle Obst- und Gemüseverwertung. 52. 1967. 3 Bl. Mit 4 Tab.) (883)

142 —. Qualitätsüberwachung der Pilz- und Waldbeerenernte 1968 im Bayerischen Wald. Kennzahlen der Himbeermuttersäfte. (Aus: Die Industrielle Obst- und Gemüseverwertung. 53. 1967. 3 Bl.) (927)

143 —. Qualitätsüberwachung der Pilz- und Waldbeerenernte 1969 im Bayerischen Wald. Kennzahlen der Himbeermuttersäfte. (Aus: Die Industrielle Obst- und Gemüseverwertung. 54. 1969. 3 Bl. Mit 4 Tab.) (1112)

144 **— und E. Tell.** Qualitätsüberwachung der Pilz- und Waldbeerenernte 1970 im Bayerischen Wald. Kennzahlen der Himbeermuttersäfte. (Aus: Die Industrielle Obst- und Gemüseverwertung. 55 (1970) S. 649-654. Mit 4 Tab.) (1144)

145 — **und H.J. Schöne.** Qualitätsüberwachung der Pilz- und Waldbeerenernte 1971 im Bayerischen Wald. Kennzahlen der Himbeermuttersäfte. (Aus: Die Industrielle Obst- und Gemüseverwertung.
56 (1971) S. 687-692. Mit 4 Tab.) (1184)

146 — —. Qualitätsüberwachung der Pilz- und Waldbeerenernte
1972 im Bayerischen Wald. Kennzahlen der Himbeermuttersäfte.
(Aus: Die Industrielle Obst- und Gemüseverwertung. 57 (1972)
S. 637-642. Mit 3 Tab.) (1409)

147 — — Qualitätsüberwachung der Pilz- und Waldbeerenernte 1973
im Bayerischen Wald. Kennzahlen der Himbeermuttersäfte. (Aus:
Die Industrielle Obst- und Gemüseverwertung. 58 (1973) S. 671-
676. Mit 3 Tab.) (1513)

148 — —. Qualitätsüberwachung der Pilz- und Waldbeerenernte 1974
im Bayerischen Wald. Kennzahlen der Himbeermuttersäfte. (Aus:
Die Industrielle Obst- und Gemüseverwertung. 59 (1974) S. 645-
650. Mit 3 Tab.) (1462)

149 —. Technologie der Pilzverwertung. Biologie, Chemie, Kultur,
Verwertung, Untersuchung. (Stuttgart:) Ulmer (1974). 208 S. Mit
30 Abb. und 26 Tab. 8° (1497)

> Rez.: SPRd 11, Nr 2, 19: H. Steinmann; SZP 53, 46: E.
> Coduro; WP, Sonderausg. Nov. 75, S. 5: H. Jahn; ZfP 41, 112:
> A. Bresinsky

Bohman, Carl Johan. Öfver Vexternes Namn. 1. 1842. Resp. s.
Fries, Elias.

Boidol, Maria. Niedere Pflanzen. 1967. s. **Boedijn**, Karel Bernard.

150 **Bolin, Lorentz und Lennart O.A. von Post.** Floran i färg. 2. uppl.
Stockholm: Gebers (1950). 211 S. Mit 44 Textfig. und 128 Farbtaf. i.T. 8° (83)

151 **Bolton, Jacob.** Geschichte der merckwürdigsten Pilze. A.d. Engl.
mit Anm. von Carl Ludwig Willdenow. Bd 1-4. Berlin: Pauli 1795-
1820. (1: 1795) XII, S. 3-68; (2: 1797) XVI, 72 S.; (3: 1799) XIV,
80 S.; (4: Anh. und Nachtr. Fortges. und mit einer Einl. und einer
erkl. Übersicht sämmtl. Taf. vers. von Chr. G. und Th. Fr. Ludwig Nees von Esenbeck. 1820) Titel, CLXXX, 80 S., 20 Bl. (Reg.)
Mit insgesamt 182, meist kolor. Kupfertaf. 8° (84)

> Brunet I, 1080.- Graesse I, 478.- Ebert 2705 (nur die engl.
> Ausg.).- Pritzel 962.- Nissen 196.- Die Kustode des letzten Bl.
> der ersten Lage findet auf S. 3 ihre Entsprechung, so daß die
> "fehlenden" S. 1-2 allenfalls aus einem Vortitel bestanden
> haben dürften.

Bolton, James. Flora Cantabrigiensis. 1785. s. **Relhan**, Richard.

Bonner, David. Biochemical mutant Strains of Neurospora produced by physical and chemical treatment. 1950. s. **Tatum**, E.L.

152 **Bonnet, Henri.** La Truffe. Etudes sur les truffes comestibles au point de vue botanique, entomologique, forestier et commercial. Paris: Delahaye 1869. 2 Bl., X, 144 S. 8° (1946)

153 **Bonorden, Hermann Friedrich.** Handbuch der allgemeinen Mykologie als Anleitung zum Studium derselben, nebst speciellen Beiträgen zur Vervollkommnung dieses Zweiges der Naturkunde. Stuttgart: Schweizerbart 1851. XII, 336 S., 8° (1185)

 Brunet VI, 22543 (Systemstelle für Mythologie!).- Pritzel 985 (zählt am Anfang nur VII S.).- Krieger/Kelly, S. 248 (ohne die Taf.).- Ohne die 12 Taf.

154 **Borch, Michael Johann Graf von.** Lettres sur les truffes du Piémont. Mailand: Reycends 1780. VIII S., S. 3-51, 1 Bl. (Errata.) Mit 3 gefalt. kolor. Kupfertaf. 8° (1186)

 Pritzel 996.- Lütjeharms, S. 161.- Nouv. biogr. gén. VI, 674-675.- Das Bl. "Errata" gehört wahrscheinlich an den Anfang an die Stelle der in der Zählung ausgelassenen S. 1-2. Die Kupfertaf. nach Zeichnungen des Verf. von Louis Gautier d'Agoty in Mezzotinto-Technik.

Borgardt, Reinhold. Anteckningar öfver de i Sverige växande ätliga svampar. 1. 1836. Resp. s. **Fries**, Elias.

155 **Bornholz, Alexander von.** De la Culture des truffes, ou manière d'obtenir, par des plants artificiels, des truffes noires et blanches, dans les bois, les bosquets et les jardins. Trad. de l'allemand par Michel O'Egger. Paris: Eberhart 1826. 2 Bl., IV, 56 S. 8° (1546)

156 —. Die Cultur der Champignons, Morcheln und Trüffeln. Quedlinburg, Leipzig: Basse 1842. 40 S. 8° (85)

157 —. Der Trüffelbau. Oder Anweisung die schwarzen und weißen Trüffeln in Waldungen, Lustgebüschen und Gärten durch Kunst zu ziehen und große Anlagen dazu zu machen. Quedlinburg, Leipzig: Basse 1825. VIII, 71 S. 8° (86)

158 **Bosch, H., A. Mödl und Werner Bötticher.** Zur Beurteilung von Pfifferlingskonserven aus frischer bzw. vorgesalzener Rohware mit Hilfe des Natrium/Kalium-Verhältnisses. (Aus: Die Industrielle Obst- und Gemüseverwertung. 55 (1970) S. 473-480. Mit 8 Tab.) (1113)

159 **Bose, Sushil K., Gösta Zetterberg und Nils Fries.** Reactivation of Ophiostoma cells photodynamically inactivated with visible light. (Aus: Hereditas. 47 (1961) S. 160-161. Mit 1 Abb.)

160 **Bosredon, Alexandre.** Almanach du trufficulteur pour l'année 1900. Périgueux o.J. (um 1899.) 148 S. 8° (2040)

Krieger/Kelly, S. 23.-

161 —. Manuel du trufficulteur. Exposé complet de la méthode pratique pour l'entretien et la création des truffières, suivi de la description des principales variétés de truffes et de l'histoire gastronomique et commerciale de ce tubercule. Périgueux: Laporte 1887. 236 (vielm. 240) S. Mit 12 Taf. und Textabb. 8° (2028). Auf die S. 54 folgen S. 54a-d.

162 **Boudier, Émile.** Des Champignons au point de vue de leur caractères usuels, chimiques et toxicologiques. Paris: Baillière 1866. 2 Bl., 136 S. Mit 2 lithogr. Falttaf. 8° (88.2050-2052)

Angeb.: **Roussel, Ernest**: Des Champignons comestibles et vénéneux qui croissent dans les environs de Paris. Paris: Masson 1860. 68 S.

2. **Rousseau**, : Rapports sur les truffières artificielles. Préc. d'une introd. par M. Loubet. Carpentras: Rolland 1866. XV, 59 S.

3. **Marchand, Léon und Z. Roussin**: Champignons. (Aus: Nouveau Dictionnaire de Médicine et de Chirurgie Pratiques. O.O.u.J. (um 1874.) 58 S. Mit 29 Abb.)

Pritzel 1054 bzw. 7825 (Roussel).- Krieger/Kelly, S. 23 bzw. 199 (Roussel).-

163 —. Considérations générales et pratiques sur l'étude microscopique des champignons. (Aus: Mémoires de la Soc. Mycologique de France. No 3. 1866. 60 S.) (87)

164 —. Die Pilze in ökonomischer, chemischer und toxikologischer Hinsicht. Aus dem Franz. mit Anm. von Th. Husemann. Berlin: Reimer 1867. X, 181 S. Mit 2 lithogr. Taf. 8° (89)

Pritzel 1054.- Krieger/Kelly, S. 248.-

165 **Boulanger, Émile.** Germination de l'ascospore de la truffe. Rennes, Paris: Oberthur 1903. 20 S. Mit 2 lithogr. Taf. Fol. (90)

Krieger/Kelly, S. 26.-

166 —. Les Mycelium Truffiers blancs. Rennes, Paris: Oberthur 1903. 23 S. Mit 3 Taf. Fol. (91)

Krieger/Kelly, S. 26.-

Boully, J. Les Champignons de France. 1959. s. **Maublanc**, André.

167 **Bourdot, Hubert und Amédée Galzin.** Hyménomycètes de France. Hetérobasidiés, Homobasidiés gymnocarpes. = Contribution à la

Flore Mycologique de la France. 1. Sceaux: Bry (;Paris: Lechevalier) 1927. 2 Bl., IV, 761 S. Mit 185 Abb. 8° (92)

> Biogr.: ZfP 17, 50-51: S. Killermann
> Rez.: SZP 48, 156: R. Hotz; WP 8, 38: H. Jahn (Repr. 1969)

168 **Bourree, Michel und Roger Cailleux.** Le Champignon de couche. = Bulletin de la Féd. Nat. des Syndicats des Cultivateurs de Champignons. 1963. Suppl. Paris 1963. 5 Bl., 78 S. Mit 15 Taf. 4° (93)

169 **Brandt, Johann Friedrich von, Phillipp Phoebus und Julius Theodor Christian Ratzeburg.** Abbildung und Beschreibung der in Deutschland wild wachsenden und in Gärten im Freien ausdauernden Giftgewächse. (2: 2., verm. und verb. Aufl.) Abt. 1.2. Berlin: Hirschwald 1838. 1 Bl., VI S., 1 Bl., 200 S.; XII, 114 S. Mit insgesamt 57 kolor. Kupfertaf. 4° (94)

> Graesse I, 520.- Pritzel 1091.- Nissen 226.- Ohne die Nachtr. zu Tl 1.

170 **Braunschweiger, Der Spargelbau.** Anleitung, den Spargel zu seiner größesten Vollkommenheit und den höchsten Erträgen anzuziehen. 2. Aufl. Neu bearb. von G. Burmester. Braunschweig & Leipzig 1898. vgl. Aufn. zu: **Wendisch**, Ernst: Die Champignons-Cultur in ihrem ganzen Umfange. Berlin 1892. (Beibd 1.)

Breemen, J.F.L. van. The Phenoloxidases of the Ascomycete Podospora anserina. 10. 1972. s. **Molitoris**, H. Peter.

171 **Brefeld, Oscar.** Basidiomyceten. 1. = Botanische Untersuchungen über Schimmelpilze. 3. Leipzig: Felix 1877. IV, 226 S., 1 Bl. (Inhaltsverz.), 1 Bl. Mit 11 lithogr. Taf. 4° (981)

> Biogr.: ZfP 18, 20: M. Seidel

172 ——. 2. Protobasidiomyceten. = Untersuchungen aus dem Gesamtgebiete der Mykologie. 7. Leipzig: Felix 1888. X S., 1 Bl., 178 S. Mit 11 lithogr. Taf. 4° (95)

173 — —. 3. Autobasidiomyceten und die Begründung des natürlichen Systemes der Pilze. = Untersuchungen aus dem Gesamtgebiete der Mykologie. 8. Leipzig: Felix 1889. IV, 305 S. Mit 1 Tab. und 12 (z. Tl farb.) lithogr. Taf. 4° (96)

174 —. Die Entwicklungsgeschichte von Penicillium. = Botanische Untersuchungen über Schimmelpilze. 2. Leipzig: Felix 1874. IV, 98 S., 1 Bl. (leer.) Mit 8 lithogr. Taf. von C.F. Schmidt nach O. Brefeld. 4° (97)

175 —. Die Kultur der Pilze und die Anwendung der Kulturmethoden für die verschiedenen Formen der Pilze nebst Beiträgen zur ver-

FUNGORUM AGRI

ARIMINENSIS HISTORIA

A J. ANTONIO BATTARRA

Lynceo Restituto & in eadem Urbe
Publico Philosophiae Professore

COMPILATA AENEISQUE TABULIS ORNATA

QUAM SUB AUSPICIIS

EMINENTISSIMI AC REVERENDISSIMI PRINCIPIS

JOACHIMI PORTOCARRERII

CARDINALIS AMPLISSIMI

PUBLICI JURIS FECIT.

FAVENTIAE MDCCLV.

TYPIS BALLANTIANIS

SUPERIORUM PERMISSU.

ZU Nr. 63

DISSERTATIO INAUGURALIS BOTANICA,

DE

FUNGORUM ORIGINE,

QUAM

CONSENSU FACULTATIS MEDICAE,

PRAESIDE

VIRO ILLUSTRI, EXCELLENTISSIMO,

IO. CHRISTIANO REIL,

MEDIC. ET CHIRURG. DOCT.,

PROF. THERAP. PUBL. ORD., DIRECT. INSTITUT.

CLINIC., ACADEM. IMPERIAL. NAT. CURIOS.

SODALI,

UT

GRADUM DOCTORIS MEDICINAE

LEGITIME OBTINEAT,

DIE XII. APRIL. MDCCXCVII.

PUBLICE DEFENDET

AUCTOR

CAROLUS LUDOVICUS BLOTTNER,

SILESIUS,

SOC. SYDENHAMIANAE ET NATUR. CURIOS. HAL.,

UT ET SOC. PHYSICAE JENENSIS SODALIS.

HALAE,

IN OFFICINA BATHEANA.

Zu Nr. 122

gleichenden Morphologie der Pilze und der natürlichen Wertschätzung ihrer zugehörigen Fruchtformen. = Untersuchungen aus dem Gesamtgebiete der Mykologie. 14. Münster i.W.: Schöningh 1908. VIII, 256 S. 4° (98)

176 Bresadola, Giacomo. I Funghi mangerecci e velenosi dell' Europa media con speciale riguardo a quelli che crescono nel Trentino. 2. ed. riv. ed aum. Trient: Zippel 1906. 142 S. Mit 120 (gez. 112) Chromolithos. 8° (1345)

> Nissen 229 (1. Ausg.).- Krieger/Kelly, S. 30.-
> Biogr.: ZfP 5, 122-128: S. Killermann; 7, 33-38: Fenaroli; 8, 98-99: S. Killermann
> Rez.: ZfP 12, 32: F. Kallenbach (3. Aufl. 1932)

177 —. Funghi mangerecci e funghi velenosi. Guida pratica per il loro riconoscimento. 4. ed. Trient: Mus. di Storia Natur. 1954. 318 S. Mit 1 Portr. i.T., 67 farb. Taf. und 61 Abb. i.T. 8° (99)

> Rez.: BSMF 81, 704: H. Romagnesi (5. Aufl. 1965)

178 —. Iconographia mycologica. Ed. a Soc. Italica Botanicorum et Mus. Municipal Tridentino curantibus J.B. Traverso, L. Fenaroli, J.B. Trener et J. Catoni. T. 1-26 (nebst) Suppl. 1.2. Mailand (Suppl. 1: Mailand, Trient; Suppl. 2: Trient) 1927-1960. Mit insgesamt 2 Portr. (Bresadola) und 1252 (gez. 1250) Farbtaf. 8° (100) T. 26, V-XIII: Biographie Bresadolas von J.B. Traverso, XIII-XVI Bibliogr. Suppl. 1: Gilbert, E.J.: Amanitaceae. Fasc. 1-3. 1940-1941. VIII, 198 S., 1 Bl., S. 201-427. Mit Portr. (Gilbert), 59 Sporentaf. und 73 (davon 60 farb.) Pilztaf. Suppl. 2: Ceruti, A.: Elaphomycetales et Tuberales. 1960. 9 Bl., 48 Farbtaf.

> Rez.: SZP 25, 165-167: E. Nüesch; ZfP 5, 267: F. Kallenbach; 7, 47-48: F. Kallenbach

179 Bresinsky, Andreas und P. Orendi. Chromatographische Analyse von Farbmerkmalen der Boletales und anderer Makromyzeten auf Dünnschichten. (Aus: Zeitschrift für Pilzkunde. 36 (1970) S. 135-169. Mit 16 Abb.) (1196)

180 — und G. Schwarzer. Mikroskopische Analyse der Hutdeckschichten einiger Agaricales, Boletales und Russulales. (Aus: Zeitschrift für Pilzkunde. 35 (1969) S. 263-294. Mit 29 Abb.) (1195)

> Rez.: BSMF 88, 251-252: Ch. Zambettakis

181 — und Peter Schönfelder. Anmerkungen zu einigen Musterkarten für einen Atlas der Flora Bayerns. <2.> (Aus: Mitteilungen der Arbeitsgemeinschaft zur Floristischen Kartierung Bayerns. 1975, Nr 5. S. 26-35. Mit 6 Kt. i.T.) (2022)

182 — **und K. Pfaff.** Über eine bislang nicht benannte Art der Gattung Squamanita <Agaricales>. (Aus: Zeitschrift für Pilzkunde. 34 (1968) S. 169-174. Mit 3 Abb.) (1197)

183 —. Die Bedeutung von Exsikkaten für die Kenntnis der Agaricales. (Aus: Berichte der Dt. Botanischen Ges. 77 (1964) Sondernr 1. S. 112-113.) (1190)

184 —. Beiträge zur Blätterpilzflora von Südbayern. (Aus: Berichte der Bayerischen Botanischen Ges. 35 (1962) S. 12-19) (101)

—. Beiträge zur Revision M. Britzelmayrs "Hymenomyceten aus Südbayern". 5.6.1967. s. **Stangl**, Johann.

185 — **und Johann Stangl.** Beiträge zur Revision M. Britzelmayrs "Hymenomyceten aus Südbayern". 10. Die Gattung Lactarius in der weiteren Umgebung Augsburgs. (Aus: Zeitschrift für Pilzkunde. 36 (1970) S. 41-59. Mit 2 Abb.) (1198)

—. Beiträge zur Revision M. Britzelmayrs "Hymenomyceten aus Südbayern". 11. 1971. s. **Stangl**, Johann.

186 —. (Organisatorischer) Beitrag zur Kartierung der Großpilze Europas. (Aus: Westfälische Pilzbriefe. 7 (1968/69) S. 73-77.- Und aus: Zeitschrift für Pilzkunde. 35 (1969) S. 95-101.) (1193)

187 — **und B. Dichtel.** Bericht der Arbeitsgemeinschaft zur Kartierung von Großpilzen in der BRD. 1. (Aus: Zeitschrift für Pilzkunde. 37 (1971) S. 75-147. Mit 11 Abb.) (1413)

188 — **(Rez.).** Catalogus bibliographicus librorum botanicorum praesertim mycologicorum quos collegit J. Schliemann. Zs.gest. von W. Uellner. Hamburg 1970. (Aus: Zeitschrift für Pilzkunde. 36 (1970) S. 288.) (1400)

189 —. Zur Erforschung der europäischen Großpilzflora. (Aus: Zeitschrift für Pilzkunde. 35 (1969) S. 179-212. Mit 8 Abb.) (1194)

Rez. BSMF 88, 251: Ch. Zambettakis

190 —. Exsikkatenschlüssel für die Gattung Gomphidius in Mitteleuropa <Agaricales>. (Aus: Mitteilungen der Botanischen Staatssammlung München. 5 (1963) S. 125-133. Mit 9 Abb.) (1343)

191 —. Zur Frage der taxonomischen Relevanz chemischer Merkmale bei höheren Pilzen. (Aus: Travaux Mycologiques déd. à R. Kühner. Bulletin de la Soc. Linnéenne de Lyon. No spéc. 1974. S. 61-84. Mit 4 Abb.) (1485)

192 —. Hohenbuehelia longipes (Boud.) (Aus: Berichte der Bayerischen Botanischen Ges. 36 (1963) S. 63-64.) (1189)

193 —. Zur Kenntnis der Weißen Schecklinge. (Aus: Zeitschrift für Pilzkunde. 29 (1963) H. 1, S. 4-13. Mit 12 Abb.) (1188)

194 —. 200 Jahre Mykologie in Bayern. (Aus: Zeitschrift für Pilzkunde. 39 (Okt. 1973) S. 15-38. Mit 12 Abb.) (1533)

195 — **und J. Grau.** Myosotis rehsteineri Wartm. am Starnberger See.
(Aus: Berichte der Bayerischen Botanischen Ges. 36 (1963) S. 64.)
(1187)

196 —. Über die Natur einiger Farbstoffe des Hausschwammes <Ser-
pula lacrimans>. (Aus: Zeitschrift für Naturforschung. 28c (1973)
S. 627.) (1465)

197 — **und G. Schneider.** Nitratreduktion durch Pilze und die Ver-
wertbarkeit des Merkmals für die Systematik. (Aus: Biochemical
Systematics and Ecology. 3 (1975) S. 129-135. Mit 1 Tab. und 1
Abb.) (1958)

—. Notizen über Vorkommen und systematische Bewertung von
Pigmenten in höheren Pilzen. 1. 1975. s. **Besl**, Helmut.

198 — **und Arnfried Rennschmid.** Pigmentmerkmale, Organisations-
stufen und systematische Gruppen bei höheren Pilzen. (Aus:
Berichte der Dt. Botanischen Ges. 84 (1971) S. 313-329. Mit 4
Abb. und 4 Tab.) (1403)

199 — **und Linus Zeitlmayr.** Die Pilze des 'Kapuziner Hölzls' und des
'Nymphenburger Schloßparkes' (Aus: Berichte der Bayerischen
Botanischen Ges. 33. S. 11-19. Mit 14 Abb.) (102)

Rez.: WP 3, 15: H. Jahn

—. Pilze aus der Umgebung von Augsburg. 1959-1967. s. **Stangl**,
Johann.

—. Pilzpigmente. 17. 1973. s. **Besl**, Helmut.

200 —, **Helmut Besl und Wolfgang Steglich.** Pilzpigmente. 18. Gyro-
porin und Atromentinsäure aus Leccinum-Aurantiacum-Kul-
turen. (Aus: Phytochemistry. 13 (1974) S. 271-272.) (1457)

201 — **und J. Huber.** Schlüssel für die Gattung Hygrophorus <Agari-
cales> nach Exsikkatenmerkmalen. (Aus: Nova Hedwigia 14
(1967) S. 143-185. Mit 21 Taf.) (1003)

202 —. Typen-Liste der von Andreas Allescher neu beschriebenen
Pilzsippen. (Aus: Mitteilungen der Botanischen Staatssammlung
München. 1973. S. 33-55.) (1545)

203 —, **W. Glaser und Johann Stangl.** Untersuchungen zur Sippenstruktur der Morchellaceen. (Aus: Berichte der Bayerischen Botanischen Ges. 43 (1972) S. 127-143. Mit 6 Abb.) (1402)

Briquet, John. s. **International Rules of Botanical Nomenclature.**
1935.

204 **Brockmüller, Hans Joachim Heinrich.** Beiträge zur Kryptogamenflora Mecklenburgs. (Aus: Archiv des Vereins der Freunde der Naturgeschichte in Mecklenburg. 17 (1863) S. 163-256.) (103)

205 **Brüllau, Martha.** Das Pilzbüchlein. Hrsg. unter Mitw. des Staatsinst. für Angewandte Botanik, Hamburg. Hamburg: Hermes (1947). 2 Bl., 32 Abb. auf 16 Taf. mit erkl. Text a.d. Rücks. Quer-8° (104)

206 **Brünninghaus, Ilse.** Einmachen der Gemüse und Pilze. Völlig neu bearb. und erw. Aufl. = Lehrmeister-Bücherei. 343. Minden: Philler o.J. (um 1955.) 62 S. Mit 18 Abb. 8° (105)

Bruggen, E.F.J. van. The Phenoloxidases of the Ascomycete Podospora anserina. 10. 1972. s. **Molitoris**, H. Peter.

207 **Brummelen, Johannes van.** A World-Monograph of the genera Ascobolus and Saccobolus <Ascomycetes, Pezizales>. (Dissertation.) = Persoonia. Vol. 1. Suppl. Leiden: Rijksherbarium 1967. 260 S., 1 Bl. Mit 17 Taf. und 74 Textabb. 8° (11'60)

 Rez.: BSMF 83, 1050-1051: H. Romagnesi; ČM 22, 79-80: M. Svrček; MyM 12, 71: H. Kreisel; RM 33, 85-87: M. Le Gal; SZP 48, 63: J. Peter; WP 7, 91: H. Jahn; ZfP 35, 130-131: M. Moser

208 **Brunaud, Paul.** Matériaux pour la flore mycologique des environs de Saintes <Charente-Inférieure>. (Aus: Actes de la Soc. Linnéenne de Bordeaux. 41 (1887) S. 159-189.) (106)
 Krieger/Kelly, S. 33.-

209 —. Miscellanées mycologiques. Sér. 1.2. (Aus: Actes de la Soc. Linnéenne de Bordeaux. 42 (1888) S. 85-104 und 44 (1890) S. 211-273.) (107)

 Krieger/Kelly, S. 33 (2. Sér.).-

210 **Brunner, Samuel.** Einiges über den Stein-Löcherpilz (Polyporus Tuberaster Jacq. et Fries) und die Pietra Fungaja der Italiener. (Aus: Neue Denkschriften der Allgemeinen Schweizerischen Ges. für die Gesammten Naturwissenschaften. 7. 1842. 19 S. Mit 2 kolor. lithogr. Taf.) (108)

 Pritzel 1292.- Krieger/Kelly, S. 34 (Ausg. 1910).-

211 **Brunswik, Hermann.** Untersuchungen über die Geschlechts- und Kernverhältnisse bei der Hymenomyzetengattung Coprinus. = Botanische Abhandlungen. 5. Jena: G. Fischer 1924. 152 S. Mit 3 Abb., 16 Schemata und 35 Tab. 8° (109)

212 **Bryk, Ernst.** Kurzes Repetitorium der Botanik. <Pflanzen-Ana-
tomie, -Morphologie, -Physiologie und -Systematik.> 3. verb. und
verm. Aufl. = Breitenstein's Repetitorien. 19. Leipzig: Barth
1902. Titel, 142 S. 8° (885)

213 **Búbak, Franz.** Die Pilze Böhmens. Tl 1.2. = Archiv für die Naturwissenschaftl. Landesdurchforschung von Böhmen. Bd 13, Nr 5
und Bd 15, Nr 3. Prag: Řivnáč in Komm. 1908-1916. 233 S. Mit
59 Abb.; 81 S. Mit 24 Abb. 8° (1199)

    Biogr.: ČM 20, 199-202 (m. Portr.): K. Cejp

214 **Buch, Richard.** Die Blätterpilze des nordwestlichen Sachsens.
Leipzig: Akad. Verl.ges. 1952. 346 S. Mit 12 Abb. auf 3 Taf. und
84 Textabb. von Kurt Herschel nach Skizzen d. Verf. 8° (110)

    Biogr.: MyM 4, 41: A. Birkfeld; ZfP 26, 75-76 (m. Bibl.): H.
Kreisel

215 —. Die wichtigsten Pilze in der Natur und im Haushalt. = Lehrmeister-Bücherei. 370/375. Leipzig: Hachmeister & Thal. (1949.)
64 S. Mit 32 farb. Abb. von Wilh. Villinger, 22 s.-w. Zeichnungen
von Kurt Herschel und 1 Erl.-taf. des Verf. 8° (111)

    Rez.: ZfP 21, Nr 5, 29-30: E.H. Benedix

216 **Buchwald, Niels Fabritius.** Elias Fries' Aetlinge inden for mykolo-
gien. (Aus: Friesia. 9 (1970) S. 350-354. Mit 1 Stammtaf.) (1874)

    Biogr.: Fr 9, 356-357: A. Munk

217 —. Elias Fries' Autobiography, 'Historiola studii mei mycologici'.
(Aus: Friesia. 5 (1955) S. 135-160. Mit 4 Taf. und 7 Textabb.)
(1654)

    —. Flora Agaricina Danica. 1935-1940. s. **Lange**, Jakob
Emmanuel.

218 —. Fluesvamp og tøndersvamp lidt om deres rolle i den eurasiske
kultur. (Aus: Naturens Verden. Juli/Aug. 1970, S. 230-244. Mit 12
- davon 3 farb. - Abb.) (1655)

219 —. Robert E. Fries. (Aus: Friesia. 9 (1970) S. 348-350. Mit Portr.)
(1873)

220 —. Adolph Hannover und seine Infektionsversuche mit Sapro-
legnia. (Aus: Friesia. 9 (1971) S. 389-391. Mit 1 Abb.) (1656)

221 —. Otto Friderich Müller und Boletus edulis als Speisepilz. (Aus:
Friesia. 10 (1973) S. 52-56. Mit 2 Abb.) (1657)

222 —. Safrangul Poresvamp (Polyporus [Hapalopilus] croceus)
fundet 1936 i Danmark. (Aus: Friesia. 10 (1974) S. 323-326. Mit
1 Taf.) (1658)

223 —. F. Kølpin Ravn. 1873-1920. (Aus: Kgl. Veterinaer- og Landbohøjskole. Arsskrift 1976. S. 1-27. Mit 11 Abb.) (2029)

224 —. Tilføjelser til oversigten over Elias Fries ätlinge. (Aus: Friesia. 10 (1973) S. 107.) (1875)

225 **Bülow, Waldemar.** Svampar för hem och skola. Med inl. av Karl Petrén. 2. uppl. Lund: Gleerup (1916). 1 Bl. (Vortitel), 258 S. Mit 86 Abb. i.T. und auf 35 Taf. sowie mit 1 Skizzentaf. 8° (112)

   Krieger/Kelly, S. 36 (Ausg. 1917).-

226 **Buku, Angeliki, G. Campadelli-Fiume, L. Fiume und Theodor Wieland.** Inhibitory Effect of naturally occurring and chemically modified amatoxins on RNA polymerase of rat liver nuclei. (Aus: FEBS Letters. 14 (1971) S. 42-44. Mit 1 Tab. und 1 Abb.) (1383)

   —. Über die Inhaltsstoffe des grünen Knollenblätterpilzes. 32. 1967. s. **Wieland**, Theodor.

227 **Buller, Arthur Henry Reginald.** Researches on fungi. An account of the production, liberation, and dispersion of the spores of Hymenomycetes treated botanically and physically. Also some observations upon the discharge and dispersion of the spores of Ascomycetes and of Pilobolus. Vol. 1-7. London: Longmans, Green & Co. (6: Repr.: New York: Hafner; 7: Toronto: Univ. of Toronto Pr.) 1909-1958. (1: 1909) XI, 287 S.; (2: 1922) XII, 492 S.; (3: 1924) XII, S., 1 Bl., 611 S.; (4: 1931) XIII S., 1 Bl., 329 S.; (5: 1933) XIII S., 1 Bl., 416 S.; (6: 1958, Repr. der Ausg. von 1934) XII S., 1 Bl., 513 S.; (7: 1950) XX, 458 S. Mit 1 Portr. (Buller) und insgesamt 5 doppelbl.gr. Taf. sowie 14 Taf. und 1145 Textabb. (113)

   Krieger/Kelly, S. 36.-
   Rez.: ZfP 3, 13-17 und 95-102: F. Kallenbach

228 **Bulletin Trimestriel de la Société Mycologique de France pour le progrès et la diffusion des connaissances relatives aux champignons.** Paris. In laufendem Bezug ab Vol. 77, 1961. (114)

   Krieger/Kelly, S. 245 (Frühere Jg.).-

229 —. Tables des années 1925 à 1954. T. 41 à 70. = T. 70. 1954, fasc. 4. Suppl. Paris (1972). 1 Bl., 197, III S. 8° (1585)

230 **Bulliard, Pierre und Etienne Pierre Ventenat.** Histoire des champignons de la France. T. 1.2. in 4 Bdn = Bulliard/Ventenat: Herbier de la France. Division 2. Paris: Leblanc 1809-1812. (1: 1809) 2 Bl. (inkl. gest. Titel des Gesamtwerkes: Paris: Garnery 1780), IX, XVI, 232 S.; 2 Bl. (Titelei), S. 233-368; (2: 1809-1812) 2 Bl. (Titelei), S. 369-540; 2 Bl. (Titelei), S. 541-700. Mit insgesamt 397, meist kolor. Kupfertaf. Fol. (115)

Brunet I, 1388.- Graesse I, 571.- Ebert 3143.- Pritzel 1356.
Nissen 296.- Nouv. biogr. gen. VII, 769.- Krieger/Kelly, S. 36.
Biogr.: ZfP 8, 102-108: S. Killermann
Vollständig. Die Kupfer sind von 1-602 num., wobei zwischen
1 und 399 209 Nummern fehlen, die aber nicht zur 'Seconde
division', sondern zu anderen Tln des 'Herbier' gehören. Zu
den Taf. 601 und 602 bemerkt Pritzel (l.c.): "planchent qui
manquent habituellement". Das vorliegende Exemplar enthält
diese beiden Taf. im Orig., nicht die Nachdr. von Raspail aus
dem Jahre 1840.

231 **Burckhardt, Hanns.** Fotografie im Dienste der Mykologie. (Aus:
Zeitschrift für Pilzkunde. 36 (1970) S. 260-270. Mit 4 Abb.) (1406)

232 —. Pilze. Ein Leitfaden für das Sammeln und Erkennen der wichtigsten Pilze Mitteleuropas. (21.-40. Taus.) = Lehrmeister-Bücherei. Nr 370. Minden: Philler, o.J. (um 1969.) 128 S. Mit 102 Pilz-
zeichnungen und 6 Textabb. 8° (1065)

Rez.: ZfP 35, 326: M. Moser

233 **Buret, F.** Le Champignon, poison ou aliment. Paris: Vigo 1925. X,
228 S. Mit 100 Abb. 8° (116)

Burgermeister, Wolfgang. Affinity of antamanide for sodium ions.
1970. s. **Wieland**, Theodor.

—. Conformations of the Li-antamanide complex and Na-(Phe[4],
Val[6]) antamanide complex in the crystalline state. 1973. s. **Karle**,
Isabella L.

234 **Burgerstein, Alfred.** Fortschritte in der Technik des Treibens der
Pflanzen. (Aus: Progressus Rei Botanicae. 4 (1911) S. 1-26. Mit 7
Abb.) (1203)

Burmester, G. Der Braunschweiger Spargelbau. 1898. vgl. Aufn.
zu **Wendisch**, Ernst: Die Champignons-Cultur in ihrem ganzen
Umfange. 1892. (Beibd 1.)

Burt, Edward Angus. Icones Farlowianae. 1929. s. **Farlow**, William Gilson.

235 **Butin, Heinz und Eduard Schwarz.** Beitrag zur Pilzflora der Umgebung von Bad Godesberg (Aus: Decheniana. 111 (1958) S. 19-
25.) (117)

Rez.: WP 2, 15-16: H. Jahn

Cailleux, Roger. Le Champignon de couche. 1963. s. **Bourrée**,
Michel.

Campadelli-Fiume, G. Inhibitory Effect of naturally occurring and chemically modified amatoxins on RNA polymerase of rat liver nuclei. 1971. s. **Buku**, Angeliki.

Candolle, Augustin Pyramus de. Flore française. 1815. s. **Lamarck**, Jean Baptiste.

—. Synopsis plantarum in Flora Gallica descriptarum. 1806. s. **Lamarck**, Jean Baptiste de.

Carlberg, Johan Oscar. Öfver Vexternes Namn. 3. 1842. Resp. s. **Fries**, Elias.

236 **Cash, Edith Katherine.** A mycological English-Latin Glossary. = Mycologia Memoir. 1. New York, London: Hafner 1965. 1 Bl., VI, 152 S. 8° (118)

    Rez.: MOeMG 101, 1967: K. Lohwag; RM 32, 124:-; Sy 19, 284-286: F. Petrak; ZfP 35, 328: M. Moser

Caspari, Claus. Ich kenne die Pilze. Um 1962. s. **Merkl**, Michael.

—. Knaurs Pilzbuch. 1961. s. **Zeitlmayr**, Linus.

—. Mitteleuropäische Pilze. 1963-1965. s. **Poelt**, Josef.

—. Kleine Pilzkunde. 1960-1962. s. **Merkl**, Michael.

Catalogue de la Mycothèque de la Chaire de Cryptogamie du Muséum National d'Histoire Naturelle. s. **Muséum National d'Histoire Naturelle.**

237 **Catoni, Giulio.** L'abate Giacomo Bresadola. Per l' 80° compleanno 1847-1927. (Aus: Rivista degli Studi Trentini. Ser. 2, t. 8, fasc. 1. 1927. 42 S. Mit Portr. und 20 Abb.) (119)

    Nissen II, S. 23.-

CBS Course of mycology. s. **Centraalbureau voor Schimmelcultures.**

238 **Cejp, Karel.** Omphalia (Fr.) Quél. (P. 1.2.) = Atlas des Champignons de l'Europe. 4(a.)b. Prag 1936-1938. 152 S. Mit 56 Taf. und 2 Textabb. 8° (120)

    Biogr.: ČM 24, 1-4 (m. Bibl.): A. Pilát; 29, 1-4: V. Holubová-Jechová; 241-242: F. Kotlaba und Z. Pouzar
    Rez.: MOeMG 1, 122: Swoboda

239 **Centraalbureau voor Schimmelcultures.** CBS Course of mycology. (By) W. Gams (u.a.) Baarn 1975. 104 S. Mit 4 Tab. und 73 Abb. 8° (2031)

Rez.: RM 39, 223: J.N.

240 —. List of cultures. 26. ed. (Nebst) Suppl. 1-3. Baarn 1961-1966.
257 S. Mit 1 Taf.; (Suppl. 1: 1962) 13 S.; (Suppl. 2: 1964) 17 S.;
(Suppl. 3: 1966) 19 S. 8° (121.122)

Rez.: Sy 15, 317: F. Petrak

241 — —. 27th ed. Baarn, Delft 1968. 262 S. Mit 1 Taf. 8° (886)

242 — —. (28th ed. nebst) Suppl. 1. Baarn, Delft 1972-1975. 349. S.;
50 S. 8° (1395)

243 **Cerletti, A.** Teonanácatl und Psilocybin. (Aus: Panorama, Sandoz-
Hauszeitschrift. Mai 1961. 2 S. Mit 2 Abb.) (123)

Cernohorsky, Thomas. Beiträge zur Pilzflora von Wien und Umgebung unter Berücksichtigung der Bodenverhältnisse. 1959. s.
Peringer, Maria.

244 — **und Lothar Machura.** Pilzfibel. Markt- und Giftpilze. Wien:
Kühne (1947). 80 S. Mit 24 Farbtaf. und 59 (davon 24 Federzeichnungen) Textabb. 8°. Die Farbtaf. von Anton Haidvogl. Beilage:
Ruhm, Franz: Pilzkochrezepte der Wiener Küche. Wien: Kühne
(1947). 15 S. (125)

245 —. Russula Adelae nov. spec., ein neuer Manschetten-Täubling.
(Aus: Sydowia. 5 (1951) S. 315-316. Mit 5 Abb. auf 1 Taf.) (124)

246 — **und H. Raab.** Russula-Flora Österreichs. Mit bes. Berücks.
der Umgebung Wiens. (Aus: Sydowia. 9 (1955) S. 260-288.) (126)

Rez.: ZfP 23, 31: E.H. Benedix

Ceruti, Arturo. Elaphomycetales et Tuberales. 1960. s. **Bresadola**,
Giacomo: Iconographia mycologica. Suppl. 2.

247 —. Fungi analytice delineati. Vol. 1. Turin: Loescher 1948. VIII,
275 S. Mit 35 (davon 12 farb.) Taf. 4° (127)

248 **Česká Mykologie.** Organ der Czechoslovak Scientific Soc. for
Mycology. Hrsg. von Albert Pilát, 1974 ff. von Zdeněk Urban.
Prag. In laufendem Bezug ab Bd 16, 1962. (128)

249 **Cetto, Bruno.** I Funghi dal vero. 2. ed. ampl. e riv. Trient:
Saturnia 1971. 619 S. Mit 377 farb. Abb. auf Taf. i.T. und 192
s-w. Textabb. (1205)

Rez.: ČM 25, 210: A. Pilát; MOeMG 118, 1972: M. Moser;
ZfP 37, 243-244: M. Moser

Chambon, P. Amanitin binding to calf thymus RNA polymerase
B. 1970. s. **Meihlac**, M.

250 **Champignon, Der.** Hrsg. vom Bund Dt. Champignonzüchter e.V. Nr 138. Bonn-Bad Godesberg Febr. 1973. 38 S. Mit Abb. 8° (1420). Prof. Dr. Reinhold von Sengbusch zum 75. Geburtstag gewidmet. Mit Beitr. von: Walter Huhnke, František Zadražil u.a.

251 —. Hrsg.: Bund Dt. Champignonzüchter e.V. Bonn-Bad Godesberg. In laufendem Bezug ab Nr 146, Okt. 1973. (1397)

252 **Champignons.** Documentation scolaire en couleurs. = Images-Encyclopédie. 123. (Paris:) Arnaud (1972). 15 S. Mit farb. Abb. 4° (1362)

253 **Champignons, Les, dont la vente est autorisée à Macon.** 1904 vgl. Aufn. zu: **Bigeard**, R.: Petite flore mycologique des champignons les plus vulgaires et principalement des espèces comestibles et vénéneuses. 1902-1906. (Beibd 2.)

254 **Chandra, Aindrila und R.P. Purkayastha.** A Method for *in-vitro* production of fruit-body of an edible mushroom (Collybia velutipes [W. Curt. ex Fr.] Kummer). (Aus: Current Science. 41 (1972) S. 748. Mit 1 Abb.) (1398)

—. New Species of edible mushroom from India. 1974. s. **Purkayastha**, R.P.

—. Termitomyces eurhizus, a new Indian edible mushroom. 1975. s. **Purkayastha**, R.P.

255 **Charles, Vera Katherine.** Some common Mushrooms and how to know them. (Rev. ed.) = United States Department of Agriculture. Circular 143. Washington: U.S. Government Pr. Office 1953. 60 S. Mit 49 Abb. 8° (129)

Chassain, Maurice. La Vie mystérieuse des champignons sauvages. 1966. s. **Monceaux**, René Henri.

256 **Chauvin, Eugène.** Contribution à l'étude des Basidiomycètes du perche et à celle de la toxicité des champignons Amanita citrina Schaeffer et var.: alba Price Volvaria gloïocephala De Cand. Paris: Le François 1923. 254. S., 1 Bl. Mit 1 Faltk. 8° (130)

Krieger/Kelly, S. 41.-

257 **Chodat, Fernand.** Recherches expérimentales sur la mutation chez les champignons. (Aus: Bulletin de la Soc. Botanique de Genève. Sér. 2, vol. 18 (1926) S. 41-144. Mit 53 (gez. 51) Abb., davon 32 auf 13 Taf.) (131)

258 **Christensen, Clyde Martin.** Common fleshy Fungi. (2. pr.) Minneapolis: Burgess 1966. Titel, IV, 237 S. Mit 200 Aufn. des Verf. i.T. und Textfig. 8° (839)

259 —. The Molds and man. An introd. to the fungi. (2nd ed., rev.)
Minneapolis, Univ. of Minnesota Pr.; London: Oxford Univ. Pr.
(1961.) VIII, 238 S. Mit 14 Taf. und 8 Textabb. 8° (132)

    Rez.: MOeMG 101, 1967: Lohwag

260 —. Common edible Mushrooms. (4. pr.) Newton Centre, Mass.:
Branford (1964). X, 124 S. Mit 4 Farbtaf., 62 Textabb. und 2
Textfig. 8° (1052)

261 **Christiansen, Mads Peter.** Danish resupinate Fungi. Vol. 1.2. (1:
Ascomycetes and Heterobasidiomycetes; 2: Homobasidiomycetes.)
= Dansk Botanisk Arkiv. 19, 1.2. Kopenhagen: Munksgaard
1959-1960. 2 Bl., 388 S. Mit 374 Abb. 8° (133)

    Rez.: BSMF 88, 234: Ch. Zambettakis; RM 29, 327-328:
    J. Boidin

262 —. Studies in the larger fungi of Iceland. = The Botany of Iceland. Vol. 3, pt 2, 11. Kopenhagen: Munksgaard; London: Mil-
ford 1941. 2 Bl., S. 191-225, 1 Bl. Mit 1 Sporentaf. i.T. 8° (134)

263 **Cima, Francesco.** Relazione e tavola sinottica dei funghi com-
mestibili piu comuni. Bergamo: Stamperia Natali 1826. 10 S., 6
Bl., S. 19-20, 1 Bl. (Errata.) 8° (1122). Trotz der eigenwilligen
Paginierung offensichtl. vollständig.

Clark, J.F. Studies of American fungi. 1911. s. **Atkinson**, George
Francis.

Clausen, P. Die natürlichen Pflanzenfamilien. Bd 6. 1928 und 7a.
1959. s. **Engler**, Adolf.

264 **Cleff, Wilhelm.** Taschenbuch der Pilze. Enthaltend eine genaue
Beschreibung der wichtigsten eßbaren und schädlichen Arten
nebst einer Anleitung zur Zubereitung von über 40 Pilzgerichten.
10. Aufl. Eßlingen, München: Schreiber (1919). V, 123 S. Mit 46
Farbtaf. und 4 Textabb. 8° (135)

    Krieger/Kelly (12. Aufl. 1923).-

Clémençon, Heinz. Neue Arten von Agaricales. 1971. s. **Singer**,
Rolf.

—. Notes on some leucosporous and rhodosporous European
Agarics. 1972. s. **Singer**, Rolf.

Clements, Edith Gertrud Schwartz. The Genera of fungi. 1931. s.
Clements, Frederick Edward.

265 **Clements, Frederick Edward und Cornelius Lott Shear.** The
Genera of fungi. Illustr. by Edith (Gertrud Schwartz) Clements.
New York: Wilson 1931. IV, 2 Bl., 496 S., 1 Bl. (Tafelverz.) Mit 58
Taf. 8° (985)

    Nissen 366.-
    Rez.: MOeMG 101, 1967: Lohwag (Ausg. 1965)

266 **Coffin, George S. und Margaret H. Lewis.** Twenty common Mush-
rooms and how to cook them. (Mit Illustr. von Catharine R.
Hammond.) Boston: Intern. Pocket Libr. (1965.) 95 S. Mit 51
Abb. 8° (136)

267 **Coker, William Chambers und Alma Holland Beers.** The Boletaceae of North Carolina. Chapel Hill: Univ. of North Carolina Pr.
1943. VIII, 96 S., 1 Bl. Mit 66 (davon 6 farb.) Taf. 8° (138)

268 **— und John Nathaniel Couch.** The Gasteromycetes of the eastern
United States and Canada. Chapel Hill: Univ. of North Carolina
Pr. 1928. IX, 201 S. Mit 123 Taf. 8° (137)

269 **Colmorgen, Hans.** Der Pilzsammler. 81.-90. Taus. = Kennst
Du...? Naturkundl. Taschenbücher. 6. Kiel: Schubert o.J. (um
1960.) 34 S., 1 Bl. Mit 49 farb. Abb. 8° (551)

    Sammler-Journal, Febr. 1974, S. 45.-
    Rez.: WP 2, 61: H. Jahn

Colston Research Society. 18th symposium. Proceedings. s.
Fungus Spore, The. 1966.

270 **Commonwealth Mycological Institute.** Herb. I.M.I. Handbook.
Kew 1960. 4 Bl., 103 S. Mit 6 Taf. und 8 Textabb. 8° (139)

271 **Conert, Hans Joachim.** Algen, Pilze, Moose und Farne. = Delphin
Naturbücherei. 11. (Stuttgart, Zürich:) Delphin Verl. (1972.) 94 S.
Mit 150 farb. Abb. 4° (1324)

272 **Cooke, Mordecai Cubitt.** A plain and easy Account of British
fungi. London: Hardwicke 1862. VI S., 1 Bl., 148 S. Mit 24 kolor.
Lithographien. 8° (147)

    Pritzel 1855 (mit etw. abweichendem Titel).- Krieger/Kelly,
    S. 46 (3. und 5. Aufl.).-

273 **—.** Les Champignons. Par M.C. Cooke sous la direction de M.J. Berkeley. 4e éd., rev. et corr. = Bibliothèque Scientifique Intern. 15.
Paris: Alcan 1889. 2 Bl., 274 S., 1 Bl. Mit 110 Abb. 8° (145)

    Krieger/Kelly, S. 50 (Ausg. 1875).-

274 —. Fungi: their nature, influence, and uses. Ed. by M.J. Berkeley.
4th ed. = The Intern. Scientific Ser. 14. London: Paul, Trench &
Co. 1888. XII, 299 S. Mit 109 Abb. 8° (142)

Krieger/Kelly, S. 50 (Ausg. 1875).-

275 —. British edible Fungi. How to distinguish and how to cook
them. London: Paul, Trench, Trübner & Co. 1891. 8 S., 1 Bl.,
S. 9-237. Mit mehr als 40 farb. Abb. auf 12 Taf. 8° (140)

Krieger/Kelly, S. 49.-

276 —. Handbook of British fungi. Vol. 1.2. London: Macmillan 1871.
4 Bl., 488 S.; 1 Bl., S. 489-981. Mit kolor. lithogr. Frontispiz und
408 Abb. (davon 34 auf 5 Taf.) 8°. Durchschossenes Exemplar
mit 1 zeitgen. Illustr. und ca 600 eingeklebten Abb. (143)

Krieger/Kelly, S. 46.-

277 —. Introduction to the study of fungi. Their organography, classification, and distribution. London: Black 1895. X, 360 S. Mit 148
Abb. 8° (144)

Krieger/Kelly, S. 49.-

278 —. Edible and poisonous Mushrooms: what to eat and what to
avoid. London: Soc. for Promoting Christian Knowledge 1894.
126 S., 1 Bl. Mit 48 farb. Abb. auf 18 Taf. 8° (141)

279 —. The Myxomycetes of Great Britain. = Contributions to Mycologia Britannica. London: Williams & Norgate 1877. 2 Bl., IV,
96 S. 8° (146)

Krieger/Kelly, S. 47.-

280 —. Romance of low life amongst plants. Facts and phenomena of
cryptogamic vegetation. London: Soc. for Promoting Christian
Knowledge 1893. VII, 320 S. Mit 60 Abb. 8° (148)

Krieger/Kelly, S. 49.-

281 —. Vegetable Wasps and plant worms. A popular history of ento-
mogenous fungi or fungi parasitic upon insects. London: Soc. for
Promoting Christian Knowledge 1892. V S., 1 Bl., 364 S., 2 Bl.
(letztes leer.) Mit 4 Taf. und 51 Textabb. 8° (149)

282 **Cooke, William Bridge.** The Ecology of the fungi. (Aus: The
Botanical Review. 24 (1958) S. 341-429.) (150)

283 **Corda, August Carl Joseph.** Anleitung zum Studium der Mycologie, nebst kritischer Beschreibung aller bekannten Gattungen
und einer kurzen Geschichte der Systematik. Prag: Ehrlich 1842.
2 Bl., CXXII S., 1 Bl., 223 S. Mit 8 gest. Taf. 8° (1206)

Pritzel 1875.- Nissen Bd 1, S. 193.- ADB IV, 473-475.- NDB
III, 356.- Raab 53, S. 51.-

—. Deutschlands Flora in Abbildungen nach der Natur mit Beschreibungen. Abth. 3. Die Pilze Deutschlands. H. 6-9; 11-14/15; 19/20. s. **Sturm**, Jacob.

284 **Cordier, François Simon.** Les Champignons de la France. P. 1.2 in 1 Bd. Paris: Rothschild 1870. XII, 231 S.; 274 S. Mit 60 Chromolithos. 8° (152)

    Pritzel 1882 (nur p. 1?).- Nissen 404 (ohne die Umfangsangabe zu p. 1).- Krieger/Kelly, S. 50.-

285 —. Guide de l'amateur de champignons ou précis de l'histoire des champignons alimentaires, vénéneux, et employés dans les arts, qui croissent sur le sol de la France. Paris: Bossange 1826. X, 247 S. Mit 11 kolor. Taf. 8° (151)

    Pritzel 1881.- Raab 53, S. 24.- Krieger/Kelly, S. 50.-

286 **Corner, Edred John Henry und C. Bas.** The Genus Amanita in Singapore and Malaya. (Aus: Persoonia. 2 (1962) S. 241-304. Mit 12 Farbtaf. und 56 Textabb.) (154)

    Rez.: ZfP 28, 120: E.H. Benedix

287 —. A Monograph of Clavaria and allied genera. = Annals of Botany Memoirs. 1. London: Oxford Univ. Pr. 1950. XV, 740 S. Mit 16 farb. Taf. und 298 Textabb. 8° (153)

    Rez.: ZfP 21, Nr 13, 26: M. Moser

288 —. A Monograph of cantharelloid fungi. = Annals of Botany Memoirs. 2. (London:) Oxford Univ. Pr. 1966. VI S., 1 Bl., 255 S. Mit 5 farb. Taf. und 134 Textabb. 4° (840)

    Rez.: BSMF 82, 627-628: H. Romagnesi; ČM 21, 259-260: Z. Pouzar; MOeMG 103, 1967: K. Lohwag

289 —. Supplement to 'A monograph of Clavaria and allied genera'. = Nova Hedwigia. Beih. 33. Lehre: Cramer 1970. 2 Bl., 299 S. Mit 4 Taf. und 63 Textabb. 8° (1384)

    Rez.: ČM 25, 117: A. Pilát; WP 8, 196: H. Jahn

Cortin, Bengt. Champignons comestibles et vénéneux. 1961. s. **Locquin**, Marcel.

—. Funghi. Um 1955. s. **Peyrot**, Alberto.

290 —. Svampar i färg. Färgillustr. av Edgar Hahnewald. (2. uppl.) Stockholm: Almquist & Wiksell (1965). 239 S. Mit einigen s.-w. Abb. und 343 farb. Abb. auf 96 Taf. i.T. 8° (155)

291 **Costantin, Julien Noël.** Atlas des champignons comestibles et vénéneux. Paris: Dupont (1895). VI S., 1 Bl., 229 S. Mit meist

farb. Abb. auf 80 Taf. i.T. und Textabb. 8° (156)

Krieger/Kelly, S. 54.-

292 — **und Louis Matruchot.** Sur la Culture du champignon comestible dit "pied bleu" <Tricholoma nudum>. (Aus: Revue Générale de Botanique. 13 (1901) S. 449-476. Mit 1 Taf., 6 Textfig. und 3 Tab.) (998)

Krieger/Kelly, S. 54.-

293 — **und Léon Dufour.** Nouvelle Flore des champignons. 7e éd. Paris: Libr. Gén. de l'Enseignement 1947. 2 Bl., LX, 318 S. Mit 1 Farbwerttaf. und 4702 Abb. 8° (157)

Krieger/Kelly, S. 54 (nicht diese Aufl.).

Couch, John Nathaniel. The Gasteromycetes of the eastern United States and Canada. 1928. s. **Coker**, William Chambers.

Coulon, M. Champignons de Provence. 1972. s. **Riousset**, L.

294 **Coupin, Henri.** Les Meilleurs et les pires des champignons à chapeau. Paris: Selbstverl., o.J. (um 1930.) 103 Taf. mit je 1 S. erl. Text. 8° (158)

Krieger/Kelly, S. 55.-

295 **Couvreur, Claude.** Le Monde insolite des champignons. = Collection Nature-Science. 4. Bruxelles, Paris: Rossel (1973). 159 S. Mit 16 Taf. mit meist farb. Abb. und 7 Textabb. 8° (1503)

296 **Cramer Books on Botany.** 1956-1974. (Nebst) Suppl. 1. 1974-1975. Lehre: Cramer 1974-1975. 129, 19 S. 8° (1257)

297 **Cramer Books on fungi.** 1956-1973. Lehre: Cramer (1973). 36 S. 8° (1385)

298 —. 1975-1976. (Lehre: Cramer 1975.) 4 Bl. 8° (1905)

299 **Crossland, Charles.** New and critical British Fungi found in West Yorkshire. 1900. vgl. Aufn. zu: **Massee**, George: The Fungus Flora of Yorkshire. 1905. (Beibd 2.)

—. New and rare British Fungi. 1906. vgl. Aufn. zu: **Massee**, George: The Fungus Flora of Yorkshire. 1905. (Beibd 1.)

—. The Fungus Flora of Yorkshire. 1905. s. **Massee**, George.

300 **Cube, Hellmut von.** Pilzsammelsurium. Sorgsamer Ratgeber für Pilzverehrer und Pilzverzehrer. Mit Kochrezepten. (München:) Heimeran (1960). 127 S. Quer-8° (159)

Rez.: WP 2, 103: H. Jahn; ZfP 26, 32: E.H. Benedix

301 — —. (3. Aufl.) (München:) Heimeran (1966). 127 S. Quer-8°
(160)

302 **Cultivation of the Japanese forest mushroom** <Shii-ta-ke>. O.O.
u.J. (um 1971.) 1 Bl. Mit 2 Abb. 8° (1896)

303 **Czaja, Alfons Th.** Über das Aufkommen des echten Hausschwammes (Merulius lacrymans var. domesticus [Pers.] Falck)
und des braunen Kellerschwammes (Coniophora cerebella [Pers.]
Duby) aus ihren Sporen an verbautem Holz. (Aus: Angewandte
Botanik. 33 (1959) S. 107-121.) (1117)

304 —. Mikroskopische Untersuchung der Gemüse, Salate, Küchen-
kräuter und Speisepilze. (Aus: Handbuch der Lebensmittelchemie. Bd 5, Tl 2 (1968) S. 538-562. Mit 25 Abb.) (1118)

305 **Dähncke, Rose Marie.** Pilzsammlers Kochbuch. Die besten
Speisepilze sicher bestimmen und schmackhaft zubereiten.
(München:) Gräfe & Unzer o.J. (um 1975.) 146 S. Mit 72 farb.
Abb. auf Taf. i.T. 8° (1831)

    Rez.: SPRd 12, 23-24: H. Steinmann; SZP 53, 144: R. Hotz

Dahlstrøm, Preben. A Guide to mushrooms and toadstools. 1963.
s. **Lange**, Morten.

—. Pilze. 1967. s. **Lange**, Jakob Emmanuel.

—. 600 Pilze in Farben. 1962 u.ö. s. **Lange**, Jakob Emmanuel.

—. Illustreret Svampeflora. 1961. s. **Lange**, Jakob Emmanuel.

—. Svampflora. 1964. s. **Lange**, Jakob Emmanuel.

—. Die Wald- und Parkbäume Europas. 1975. s. **Mitchell**, Alan.

306 **Dahnke, Walter.** Pilzflora des Kreises Parchim. = Natur und
Naturschutz in Mecklenburg. Sonderh. 1968. Stralsund, Greifs-
wald: Meereskundl. Mus. Stralsund 1968. 134 S., 1 Bl. Mit dem
Portr. d. Verf. i.T. 8° (1066)

    Biogr.: MyM 8, 96: H. Kreisel; 17, 23-26 (m. Portr. und Bibl.):
    W. Kintzel; ZfP 35, 322:-
    Rez.: WP 8, 38: H. Jahn; ZfP 35, 326-327: M. Moser

307 **Dammer, Udo.** Taschenatlas der eßbaren und schädlichen Pilze.
Eßlingen: Schreiber, o.J. (um 1920.) V S., 1 mehrfach gefalt. Taf.
mit 34 farb. Abb. 8° (161)

    Rez.: PuK 4, 54: F. Kallenbach

Dancker, Peter. Interaction of phalloidin with actin. 1974. s.
Lengsfeld, Anneliese M.

Jacob
Boltons
Geschichte
der merckwürdigsten
PILZE
mit 44 illuminirten Kupfern
I ter Theil.
Aus den Englischen
mit Anmerckungen
von
D. Carl Ludw: Willdenow.

Berlin 1795.
In der Buchhandlung
des Geh. Commercien Raths
Pauly

Willdenow inv. et del.

Zu Nr. 151

LETTRES

SUR

LES TRUFFES

DU PIÉMONT

ÉCRITES PAR MR. LE COMTE

DE BORCH

en 1780.

Multitudo errantium non patrocinatur errori.

À MILAN.

CHEZ LES FRERES REYCENDS LIBRAIRES
SOUS LES ARCADES DE FIGINI.

308 **Dardana, Giuseppe Antonio.** In Agaricum campestrem veneno et patria_infamem acta ad Victorium Picum. 1788. vgl. Aufn. zu **Picco**, Vittorio: Meletemata inauguralia. 1788.

Darter, Christine. Die Wald- und Parkbäume Europas. 1975. s. **Mitchell**, Alan.

309 **Davidson, S.** Våra Svampar och deras användning i hushållet. Ny, rev. uppl Stockholm: Kungsholmen 1936. 48 S. 8° (163)

310 **Davis, J.J.** A provisional List of parasitic fungi in Wisconsin. 1914. vgl. Aufn. zu: **Davis**, J.J.: A supplementary List of parasitic fungi of Wisconsin. 1893.

311 —. A supplementary List of parasitic fungi of Wisconsin. (Aus: Transactions of the Wisconsin Acad. of Sciences, Arts, and Letters. 9 (1893) S. 153-188.) Angeb.: **Davis**: A provisional List of parasitic fungi in Wisconsin. (Aus: Transactions of the Wisconsin Acad. of Sciences, Arts, and Letters. 17 (1914) S. 846-984.) (164.165)

Davis, R.B. Wayside and woodland Fungi. 1967. s. **Findlay**, Walter Philip Kenneth.

Daxwanger, Irmgard. Speisepilz? Giftpilz? 1975. s. **Rauh**, Werner.

312 **Dean, Alletta Friscone.** The Myxomycetes of Wisconsin. (Aus: Transactions of the Wisconsin Acad. of Sciences, Arts, and Letters. 17 (1914) S. 1221-1299.) (166)

Krieger/Kelly, S. 59.-

313 **Delacroix, Georges.** Atlas de botanique descriptive. Paris: Lechevalier 1899. 64 Bl. Mit 1100 Abb. auf 38 Taf. 8° (167)

Delmas, J. Perspectives pour une trufficulture moderne. 1974. s. **Grente**, J.

—. Le Pleurote. 1974. s. **Laborde**, J.

314 **Denckler, Heinz.** Das Pilzkochbuch. Die ganze Vielfalt herrlicher Pilzgerichte in praktischen Rezepten. = Heyne-Buch. 4038. München: Heyne (1966). 156 S. 8° (168)

315 **Dennis, Richard William George, P.D. Orton and Frederick Bayard Hora.** New Check List of British Agarics and Boleti. = Transactions of the British Mycological Soc. Suppl. London: Cambridge Univ. Pr. 1960. 225 S. 8° (171)

Rez.: Fr 6, 391-392: F.H. Møller; ZfP 41, 112: A. Bresinsky

316 —. British Cup Fungi and their allies. An Introduction to the Ascomycetes. London: Ray Soc. 1960. XXIV, 280 S. Mit 20 s.-w. und 40 farb. Taf. 8° (169)

Rez.: MyM 7, 100-101: H. Kreisel; Sy 15, 319-321: F. Petrak; WP 3, 71-72: H. Jahn

—. Revised List of British Agarics and Boleti. 1948. s. **Pearson**, Arthur Anselm.

317 —. A Revision of the British Hyaloscyphaceae, with notes on related European species. = Mycological Papers. 32. Kew, Surrey: Commonwealth Mycological Inst. 1949. 97 S. Mit 104 Abb. 8° (170)

318 **Denniston, H.R.** The Russulas of Madison and vicinity. (Aus: Transactions of the Wisconsin Acad. of Sciences, Arts, and Letters. 15 (1905) S. 71-88.) (172)

Krieger/Kelly, S. 61.-

Dermek, Aurel. Hríbovité Huby. 1974. s. **Pilát**, Albert.

Biogr.: ČM 29, 187-189: L. Lizoň

319 **— und Albert Pilát.** Poznávajme huby. (Bratislava:) Veda 1974. 256 S., 2 Bl. Mit 134 (gez. 133) Taf. mit farb. Abb. und 53 (gez. 52) s.-w. Textabb. 4° (1341)

Rez.: ČM 28, 191-192: M. Svrček

Deutsche Blätter für Pilzkunde. s. **Mitteilungen** der Österreichischen Mykologischen Gesellschaft. Jg 3 = Jg 1 (N.F.) - Jg 6 (N.F.) 1939-1944.

320 **Deutsche Gesellschaft für Pilzkunde e.V.** Mitteilung. 1/2-5. Starnberg 1946-1948. 60 S., 5 Bl. (Mitgliederliste), 6 Bl. 8° (1156). Ersetzte für diesen Zeitraum das offizielle Organ der Ges., die Zeitschrift für Pilzkunde. vgl. Nr 1947.

Dichtel, B. Bericht der Arbeitsgemeinschaft zur Kartierung von Großpilzen in der BRD. 1. 1971. s. **Bresinsky**, Andreas.

Dick, Esther Amelia. The Boleti of northeastern North America. 1970. s. **Snell**, Walter Henry.

—. A Glossary of mycology. 1957. s. **Snell**, Walter Henry.

Dick, S. Die Phenoloxydasen des Ascomyceten Podospora anserina. 2. 1964. s. **Esser**, Karl.

Dickscheidt, Rudolf. Handbuch der mikrobiologischen Laboratoriumstechnik. 1969. s. **Janke**, Alexander.

Dietel, Paul. Die natürlichen Pflanzenfamilien. Tl 1, Abt. 1. 1900 und Bd 6, Unterklasse 1. 1928. s. **Engler**, Adolf.

321 **Dieterich, K.** Schleimpilze. (Aus: Kosmos. 46 (1950) S. 243-246. Mit 6 Abb.) (1507)

Dietrich, Gerhard. s. **ABC Biologie**. 1968.

322 **Diffident, The, truffle,** France's gift to gourmets. (Aus: The National Geographic Magazine. 110 (1956) S. 419-426. Mit 12 Abb.) (1326)

323 **Dillenius, Johann Jacob.** Catalogus plantarum sponte circa Gissam nascentium. Cum appendice... Pro supplendis Institutionibus rei herbariae Josephi Pitton Tournefortii. Frankfurt/Main: M. à Sande 1719. 8 Bl., 240 S., 8 Bl. (Index); 6 Bl., 174 S., 1 Bl.; 20 S. Mit gest. Frontispiz und 16 Kupfertaf. 8° (1209)

> Pritzel 2284.- Nissen 490 (zählt 18 Kupfer!).- ADB V, 226.- NDB III, 718-719.- Nouv. biogr. gén. XIV, 176-179. Lütjeharms, S. 103 und 229.- Krieger/Kelly, S. 64 (ohne die beigefügte Schrift). - Die mit dem Werk offensichtlich häufig verbundene Schrift am Ende (vgl. die Umfangsangaben bei Pritzel und Nissen) u.d.T.: Dillenii Examen responsionis Aug. Quir. Rivini, qua se suamque methodum ab objectionibus ipsi factis vindicare annisus est.
> Rez. ZfP 11, 2-5: Spilger

Dircksen-Arendt, Grete. Höhere Pilze. Formen. 1967. s. **Nitzschke**, Hans.

324 **Dissing, Henry.** The genus Helvella in Europe, with special emphasis on the species found in Norden. = Dansk Botanisk Arkiv. 25, 1. Kopenhagen 1966. 172 S. Mit 39 Abb. und 22 Kt. i.T. 8° (173)

> Rez.: ČM 22, 79: M. Svrček; MOeMG 103, 1967: K. Lohwag; MyM 11, 32-33: H. Kreisel; ZfP 33, 45: E.H. Benedix

325 —. "LEO" - Svampeserie. Kopenhagen: Løvens Kemiske Fabrik 1966-1967. 1 Bl. Text, 40 Bl. mit farb. Pilzabb. (erkl. Text auf der Rücks.) 8° (1074)

Ditmar, L.P.F. Deutschlands Flora in Abbildungen nach der Natur mit Beschreibungen. Abth. 3. Die Pilze Deutschlands. H. 1-4. s. **Sturm**, Jacob.

326 **Dittrich, Gustav.** Bücherei für Pilzfreunde. Ein Wegweiser durch die neueren volkstümlichen Pilzbücher deutscher Sprache. Stuttgart: Franckhe 1919. 16 S. 8° (1090)

327 **Dodge, Bernard Ogilvie.** A List of fungi, chiefly saprophytes, from the region of Kewaunee County, Wisconsin. (Aus: Transactions of the Wisconsin Acad. of Sciences, Arts, and Letters. 17 (1914) S. 806-845). (174)

Krieger/Kelly, S. 64.-

328 —. Wisconsin Discomycetes. (Aus: Transactions of the Wisconsin Acad. of Sciences, Arts, and Letters. 17 (1914) S. 1027-1056.) (175)

Krieger/Kelly, S. 65.-

329 **Döderlein, Ludwig Heinrich Philipp.** Wegweiser für Pilzfreunde in Form von Bestimmungsschlüsseln. Straßburg: Straßburger Dr. und Verl.anst. 1918. 72 S. Mit 1 s.-w. und 1 farb. Falttaf. 8° (177)

330 **Donk, Marinus A.** Check List of European Polypores. = Verh. der Koninkl. Nederlandse Akad. van Wetenschappen. Afd. Natuurk. II, 62. Amsterdam: North Holland Publ. Comp. 1974. 469 S. 8° (2044)

Biogr.: Pe 7, 119-126 (m. Taf. und Bibl.): R.A. Maas Geesteranus; WP 9, 25-27: H. Jahn; ZfP 34, 186.-
Rez.: BSMF 91, 595-596: Ch. Zambettakis; ČM 29, 244-245: Z. Pouzar; MOeMG 130, 1975: M. Moser; WP, Sonderausg. Nov. 1975, 2: H. Jahn; ZfP 41, 114: M. Moser

331 —. The generic Names proposed for Agaricaceae. = Nova Hedwigia. Beih. 5. Lehre: Cramer 1962. IV, 320 S. 8° (2045)

332 —. The generic Names proposed for Hymenomycetes I-IX, XII, XIII. Repr. Lehre: Cramer 1966. IV, 320 S. 8° (2046)

333 —. The generic Names proposed for Polyporaceae. Repr. = Bibliotheca Mycologica. 11. Lehre: Cramer 1968. 130 S. 8° (2047)

Doppelbaur, Hanna. Parasitische Pilze aus dem Bayerischen Wald. 1973. s. **Doppelbaur**, Hans.

334 **Doppelbaur, Hans und Hanna Doppelbaur.** Parasitische Pilze aus dem Bayerischen Wald. (Aus: Berichte der Bayerischen Botanischen Ges. 44 (1973) S. 239-247.) (1535)

335 **Dowe, Asmus.** Räuberische Pilze im Boden. = Die Neue Brehm-Bücherei. 449. Wittenberg Lutherstadt: Ziemsen 1972. 62 S. Mit 57 Abb. 8° (1371)

Rez.: MOeMG 122, 1973: I. Lohwag; WP 9, 79-80: H. Jahn; ZfP 40, 138: A. Bresinsky

336 **Drews, Gerhart.** Mikrobiologisches Praktikum für Naturwissenschaftler. Berlin, Heidelberg, New York: Springer 1968. VIII, 214 S., 1 Bl. "Errata" lose beiliegend. Mit 51 Abb. und einigen Tab. 8° (1210)

337 **Dubian (Zeug-Hauptmann).** Merkblatt für Pilzsammler. Darmstadt: Bender 1917. 16 S. 8° (178)

338 **Dütsch, G.A.** Fungizide in der Champignonkultur: Wirkungsweise und Resistenzprobleme. (Aus: Der Champignon. Nr 169 (Sept. 1975) S. 12-24. Mit 9 Abb.) (1916)

339 **Dufour, Léon.** Atlas des champignons comestibles et vénéneux. Paris: Klincksieck 1891. 2 Bl., 79 S. Mit 2 Textabb. und 80 Farbtaf. mit Abb. von 191 Pilzen. 4° (179)

    Nissen 541.- Krieger/Kelly, S. 66.-

340 —. Les mauvais et les bons Champignons. Paris: Orlhac, o.J. (um 1920.) 1 Bl. Text, 43 farb. Abb. auf 1 achtgliedrigen Falttaf. 8° (180)

    —. Nouvelle Flore des champignons. 1947. s. **Costantin**, Julien Noël.

341 **Dujarric de la Rivière, René.** Le Poison des Amanites mortelles. Paris: Masson 1933. 182 S., 1 Bl. Mit 24 (davon 4 farb.) Taf. 8° (181)

    Dumée, Paul. s. **L'Amateur de champignons.**

342 —. Nouvel Atlas de poche des champignons comestibles et vénéneux. 5. (2: 3.) éd. Sér. 1.2. = Bibliothèque de Poche du Naturaliste. 3.20. Paris: Lhomme 1929-1932. XIV, 179 S., 1 Bl. Mit 64 Farbtaf. mit Darst. von 66 Arten und 5 Textabb.; VII, 151 S., 2 Bl. Mit 64 Farbtaf. mit Darst. von 77 Arten, 4 s.-w. Taf. und 6 Textabb. 8° (185)

    Krieger/Kelly, S. 67 (Ausg. 1921).-

    —. Champignons qui tuent. Um 1925. s. **Radais**, Maxime.

343 —. Essai sur le genre Boletus. (Aus: L'Amateur de Champignons. 6 (1912) S. 65-103. Mit 8 Taf.) (183)

    Krieger/Kelly, S. 67.-

344 —. Essai de détermination des Gastéromycètes de France. (Aus: L'Amateur de Champignons. 7 (1913) S. 57-120. Mit 8 Taf.) (182)

    Krieger/Kelly, S. 67.-

345 —. Essai sur le genre Inocybe. (Aus: L'Amateur de Champignons. 5 (1911) S. 165-203.) (184)

    Krieger/Kelly, S. 67.-

346 — **und A. d'Apreval.** Tableau des principaux champignons comestibles et vénéneux. Paris: Klincksieck o.J. (um 1920.) Wandkt. (55 × 72 cm) mit farb. Abb. von 31 Arten und erkl. Text. (186)

347 **Dupertuis.** La Cuisine aux champignons. Neuchâtel: Delachaux & Niestlé o. J. (um 1950.) 31 S. 8° (189)

348 **Dupré, Bernard.** Le Monde merveilleux des champignons. = Solar. (Genève: Minerva 1974.) 126 S., 1 Bl. Mit farb. Abb. 8° (1504)

    Rez.: SPRd 11, H. 1, 19: P. Dobbitsch (dt. Ausg.)

Duquesne, Marie-Claude. L'Atlas des champignons. 1973. s. **Rinaldi**, Augusto.

349 **Ebbinghaus, Julius.** Die Pilze und Schwämme Deutschlands. Mit bes. Rücks. auf die Anwendbarkeit als Nahrungs- und Heilmittel sowie auf die Nachtheile derselben. 2. umgearb. Aufl. Leipzig: Baensch (1868). VIII S., 3 Bl., 64 S. Mit 32 kolor. Kupfertaf. 4° (1211)

    Pritzel 2596 (ohne die Auflagenbez.!) Nissen 577.- Krieger/ Kelly, S. 69.-

350 **Ecology, The, of soil fungi.** An intern. symposium. Ed. by Donald Parkinson and J.S. Waid. Liverpool: Univ. Pr. 1960. XI, 324 S. Mit Tab. und Abb. 8° (575)

351 **Edwards, R.L.** Warum geschlossene Champignons ernten? (Aus: Der Champignon. Nr 171 (Nov. 1975) S. 24-25.) (1914)

352 **Eger, Gerlind.** Altes und Neues über die Kultivierung von Pleurotus ostreatus. (Aus: Der Champignon. Nr 141. Mai 1973. 1 Bl., 6 S.) (1464)

353 — **und I. Sücker.** Besteht ein Zusammenhang zwischen Oxalatausscheidung und Fruchtkörperbildung beim Kulturchampignon Agaricus bisporus (Lge.) Sing.? (Aus: Archiv für Mikrobiologie. 49 (1964) S. 275-282. Mit 2 Abb.) (1659)

354 —. Zur Champignonkultur. Wieviel $CaCO_3$ müssen Deckerden aus Torf enthalten, um gute Fruchtkörpererträge zu garantieren? (Aus: Die Dt. Gartenbauwirtschaft. 11 (1963) H. 4, S. 85-86. Mit 2 Abb.) (1660)

355 —. Entwicklungen auf dem Gebiet der Pilzproduktion und Pilzforschung in den USA. (Aus: Der Champignon. Nr. 36. 1964. 3 Bl.) (1591)

356 —. Über die Fruchtkörperbildung bei Hutpilzen. (Aus: Berichte der Dt. Botanischen Ges. 78 (1965) S. 33-34.) (1661)

357 —. Fruchtkörperbildung von Macrolepiota rhacodes (Vitt.) Sing. unter Kulturbedingungen. (Aus: Die Naturwissenschaften. 51 (1964) S. 562-563.) (1662)

358 —. The 'Halbschalentest', a simple method for testing casing materials. (Aus: MGA-Bulletin. No 148 (April 1962) S. 159-168. Mit 3 Abb.) (1663)

359 —. Der Halbschalentest in Wissenschaft und Praxis. (Aus: Die Dt. Gartenbauwirtschaft. 10 (1962) H. 1, S. 15-17. Mit 4 Abb.) (1664)

360 —. Lebenszyklus von Flammulina velutipes (Agaricales). = Inst. für den Wissenschaftl. Film Wissenschaftl. Film C 1083/1973. Begleitveröffentl. Göttingen 1975. 17 S. Mit Abb. 8° (1665)

361 —. Grob-quantitativer Nematodennachweis im Champignonbetrieb. (Aus: Die Dt. Gartenbauwirtschaft. 7 (1959) H. 6, S. 1-4. Mit 3 Tab. und 3 Abb.) (1666)

362 —, **H.K. Galle und H.H. Heunert.** Zur Oidienbildung bei Flammulina velutipes (Curt. ex. Fr.) Sing. (Aus: Zeitschrift für Pilzkunde. 37 (1971) S. 183-185. Mit 1 Tab. und 2 Abb.) (1667)

363 —. Zum Problem der Fruchtkörperbildung beim Kulturchampignon (Psalliota bispora Lge.) (Aus: Die Naturwissenschaften. 46 (1959) S. 498-499. Mit 1 Tab.) (1668)

364 —. Über die Regeneration von Fruchtkörperanlagen aus Fruchtkörpern von Hutpilzen. (Aus: Zeitschrift für Pilzkunde. 29 (1963) S. 24-26. Mit 2 Abb.) (1669)

365 —. Ein flüchtiges Stoffwechselprodukt des Kulturchampignons, Agaricus (Psalliota) bisporus (Lge.) Sing., mit antibiotischer Wirkung. (Aus: Die Naturwissenschaften. 49 (1962) S. 261-262. Mit 1 Abb.) (1670)

366 —. Untersuchungen über die Bildung und Regeneration von Fruchtkörpern bei Hutpilzen. 1. Pleurotus Florida. (Aus: Archiv für Mikrobiologie. 50 (1965) S. 343-356. Mit 2 Tab. und 4 Abb.) (1671)

367 — —. 2. Weitere Regenerationsversuche mit Pleurotus Florida. (Aus: Archiv für Mikrobiologie. 51 (1965) S. 85-93. Mit 6 Abb.) (1672)

368 — —. 3. Flammulina velutipes Curt. ex Fr. und Agaricus bisporus (Lge.) Sing. (Aus: Archiv für Mikrobiologie. 52 (1965) S. 282-290. Mit 3 Tab. und 2 Abb.) (1673)

369 —. Untersuchungen zur Fruchtkörperbildung des Kulturchampignons. (Aus: Mushroom Science. 5 (1962) S. 314-320. Mit 4 Abb.) (1674)

370 —. Untersuchungen über die Funktion der Deckschicht bei der Fruchtkörperbildung des Kulturchampignons, Psalliota bispora Lge. (Aus: Archiv für Mikrobiologie. 39 (1961) S. 313-334. Mit 5 Tab. und 3 Abb.) (1675)

371 —. Untersuchungen zum Problem der Primordien-Bildung bei Hutpilzen <Agaricales>. (Aus: Planta Medica. 1968. Suppl., S. 99-110. Mit 5 Abb.) (1676)

372 —. Untersuchungen zur Stimulation der Fruchtkörperbildung bei einem Pleurotus aus Florida. (Aus: Theoretical and Applied Genetics. 38 (1968) S. 23-27. Mit 1 Tab. und 6 Abb.) (1677)

373 —. Über das Verhalten von Champignonstämmen in Mischkultur. (Aus: Archiv für Mikrobiologie. 44 (1963) S. 421-432. Mit 5 Tab. und 4 Abb.) (1678)

374 —. Erste Versuche zur Kultur von Macrolepiota rhacodes (Vitt.) Sing. (Aus: Zeitschrift für Pilzkunde. 30 (1964) S. 79-88. Mit 4 Abb.) (1463)

375 —. Wächst zerzupftes Champignonmycel wieder zusammen, und wie ist sein Fruchtkörperertrag? (Aus: Die Dt. Gartenbauwirtschaft. 8 (1960) H. 7. 1 Bl. Mit 2 Tab.) (1679)

376 —. Was weiß man über Induktion und Bildung von Fruchtkörperanlagen bei Hutpilzen? (Aus: Mushroom Science. 6 (1965) S. 135-140.) (1680)

377 —. Die Wirkung des Deckmaterials auf die Fruchtkörperbildung des Kulturchampignons. (Aus: Die Dt. Gartenbauwirtschaft. 8 (1960) H. 12. 1 Bl. Mit 2 Abb.) (1681)

378 —. Die Wirkung des Lichts auf die Primordienbildung des Basidiomyceten Pleurotus spec. aus Florida. (Aus: Archiv für Mikrobiologie. 74 (1970) S. 174-192. Mit 4 Tab. und 10 Abb.) (1682)

379 —. Die Wirkung einiger N-Verbindungen auf Mycelwachstum und Primordienbildung des Basidiomyceten Pleurotus spec. aus Florida. (Aus: Archiv für Mikrobiologie. 74 (1970) S. 160-173. Mit 3 Tab. und 5 Abb.) (1683)

380 **Ehrenberg, Christian Gottfried.** Sylvae mycologicae Berolinenses. Berlin: Bruschke 1818. 32 S. Mit 1 Kupfertaf. 4° (962)

Pritzel 2633.- ADB V, 701-711.- NDB IV, 349-350.- Nouv. biogr. gén. XV, 741-743.- Krieger/Kelly, S. 69.-

Ehrlich, Roselore. s. **ABC** Biologie. 1968.

381 **Eichelbaum, F.** Beiträge zur Kenntnis der Pilzflora des Ostusambaragebirges. (Aus: Verhandlungen des Naturwissenschaftl. Vereins in Hamburg. Folge 3. Bd 14 (1906) 92 S.) (965)

382 **Eichhorn, Eugen.** Pilzkunde und Naturschutz. (Aus: Denkschriften der Regensburgischen Botanischen Ges. 23 (1953) S. 63-64.) (190)

383 **Eichinger, Alfons.** Die Pilze. = Aus Natur und Geisteswelt. 334. Leipzig: Teubner 1911. 2 Bl., 124 S. Mit 54 Abb. 8° (191)

Eichinger, Siegfried. Pilze und Beeren. 1975. s. **Pahlow**, Mannfried.

384 **Einhellinger, Alfred.** Die Pilze der Eichen-Hainbuchenwälder des Münchener Lohwaldgürtels. (Aus: Berichte der Bayerischen Botanischen Ges. 37 (1964) S. 11-30. Mit 2 Abb. und 1 Tab.) (1119)

Rez.: BSMF 81, 715: Ch. Zambettakis; ZfP 30, 126: A. Runge

385 **Eisfelder, Irmgard.** Höhere Pilze aus dem Pitztal <Tirol>. (Aus: Berichte der Bayerischen Botanischen Ges. 35 (1962) S. 28-38. Mit 15 Abb.) (192)

Ek, Johann Gustav. Grunddragen af Aristotelis vextlära. 1. 1842. Resp. s. **Fries**, Elias.

Ekblom, Sven. God Svamp. 1965. s. **Wahlén**, Jan.

386 **Elias-Fries-Gesellschaft für Pilzforschung mbH, Hamburg.** Planung eines Instituts für Pilzforschung. Hamburg 1975. 2 Bl. Mit 1 Plan. 8° (1684)

Ellenby, Rose. Edible Fungi. 1943. s. **Ramsbottom**, John.

387 **Ellerbrock, Willi.** Das Goldblatt. Phylloporus rhodoxanthus (Schw.) Bres. (Aus: Osnabrücker Naturwissenschaftl. Mitteilungen. H. 2. 1973. S. 135-136.) (1536)

388 **Éloffe, Arthur.** Guide pour reconnaître les champignons comestibles et vénéneux du pays de France. Paris: Donnaud (1870). 76 (statt 78) S. Mit 12 (davon 11 kolor. doppels.) Taf. 8° (388). Es fehlen die S. 65/66.

Enderes, Aglaia von. Unsere Pflanzenwelt. 1951. s. **Krause**, Ernst.

Eneroth, Peter Olof. Monographia Tricholomatum Sueciae. 1. 1854. Resp. s. **Fries**, Elias.

389 **Engel, Franz.** Hinweise für Pilzberater. Bearb. i. Auftr. der Reichs-Arbeitsgem. Schadenverhütung, Gaustelle Sachsen. Dresden (1936). 56 S. 8° (1088)

   Biogr.: MyM 8, 97-99 (m. Portr. u. Bibl.): F. Scholz

390 —. Pilzwanderungen. Eine Pilzkunde für jedermann. Dresden: Dresdener Verl.ges. (1949.) 82 S., 1 Bl. Mit 12 doppels. Taf. mit farb. Abb. Quer-4° (1098)

   Rez.: ZfP 21, Nr 4, 22: E.H. Benedix

391 — —. 5. erw. Aufl. Wittenberg Lutherstadt: Ziemsen 1963. 200 S. Mit 56 Farbtaf. und 10 Textabb. 8° (194)

392 — —. Hrsg. von Paula Engel. Stuttgart: Franck (1966). 207 S. Mit 195 farb. Abb. auf 64 Taf. und 160 Textabb. 8° (195)

   Rez.: MyM 9, 57: M. Herrmann; SPRd 2, H. 2, 9-10: H. Steinmann (6. Aufl. 1965)

393 **Engel, Fritz Martin.** Das große Buch der Pilze. = Keysers Nachschlagewerke. München: Keyser (1965). 216 S. Mit 6 Abb. und 80 Farbtaf. i.T. 8°. Dazu: 4 Druckbögen mit Farbandrucken der Abbildungen. (193)

394 — **und Fred Timber.** Pilze kennen, sammeln, kochen. München: Südwest Verl. (1969.) 180 S. Mit farb. Abb. auf 36 Taf. i.T. und s.-w. Textabb. 8° (1213)

   Rez.: MOeMG 113, 1970: Lohwag

Engel, Horst. Ascotremella faginea (Peck) Seaver, erstmalig in Deutschland gefunden. 1966. s. **Friederichsen**, Ingeborg.

395 — **und Meta Engel.** Ascotremella faginea (Peck) Seaver erstmalig in Kärnten. (Aus: Carinthia. 161 (1971) S. 43-45.) (1516)

396 — —. Ein bemerkenswerter Cortinarius aus der Untergattung phlegmacium in Holstein. (Aus: Westfälische Pilzbriefe. 9 (1972) S. 28-30.) (1515)

397 — **und Ingeborg Friederichsen.** Weitere Funde von Hygrophorus hyacinthinus Quél. in den Alpen. Ein Nachtrag. (Aus: Zeitschrift für Pilzkunde. 38 (1972) S. 21-22.) (1524)

398 — —. Hygrophorus hyacinthinus Quél. in Tirol. (Aus: Zeitschrift für Pilzkunde. 36 (1970) S. 3-5.) (1525)

399 — **und Meta Engel.** Lactarius tithymalinus Fr., der Runzelmilchling in Kärnten. (Aus: Carinthia. 162 (1972) S. 193-195.) (1517)

—. Die Sporengröße von Hygrophorus bresadolae Quél., H. aureus (Arrh.) und H. hyphothejus (Fr.) Fr. 1968. s. **Friederichsen**, Ingeborg.

—. Stropharia aurantiaca (Cooke) Orton erstmalig in Westdeutschland gefunden. 1970. s. **Engel**, Meta.

Engel, Meta. Ascotremella faginea (Peck) Seaver erstmalig in Kärnten, 1971. s. **Engel**, Horst.

—. Ein bemerkenswerter Cortinarius aus der Untergattung Phlegmacium in Holstein. 1972. s. **Engel**, Horst.

—. Lactarius tithymalinus Fr., der Runzelmilchling in Kärnten. 1972. s. **Engel**, Horst.

400 —. Die Pilze des Hamburger Stadtparks. (Aus: Botanischer Verein zu Hamburg. Jahresbericht 1973/1974, S. 8-14.) (1470)

401 — **und Lotte Findeisen.** Pilzfunde im Gebiet des Sägewerks Friedrichsruh in den Jahren 1963-1973. (Aus: Botanischer Verein zu Hamburg. Jahresbericht 1973/1974, S. 15-21.) (1469)

402 — **und Horst Engel.** Stropharia aurantiaca (Cooke) Orton erstmalig in Westdeutschland gefunden. (Aus: Westfälische Pilzbriefe. 8 (1970) S. 17-23. Mit 4 Abb.) (1136)

403 **Engler, Adolf und Karl Prantl.** Die natürlichen Pflanzenfamilien. Tl 1, Abt. 1. Fungi ⟨Eumycetes⟩: Basidiomycetes: Hemibasidii ⟨Ustilagineae und Tilletiineae⟩, Uredinales (von P. Dietel); Auriculariales, Tremellineae (von G. Lindau); Dacryomycetineae, Exobasidiineae, Hymenomycetineae (von P. Hennings); Phallineae, Hymenogastrineae, Lycoperdineae, Nidulariineae, Plectobasidiineae ⟨Sclerodermineae⟩ (von Ed. Fischer); Fungi imperfecti: Sphaeropsidales, Melanconiales, Hyphomycetes, einschließlich der als fossile Pilze beschriebenen Abdr. und Versteinerungen (von G. Lindau); Nachtr. zu Tl 1,1 und Tl 1,1^{xx} bis Ende 1899. Leipzig: Engelmann 1900. VI S., 1 Bl., 570 S. Mit 1693 Einzelabb. in 263 Fig. 8° (196)

Nissen, Suppl. 605a.- NDB IV, 532.- Krieger/Kelly, S. 73.-

404 — — —. Bd 2. Peridineae ⟨Dinoflagellatae⟩ (von E. Lindemann), Diatomeae ⟨Bacillariophyta⟩ (von G. Karsten), Myxomycetes (von E. Jahn). 2., stark verm. und verb. Aufl. Red. von E. Jahn. Leipzig: Engelmann 1928. VI, 345 S. Mit 447 Abb. 8° (197)

Krieger/Kelly, S. 73 (1. Ausg.).-

405 — — —. Bd 5a. I: Eumycetes, allg. Tl. Bau, Entwicklung und Lebensweise der Pilze. Bearb. von Hans Greis. 2., stark verm. und verb. Aufl. (Nachdr.) Berlin: Duncker & Humblot (1959). 3 Bl., 360 S. Mit 189 Abb. 8° (198)

Krieger/Kelly, S. 73 (1. Ausg.).-
Rez.: SZP 22, 21-22:- (Ausg. 1943)

406 — — —. Bd 5b. VIII: Abt. Eumycetes <Fungi>, Klasse Ascomy-
cetes, Reihe Euascales, Unterreihe VIII: Tuberineae. Bearb. von
Eduard Fischer. 2., stark verm. Aufl. Leipzig: Engelmann 1938.
Titel, 42 S. Mit 22 Abb. 8° (199)

Krieger/Kelly, S. 73 (1. Ausg.).-

407 — — —. Bd VI: Abt. Eumycetes <Fungi>, Klasse Basidiomycetes. Red. von P. Clausen. 1. Unterklasse: Hemibasidii, Bearb.
von P. Dietel. 2. Unterklasse: Eubasidii. Reihe Hymenomyceteae.
Bearb. von S. Killermann. 2., stark verm. Aufl. Leipzig: Engelmann 1928. VII, 290 S. Mit 10 photogr. Aufn. und 157 Abb. 8°
(200)

Krieger/Kelly, S. 73 (1. Ausg.).-

408 — — —. Bd 7a: Abt. Eumycetes <Fungi>, Klasse Basidiomycetes. Red. von P. Clausen. 2. Unterklasse: Eubasidii. Reihe
Gastromyceteae. Bearb. von Ed. Fischer. 2., stark verm. und verb.
Aufl. (Nachdr.) Berlin: Duncker & Humblot 1959. IV, 122 S. Mit
91 Abb. 8° (201)

Krieger/Kelly, S. 73 (1. Ausg.).-

Engman, Pehr. Anteckningar öfver de i Sverige växande ätliga
svampar. 7. 1836. Resp. s. **Fries**, Elias.

409 **Eriksson, Gunnar.** Elias Fries and the romantic biology. (Aus:
Friesia. 8 (1966) S. 1-7.) (992)

410 **Eriksson, John und Leif Ryvarden.** The Corticiaceae of North
Europe. With drawings by John Eriksson. Vol. 2.3. Oslo: Fungi-
flora (1973-1975). 2. Bl., S. 59-286; 2 Bl., S. 287-546. Mit 24 Taf.
i.T. und Textabb. 21-256. 8° (1417)

Rez.: WP 9, 118: H. Jahn; ZfP 40, 242: M. Moser

411 —. Studies in the Heterobasidiomycetes and Homobasidiomycetes
- Aphyllophorales of Muddus National Park in North Sweden.
= Symbolae Botanicae Upsalienses. 16, 1. Uppsala: Lundequist
1958. 172 S. Mit 1 Titelphoto, 24 Taf. und 50 Textabb. 8° (202)

412 **Ernst-Menti, Anna.** Schweizerisches Pilzkochbuch. 3., verb. Aufl.
Thun: Verl. für Pilzkunde 1952. 40 S. 8° (203)

Rez.: ZfP 13, 128: F. Kallenbach (Ausg. 1934)

413 — —. 4., verb. Aufl. (Thun:) Verein für Pilzkunde Thun und Umgebung 1967. 36 S. 8° (887)

Rez.: SZP 46, 187.-

414 **Errera, Léo.** L'Épiplasme des Ascomycètes et le glycogène des végetaux. (Dissertation.) Brüssel: Manceaux 1882. VI, 81 S. 8° (204)

    Krieger/Kelly, S. 74.-

415 **Esser, Karl.** Genetic and biochemical Analysis of rhythmically growing mycelia in the Ascomycete Podospora anserina. (Aus: Journal of Interdisciplinary Cycle Research. 3 (1972) S. 123-128. Mit 1 Tab. und 3 Abb.) (1957)

416 —. Application and importance of fungal genetics for industrial research. (Aus: Proceedings of the Symposium: Radiation and Radioisotopes for Industrial Microorganisms. 1971. S. 83-91. Mit 1 Abb.) (1771)

417 —. Some Aspects of basic genetic research on fungi and their practical implications. (Aus: Advances in Biochemical Engineering. 3 (1974) S. 69-87. Mit 5 Abb.) (1772)

418 —. Breeding Systems and evolution. (Aus: Symposia of the Soc. for General Microbiology. 24 (1974) S. 87-104. Mit 3 Taf. und 1 Textabb.) (1773)

419 —. Breeding Systems in fungi and their significance for genetic recombination. (Aus: Molecular and General Genetics. 110 (1971) S. 86-100. Mit 1 Tab. und 8 Abb.) (1942)

420 —. Breedings Systems and recombination in fungi. (Aus: Genetics of Industrial Microorganisms. 1973. S. 73-79. Mit 1 Taf. und 1 Textabb.) (1937)

421 — **und Walter Minuth.** Abnormal Cell Wall Structure in rhythmically growing mycelia of Podospora anserina. (Aus: Cytobiologie. 5 (1972) S. 319-323. Mit 1 Abb.) (1774)

422 — **und Ulf Stahl.** Monokaryotic Fruiting in the Basidiomycete Polyporus ciliatus and its suppression by incompatibility factors. (Aus: Nature. 244 (1973) S. 304-305. Mit 2 Abb.) (1775)

    —. Function of enzymes in wood decaying fungi. 1. 1971. s. **Schánĕl**, Lubomír.

    —. Function of enzymes in wood destroying fungi. 2. 1975. s. **Blaich**, Rolf.

423 — **und Rudolf Kuenen.** Genetik der Pilze. Berlin, Heidelberg, New York: Springer 1965. 4 Bl., 497 S. Mit Abb. und Tab. 8° (205)

    Rez.: ČM 20. 131: Z. Pouzar; MOeMG 96, 1966: Lohwag; sowie (engl. Ausg.): ČM 22, 315-316: M. Semerdžieva; Fr 9, 442-443: J. Jørgensen

—. Rhythmic mycelial Growth in Podospora anserina. 2. 1971. s. **Lysek**, Gernot.

424 — **und Rolf Blaich.** Heterogenic Incompatibility in plants and animals. (Aus: Advances in Genetics. 17 (1973) S. 107-152. Mit 3 Tab. und 5 Abb.) (1776)

—. The Incompatibility Relationships between geographical races of Podospora anserina. 4. 1970 und 5. 1971. s. **Blaich**, Rolf.

425 —. The Influence of pH on rhythmic mycelial growth in Podospora anserina. (Aus: Mycologia. 61 (1969) S. 1008-1011. Mit 1 Abb.) (1777)

Rez.: BSMF 86, 932: Ch. Zambettakis

426 —. An Introduction to Podospora anserina. (Aus: Neurospora Newsletter. 15 (1969) S. 27-30.) (1778)

427 —. Die Phenoloxydasen des Ascomyceten Podospora anserina. 1: Die Identifizierung von Laccase und Tyrosinase beim Wildstamm. (Aus: Archiv für Mikrobiologie. 46 (1963) S. 217-226. Mit 1 Tab. und 2 Abb.) (1864)

428 —, **S. Dick und W. Gielen.** Die Phenoloxydasen des Ascomyceten Podospora anserina. 2: Reinigung und Eigenschaften der Laccase. (Aus: Archiv für Mikrobiologie. 48 (1964) S. 306-318. Mit 1 Tab. und 4 Abb.) (1863)

429 —. Die Phenoloxydasen des Ascomyceten Podospora anserina. 3: Quantitative und qualitative Enzymunterschiede nach Mutation an nicht gekoppelten Loci. (Aus: Zeitschrift für Vererbungslehre. 97 (1966) S. 327-344. Mit 2 Tab. und 6 Abb.) (1862)

— —. 4. 1969. s. **Herzfeld**, F.

— —. 5. 1970. s. **Molitoris**, H. Peter.

430 — **und Walter Minuth.** The Phenoloxydases of the Ascomycete Podospora anserina. 6: Genetic regulation of the formation of laccase. (Aus: Genetics. 64 (1970) S. 441-458. Mit 3 Tab. und 5 Abb.) (1859)

—. The Phenoloxydases of the Ascomycete Podospora anserina. 7. 1971. s. **Molitoris**, H. Peter.

— —. 8. 1971. s. **Schánĕl**, Lubomír.

431 — **und Walter Minuth.** The Phenoloxydases of the Ascomycete Podospora anserina. 9: Microheterogeneity of laccase II. (Aus: Journal of European Biochemistry. 23 (1971) S. 484-488. Mit 1 Tab. und 3 Abb.) (1846)

—. The Phenoloxydases of the Ascomycete Podospora anserina. 10. 1972. s. **Molitoris**, H. Peter.

432 —. Podospora anserina. (Aus: Handbook of Genetics. 1 (1974) S. 531-551. Mit 1 Tab. und 2 Abb.) (1779)

433 — **und Denise Marcou.** Podospora Bibliography. (Aus: Neurospora Newsletter. 18 (1971) S. 19-21.) (1780)

434 — **und Hansjörg Prillinger.** A new Technique for using spermatia in the production of mutants in Podospora. (Aus: Mutation Research. 16 (1972) S. 417-419. Mit 1 Tab.) (1781)

435 —, **Marta Semerdžieva und Ulf Stahl.** Genetische Untersuchungen an dem Basidiomyceten Agrocybe aegerita. 1. Eine Korrelation zwischen dem Zeitpunkt der Fruchtkörperbildung und monokaryotischem Fruchten und ihre Bedeutung für Züchtung und Morphogenese. (Aus: Theoretical and Applied Genetics. 45 (1974) S. 77-85. Mit 2 Tab. und 5 Abb.) (1782)

436 — **und U. Stahl.** Konzertierte Züchtung von industriell bedeutsamen Pilzen am Beispiel der Candida-Hefen. (Aus: 1. Symposium Mikrobielle Proteingewinnung. 1975. S. 7-15. Mit 2 Abb.) (2034)

Essette, Henri. Les Bolets. 1969. s. **Leclaire**, Albert.

437 —. Champignons toxiques, comestibles, mortels. Paris: Lechevalier o.J. (um 1960.) Wandkt. (ca 60 × 80 cm) mit farb. Abb. von 20 Arten und erkl. Text. (206)

438 —. Les Psalliotes. = Atlas Mycologiques. 1. Paris: Lechevalier 1964. VII, 84 S., 4 Bl. Mit 48 Farbtaf. mit je 1 Bl. erl. Text, 6 s.-w. Taf., 2 Sporentaf. und 9 Textabb. 4° (207)

    Rez.: ČM 19, 131-132: A. Pilát; MyM 9, 60: K.-H. Saalmann; RM 29, 326-327: P. Joly; Sy 18, 395-397: F. Petrak; ZfP 30, 124-125: A. Bresinsky

Etre, André. Manuel de détermination des champignons supérieurs. 1952. s. **Steinmetz**, E.P.

439 **Ettel, Charlotte.** Mein Pilzkochbuch. (Berlin:) Mary Hahn o.J. (um 1972.) 95 S. Mit Textzeichnungen. Quer-8° (1364)

Etten, James L. van. Altersbedingte Änderungen der Zusammensetzung und des Stoffwechsels bei Pilzen. 1969. s. **Molitoris**, H. Peter.

—. Changes in fungi with age. 3. 1968. s. **Gottlieb**, David.

440 **Eugster, Conrad Hans.** Über den Fliegenpilz. = Neujahrsblatt. Hrsg. von der Naturforschenden Ges. in Zürich auf das Jahr 1967. St. 169. Zürich: Leemann in Komm. 1967. 39 S. Mit 1 farb. Taf. und 2 Textabb. 8° (1593)

Rez.: SZP 45, 94-95: A.E. Alder

Faesel, J. The Discovery, isolation, elucidation of structure, and synthesis of antamanide. 1968. s. **Wieland**, Theodor.

Fanelli, Annalaura. Les Champignons. Paris 1974. s. **Tosco**, Uberto.

—. La Cueillette des champignons. 1972. s. **Tosco**, Uberto.

—. s. **Mushrooms and toadstools**. 1972.

—. Raccogliamo i funghi. 1967. s. **Tosco**, Uberto.

Farcher, Rotraut: Das kleine Pilzbuch. 1968. s. **Riedl**, Harald.

441 **Farlow, William Gilson.** Icones Farlowianae. Illustr. of the larger fungi of eastern North America. With descriptive text by Edward Angus Burt. Cambridge, Mass.: The Farlow Libr. and Herbarium of Harvard Univ. 1929. X, 120 S. Mit 103 (davon 1 gefalt.) Farbtaf. 4° (209)

Faulstich, Heinz. Affinity of antamanide for sodium ions. 1970. s. **Wieland**, Theodor.

—. Amanitin binding to calf thymus RNA polymerase B. 1970. s. **Meihlac**, M.

442 —, **Dionysios Georgopoulos, Marla Bloching und Theodor Wieland.** Analysis of the toxins of amanitin-containing mushrooms. (Aus: Zeitschrift für Naturforschung. 29c (1974) S. 86-88. Mit 1 Tab.) (1879)

443 —, **Theodor Wieland, Autar Walli und Kurt Birkmann.** Antamanide protects hepatocytes from phalloidin destruction. (Aus: Hoppe-Seyler's Zeitschrift für Physiologische Chemie. 355 (1974) S. 1162-1163. Mit 1 Abb.) (1595)

444 —, **Maria Bloching, S. Zobeley und Theodor Wieland.** Conformation and toxicity of amanitins. (Aus: Experientia. 29 (1973) S. 1230-1232. Mit 4 Abb.) (1596)

—. Conformations of the Li-antamanide complex and Na-(Phe[4], Val[6]) antamanide complex in the crystalline state. 1973. s. **Karle**, Isabella L.

445 — **und Theodor Wieland.** Über die Inhaltsstoffe des grünen Knollenblätterpilzes. 34. Amanin und die Amanitine sind Sulfoxide. (Aus: Justus Liebigs Annalen der Chemie. 713 (1968) S. 186-195. Mit 3 Tab. und 2 Abb.) (1594)

—. Über die Inhaltsstoffe des grünen Knollenblätterpilzes. 45. 1974. s. **Wieland**, Theodor.

Der Trüffelbau.

Oder

Anweisung,

die

schwarzen und weißen Trüffeln

in

Waldungen, Lustgebüschen und Gärten

durch Kunst zu ziehen

und

große Anlagen dazu zu machen.

Von

Alexander von Bornholz.

Quedlinburg und Leipzig, 1825,

bei Gottfried Basse.

Zu Nr. 157

JO. JAC. DILLENII,

M. L. Ac. Nat. Cur. Coll.

CATALOGUS PLANTARUM

SPONTE CIRCA GISSAM NASCENTIUM.

CUM

APPENDICE,

Qua

Plantæ post editum Catalogum,
Circa & extra Gissam observatæ recensentur,
Specierum novarum vel dubiarum **Descriptiones**
traduntur, Genera Plantarum nova figuris æneis
illustrata, describuntur:

PRO SUPPLENDIS

INSTITUTIONIBUS REI HERBARIÆ

JOSEPHI PITTON TOURNEFORTII.

Impensis Auctoris;

Prostat FRANCOFURTI ad MOENUM,
Apud JOH. MAXIMILIANUM à SANDE,
A. M DCC XIX.

Zu Nr. 323

—. In-Vitro Effect of phalloidin on a plasma membrane preparation from rat liver. 1972. s. **Govindan**, V.M.

446 **— und Theodor Wieland.** Relation of toxicity and conformation of
phallotoxins as revealed by optical rotatory dispersion studies.
(Aus: European Journal of Biochemistry. 22 (1971) S. 79-86. Mit
2 Tab. und 7 Abb.) (1597)

447 **Favre, Jules.** Les Associations fongiques des hauts-marais juras-
siens et de quelques régions voisines. = Matériaux pour la Flore
Cryptogamique Suisse. 10, fasc. 3. Bern: Büchler 1948. 228 S., 1 Bl.
Mit 6 (davon 4 farb.) Taf. und 67 Textabb. 8° (212)

> Biogr.: SZP 37, 17-19 (m. Portr.): J.A. und C. Furrer-Ziogas;
> ZfP 25, 31-32: H. Haas
> Rez.: SZP 27, 76-79: W. Schärer; ZfP 21, Nr 5, 26-28: H. Haas

448 **—.** Catalogue descriptif des champignons supérieurs de la zone
subalpine du Parc National Suisse. = Ergebnisse der Wissenschaftl. Untersuchungen des Schweizerischen Nationalparks. Bd 6
<N.F.>. 42. Liestal: Lüdin 1960. Titel, S. 323-610. Mit Portr.
(Favre), 8 Farbtaf. und 104 Textabb. 8° (210)

> Rez.: SZP 39, 10-12: C. Furrer-Ziogas; WP 3, 32: H. Jahn

449 **—.** Les Champignons supérieurs de la zone alpine du Parc National
Suisse. = Ergebnisse der Wissenschaftl. Untersuchungen des
Schweizerischen Nationalparks. Bd 5 <N.F.>. 33. Liestal: Lüdin
1955. 212 S., 1 Bl. Mit 11 (davon 8 farb.) Taf. und 145 Textabb.
8° (213)

> Rez.: SZP 34, 50: J.M. Arago; 34, 197-199: W. Schärer-Bider

450 **—.** Études mycologiques faites au Parc National Suisse. = Ergeb-
nisse der Wissenschaftl. Untersuchungen des Schweizerischen
Nationalparks. Bd 1 <N.F.>. 11. Aarau: Sauerländer 1945. Titel,
S. 468-474, 1 Bl. Mit 2 Farbtaf. und 2 Textabb. 8° (211)

Fay, Hermann. Mitteleuropäische Pilze. 1. Um 1973. s. **Feustel**,
Hanns.

451 **Fellner, Maximilian Johann Nepomuk.** Dissertatio inauguralis
medica sistens prodromum ad historiam fungorum agri Vindo-
bonensis. Wien: Trattner 1775. 10 Bl., 104 S., 2 Bl. 8° (1004)

> Pritzel 2860.-

Felten, G. Allergy to the spores of Pleurotus Florida. 1974. s.
Schulz, K.H.

452 **Ferdinandsen, Carl und** Ø. **Winge.** Mykologisk Ekskursionsflora.
Vejledning til bestemmelse af danske storsvampe. 2. omarb. og

forøgede udg. Kopenhagen: Hagerup 1943. 428 S. Mit 664 Abb.
8° (214)

Biogr.: Fr 9, 355-356 (m. Portr.): V. Koppel

453 Ferry, René. Étude sur les Amanites. Les Amanites mortelles:
Amanita phalloides, Amanita verna et Amanita virosa. = Revue
Mycologique. 1911. Suppl. 1. (Toulouse) 1911. 95 S. Mit 8 Taf.
8° (1029)

Krieger/Kelly, S. 79.-

454 Feustel, Hanns. Mitteleuropäische Pilze. 1. Originale von Hermann
Fay. = Grasers Naturwissenschaftl. Taf. Nr 54. Eßlingen am
Neckar, München: Graser o.J. (um 1973.) Wandtaf. (ca 70 ×
100 cm) mit 48 farb. Abb. (1581)

Fickler, Hans-Heinrich. Waldbäume, Sträucher und Zwergholzgewächse. 1955. s. **Haller**, Karl Eberhard.

Fidalgo, Osvaldo. Two interesting Basidiomycetes from the state of
Sao Paulo. 1965. s. **Singer**, Rolf.

455 Findeisen, Lotte. Der Gelbe Faltenschirmling, Leucocoprinus birn-
baumii (Corda) Sing. (Aus: Westfälische Pilzbriefe. 5 (1965) S. 69-
84. Mit 6 Abb.) (215)

—. Die Kalkkuhle am Rande des Todendorfer Moores. 1967. s. **Tospann**, Werner.

456 —. Die höheren Pilze des Klövensteengeheges. (Aus: Botanischer
Verein zu Hamburg. Jahresbericht 1958. S. 20-27.) (216)

Rez.: WP 2, 30: H. Jahn

457 —. Pilze bei Inzell. (Aus: Botanischer Verein zu Hamburg. Bericht für die Jahre 1963-1966. 1967. S. 59-60.) (849)

458 —. Pilze im Klövensteen-Gehege bei Sülldorf. (Aus: Botanischer
Verein zu Hamburg. Bericht für die Jahre 1963-1966. 1967. S. 14.)
(845)

459 —. Zur Pilzflora des Duvenstedter Brooks. (Aus: Botanischer Verein zu Hamburg. Bericht für die Jahre 1967/68. 1969. S. 24-38.)
(952)

460 —. Zur Pilzflora der Fohlenkoppel bei Reinfeld. (Aus: Botanischer
Verein zu Hamburg. Bericht für die Jahre 1963-1966. 1967. S. 11-
13.) (843)

461 —. Zur Pilzflora der Frankenalb. (Aus: Botanischer Verein zu
Hamburg. Bericht für die Jahre 1963-1966. 1967. S. 20-21 und:
Bericht für die Jahre 1967/68. 1969. S. 45-46.) (844.954)

462 —. Bemerkenswerte Pilzfunde auf den Pilzführungen 1963 und 1964. (Aus: Botanischer Verein zu Hamburg. Bericht für die Jahre 1963-1966. 1967. S. 14-15.) (846)

—. Pilzfunde im Gebiet des Sägewerks Friedrichruh in den Jahren 1963-1973. 1974. s. **Engel**, Meta.

463 —. Pilzfunde im Laubwald "Kalkkuhle" bei Großhansdorf. (Aus: Botanischer Verein zu Hamburg. Jahresbericht 1961. S. 8-12 und: Bericht für die Jahre 1967/68. 1969. S. 44-45.) (217.953)

464 —. Pilzfunde bei Kurzras im Schnalser Tal. (Aus: Botanischer Verein zu Hamburg. Bericht für die Jahre 1963-1966. 1967. S. 58-59.) (848)

465 —. Pilzfunde im Todendorfer Moor von 1949 bis 1962. (Aus: Botanischer Verein zu Hamburg. Jahresbericht 1962. S. 28-31.) (218)

466 —. Pilzkundliche Spaziergänge auf der Hochfläche von Radein im Fleimstal <Südtirol>. (Aus: Botanischer Verein zu Hamburg. Bericht für die Jahre 1963-1966. 1967. S. 57-58.) (847)

467 **Findlay, Walter Philip Kenneth.** Wayside and woodland Fungi. London, New York: Warne (1967). XI, 202 S. Mit 19 photogr. Abb., 59 farb. Illustr. von Beatrix Potter, 28 von R.B. Davis und 20 von E.C. Large auf insgesamt 50 Taf. und 1 Frontispiz, sowie 8 Textabb. 8° (1162)

Fink, Hans. Conţributii la biologia, ecologia şi răspîndirea speciei Waldsteinia ternata (Steph.) Fritsch în Ţara Bîrsei. 1971. s. **Heltmann**, Heinz.

—. Despre o nouă Localitate cu cyclamen purpurascens MILL. în R.S. România. 1971. s. **Heltmann**, Heinz.

First International Mycological Congress, Exeter 1971. Abstracts. s. **Abstracts of symposia papers**.

— —. Programme. s. **Programme**.

468 **Fischer, Berthold.** Die Pilze der Insel Sylt. Westerland 1963. 1 Bl., 2 S., 2 Bl. 4° (1598)

469 **Fischer, Eduard und Ernst Gäumann.** Biologie der pflanzenbewohnenden parasitischen Pilze. Jena: G. Fischer 1929. XII, 428 S. Mit 103 Abb. und 68 Tab. 8° (1331)

Rez.: ZfP 9, 15-16: E. Ulbrich

—. Die natürlichen Pflanzenfamilien. Tl. 1, Abt. 1. 1900; Bd 5b. 1938 und 7a. 1959. s. **Engler**, Adolf.

470 —. Untersuchungen zur vergleichenden Entwicklungsgeschichte
und Systematik der Phalloideen. (Nebst) Forts. (1.2.) (Aus: Denkschriften der Schweizerischen Naturforschenden Ges. 32. 1890. 2
Bl., 103 S. Mit 6 lithogr. Taf. und 8 Textholzschnitten; (Forts. 1:)
33. 1893. 2 Bl., 51 S. Mit 3 lithogr. Taf. und 5 Textholzschnitten;
(Forts. 2:) 36. 1900. IV S., 1 Bl., 84 S. Mit 6 lithogr. Taf. und 4
Textholzschnitten. 4° (1214-1216)

471 **Fischer, W.** Bemerkenswerte Exemplare von Buchen. (Aus: Kosmos. 47 (1951) S. 45. Mit 2 Abb.) (1505)

472 **Fitschen, Jost.** Gehölzflora. Ein Buch zum Bestimmen der in
Deutschland und den angrenzenden Ländern wildwachsenden und
angepflanzten Bäume und Sträucher. 2. Aufl. Leipzig: Quelle &
Meyer 1925. VII, 228 S. Mit 342 Abb. 8° (219)

473 — —. 5. Aufl., bearb. und erw. von Franz Boerner. Heidelberg:
Quelle & Meyer (1959). 391 S. Mit 651 Abb. 8° (1225)

474 **Fiume, L. und Theodor Wieland.** Amanitins. Chemistry and action. (Aus: FEBS Letters. 8 (1970) S. 1-5.) (1599)

—. Inhibitory Effect of naturally occurring and chemically modified amatoxins on RNA polymerase of rat liver nuclei. 1971. s.
Buku, Angeliki.

475 **Flury, A. und W. Süss.** Unsere Pilze. (Aus: Vita Helvetica. Basel
o.J. (um 1949.) S. 7-76. Mit 3 farb. Taf. und 27 Textabb.) (220)

Biogr.: MyM 18, 36-37 (m. Portr.): M. Herrmann; SZP 42,
67-69 (m. Portr.): E.H. Weber; 51, 44-45: (m. Portr.): R. Hotz;
ZfP 21, Nr 16, 26: Schäffer; 25, 35: E.H. Benedix; 35, 125:-
Rez.: SZP 27, 175: W. Sch.; 28, 10-12: W. Sch.

476 **Fomes annosus.** Proceedings of the Third Intern. Conference on
Fomes annosus. Aarhus, Denmark july 29-aug. 3, 1968. Ed. by
C.S. Hodges, J. Rishbeth, and A. Yde-Andersen. Asheville, N.C.:
Southeastern Forest Experiment Station, Forest Service, USDA
1970. IV, 208 S. Mit Tab. und Abb. 8° (1949)

Forsman, Bengt. Quantitative Determination of certain nucleic
acid derivates in pea root exudate. 1951. s. **Fries**, Nils.

Frank, Albert Bernhard. Synopsis der Pflanzenkunde. 1883-1886.
s. **Leunis**, Johannes.

Franzén, Sem Johan. Clavis in familias plantarum indigenas. 1836.
Resp. s. **Fries**, Elias.

477 Frauenstein, Käte. Echte Mehltaupilze. = Die Neue Brehm-Bücherei. 234. Wittenberg Lutherstadt: Ziemsen (Übergekl.: Stuttgart: Franckh) 1959. 51 S. Mit 32 Abb. 8° (1586)

> Rez.: MOeMG 92, 1964: Lohwag

478 Friederichsen, Ingeborg und Horst Engel. Ascotremella faginea (Peck) Seaver, erstmalig in Deutschland gefunden. (Aus: Westfälische Pilzbriefe. 6. 1966. 1 Bl., 5 S. Mit 2 Abb.) (1137)

—. Weitere Funde von Hygrophorus hyacinthinus Quél. in den Alpen. 1972. s. **Engel**, Horst.

—. Hygrophorus hyacinthinus Quél. in Tirol. 1970. s. **Engel**, Horst.

479 —. Die Pilze des Forstes Rüstje und des Kiesgrubengebietes von Neu-Wulmstorf. (Aus: Botanischer Verein zu Hamburg. Jahresbericht 1962. S. 19-26.) (221)

480 — **und Horst Engel.** Die Sporengröße von Hygrophorus bresadolae Quel., H. aureus. (Arrh.) und H. hypothejus (Fr.) Fr. (Aus: Zeitschrift für Pilzkunde. 34 (1968) S. 119-124. Mit 2 Abb.) (1135).

481 Friedrich, Jakob Andreas. Der Gichtschwamm mit grünschleimigem Hute. 1760. vgl. Aufn. zu: **Schaeffer**, Jakob Christian: Epistola de studii botanici faciliori ac tutiori methodo. 1758. (Beibd 1.)

482 Friedrich, Karl. Untersuchungen zur Ökologie der höheren Pilze. = Pflanzenforschung. 22. Jena: G. Fischer 1940. 2 Bl., 52 S., 1 Bl. Mit 2 Abb. 8° (222).

> Rez.: DBP 3 N.F., 19: Swoboda

483 Friedrichshafener, Der, Pilzbote. Jg. 1-5. Friedrichshafen: Pilzkundl. Arbeitsgemeinschaft 1971 (vielm. 1970)-1974. 4° (1584)

484 Fries, Elias. Äro naturvetenskaperna något bildnings-medel? (Resp. Emmerich Grundberg; 2: Harald Grundberg; 3: Carl Grundberg.) 1-3. Uppsala: Leffler & Sebell 1842. 4 Bl., IV S., S. 3-12; Titelbl., S. 13-26; Titelbl., S. 27-40. 8° (1566)

> Pritzel 3087.- Nouv. biogr. gén. XVIII, 878-879.-
> Biogr.: Fr. 8, 1-7: G. Eriksson; 9, 350-354: N.F. Bucnwald;
> ZfP 6, 33-38, 49-56 und 65-68: S. Killermann; 7, 17-19: Leinburg.
> Am Anfang fehlt wahrscheinlich ein Vortitel, der Text ist vollständig.

485 —. Anteckningar öfver de i Sverige växande ätliga svampar. (Resp. Reinhold Borgardt; Wilhelm Liedberg; Jacob Lundell; Jacob August Stiegler; Jacob Östberg; And. August Hammarström; Pehr Engman; Hans Oscar Juel.) Uppsala: Palmblad, Sebell & Co. (7.8: Leffler & Sebell) 1836. Insgesamt 8 Bl. (Titelei), 68 S. 4° (1015)

Pritzel 3080.-

486 —. Clavis in familias plantarum indigenas. (Resp. Sem Johan Franzén.) Uppsala: Reg. Acad. 1836. Titelbl., 10 S., 1 Falttab. 8°
(1564)

—. Conspectus Hymenomycetum circa Holmiam crescentium. 1845. s. **Lund**, Nils.

487 —. De historiae naturalis studio Controversiae. (Resp. Carolus Fredricus Sjöström.) Uppsala: Reg. Acad. 1836. 2 Bl., 16 S. 8°
(1563)

488 —. Elenchus fungorum sistens commentarium in systema mycologicum. 1828. vgl. Aufn. zu **Fries**: Systema mycologicum sistens fungorum ordines, genera et species, huc usque cognitas. 1821-1832.

489 —. Epicrisis systematis mycologici, seu synopsis Hymenomycetum. Uppsala & Lund: Gleerup 1836-1838. XII S., 1 Bl., 612 (false 610) S. 8° (1588)

Brunet II, 1398.- Pritzel 3083.- Krieger/Kelly, S. 85 (608 S.!).-
Die S. 79/80 zweimal gez.

490 —. Adami Afzelii Fungi Guineenses. (Resp. Carolus Mauritius Nyman.) P. 1. (Mehr nicht ersch.) Uppsala: Reg. Acad. 1837. 2 Bl.,
8 S. 4° (1063)

MNE I, 240.- Pritzel 3084.-

491 —. Genera Hymenomycetum. (Resp. Laurentius Petr. Laurell.) Uppsala: Reg. Acad. 1836. 2 Bl., 17 S. 8° (1151)

Pritzel 3081.-

492 —. Grunddragen af Aristotelis vextlära. (Resp. Johan Gustav Ek; 2: Sv. Vilh. Moberg; 3: Martin Christian Jungmarker.) 1-3. Uppsala: Leffler & Sebell 1842. Titel, 16 S.; Titel, S. 17-32; Titel, S. 33-48. 8° (1218)

Pritzel 3089.-

493 —. Hymenomycetes Europaei. Sive epicriseos systematis mycologici ed. 2. Uppsala: Berling 1874. 2 Bl., 755 S. 8° (224)

Raab 53, 22.- Krieger/Kelly, S. 85.-

494 —. Icones selectae Hymenomycetum nondum delineatorum. T. 1.2. Stockholm: Norstedt (2: Uppsala: Berling) 1867-1877. 116 S., 1 Bl. (Index); 2 Bl., IV, 98 S., 1 Bl., S. 99-104, V-VII (verbunden). Mit Portr. (Fries) und 200 kolor. lithogr. Taf. Fol. (225)

Pritzel 3113.- Nissen 655.- Krieger/Kelly, S. 85.-

495 —. Boleti, fungorum generis, Illustratio. (Resp. C.T. Hök.) Uppsala: Reg. Acad. 1835. Titel, 14 S. 8° (1150)

Pritzel 3077.-

496 —. Monographia Amanitarum Sueciae. (Resp. Emanuel Kanutus Klingberg.) Uppsala: Leffler 1854. Titel, 16 S. 8° (1139)

Pritzel 3099.-

497 —. Monographia Armillariarum Sueciae. (Resp. Petrus Augustus Wikander.) Uppsala: Leffler 1854. Titel, 16 S. 8° (1140)

Pritzel 3100.-

498 —. Monographia Clitocybarum Sueciae. (Resp. Gustavus L. Bodman; 2: Axelius Peterson; 3: Conrad Höök.) P. 1-3. Uppsala: Leffler 1854. 16 S.; Titelbl., S. 17-32; Titelbl., S. 33-48. 8° (1561)

Pritzel 3101.-

499 —. Monographia Collybiarum Sueciae. (Resp. Johannes Victor Björnström.) P. 1. (Mehr nicht ersch.) Uppsala: Leffler 1854. Titel, 32 S. 8° (1142)

Pritzel 3102 (gibt nur 18 S. an!).-

500 —. Monographia Cortinariorum Sueciae. (Resp. Olavus Hjalm. Humble; Johannes Fredericus Hagström; Samuel Benjamin Ponten; Carolus Olavus Vilhelmus Berg; Gust. Vilh. Zetterstedt; Oscar Rosman; Claes Joh. Kjellman.) Uppsala: Akad. 1851. 114 S. Mit insgesamt 8 Bl. Titelei. 8° (226)

501 —. Monographia Hymenomycetum Sueciae. Vol. 1.2. Uppsala: Leffler 1857-1863. XI, 484 S.; Titel, IV, 355 S. 8° (1220)

Pritzel 3107.- Krieger/Kelly, S. 85.-

502 —. Monographia Lepiotarum Sueciae. (Resp. Magnus Nennes.) Uppsala: Leffler 1854. Titel, 17 S. 8° (1138)

Pritzel 3103.-

503 —. Monographia Mycenarum Sueciae. (Resp. Carolus Johannes Johanson.) P. 1. (Mehr nicht ersch.) Uppsala: Leffler 1854. 16 S. 8° (1590)

MNE I, 240.- Pritzel 3104.-

504 —. Monographia Omphaliarum Sueciae. (Resp. Axel Wahlbäck.) Uppsala: Leffler 1854. Titel, 18 S. 8° (1067)

Pritzel 3105.-

505 —. Monographia Tricholomatum Sueciae. (Resp.: Petrus Olavus Eneroth; Ericus Johannes Tägtström; Carl Gabr. Roos.) P. 1-3. Uppsala: Leffler 1854. Titel, 16 S.; Titel, S. 17-32; Titel, S. 33-50. 8° (1068)

Pritzel: 3106.-

506 —. Öfver Vexternes Namn. (Resp. Carl Johan Bohman; 2: Jonas
Gustaf Sjöstrand; 3: Johan Oscar Carlberg; 4: Nicanor Ham-
maren.) Dl 1-4. Uppsala: Leffler & Sebell 1842. 64 S. Mit 4 Bl.
Titelei. 8° (1164)

> Pritzel 3086.-

507 —. Novitiae florae Suecicae. Ed. 2, auctior et in forman commen-
tarii in Wahlenbergii Floram Suecicam redacta. (Nebst) Continuatio, sistens mantissam I-III. Acc. de stirpibus in Norvegia recentius
detectis praenotiones e maxime (sic!) parte communicatae a Math.
N. Blytt. Lund: Berling (Cont.: Lund & Uppsala: Acad.) 1828-
1842. XII, 306 S.; (Cont.: 1832-1842) X S., 1 Bl., 84 S.; Titel, 64 S.;
204 S. 8° (227.1165)

> Brunet II, 1398.- Graesse II, 635.- Pritzel 3061.- Krieger/Kelly,
> S. 85 (ohne die 'Continuatio').-

508 —. Observationes criticae plantas Suecicas illustrantes. (Resp.
Canutus Johannes Lönnroth.) Dec. 1. (Mehr nicht ersch.) Uppsala:
Wahlström 1854. 24 S. 8° (1155)

> MNE I, 240.- Pritzel 3097.-

509 —. Observationes mycologicae. P. 1.2 in 1 Bd. Kopenhagen:
Bonnier 1815-1818. Titel, 230 S.; X S., 1 Bl., 372 S. Mit insgesamt
8 kolor gefalt. Kupfertaf. 8° (980)

> Brunet II, 1398.- Graesse II, 635.- Pritzel 3062.-

510 —. Om Pilplanteringar och dessas vigt för Landthushållningen.
(Resp. Nils Gustaf Wennerström; 2: Erik Ahlin.) 1.2. Uppsala:
Leffler & Sebell 1836. Titelbl., 8 S.; 2 Bl., S. 9-16. 8° (1562)

> —. Reliquiae Afzelianae. 1860. s. **Afzelius**, Adam.

511 —. Spicilegium plantarum neglectarum. (Resp. Franciscus Theodor Noréus.) Dec. 1. (Mehr nicht ersch.) Uppsala: Reg. Acad. 1836.
2 Bl., 8 S. 8° (1141)

> MNE I, 240.- Pritzel 3085 (gibt als Erscheinungsjahr 1837 an!)

512 —. Summa vegetabilium Scandinaviae, seu enumeratio syste-
matica et critica plantarum... inter Mare Occidentale et Album...
hactenus lectarum... Sectio 1.2. Stockholm & Leipzig: Bonnier
(1846-1849). VIII S., 1 Bl., 572 S. 8° (1219)

> Brunet II, 1399.- Pritzel 3091.- Krieger/Kelly, S. 85.-

513 —. Sveriges ätliga och giftiga Svampar. Stockholm: Norstedt
1860-1866. 1 Bl., 2, 53 S., 1 Bl. Mit 94 (gez. 93) kolor. lithogr.
Taf. Fol. (228)

> Pritzel 3110 (Ausg. 1862-69).- Nissen 655 (Ausg. 1861).-
> Krieger/Kelly, S. 85.-

514 —. Symbolae ad historiam Hieraciorum. (Aus: Nova Acta Reg. Soc. Scientiarum Upsaliensis. 13.14. 1847-1848. 1 Bl., XXXIV, 220 S.) (1587)

Pritzel 3092.-

515 —. Synopsis Agaricorum Europaeorum. (Resp. Joh. Ulr. Runstedt.) P. 1. (Mehr nicht ersch.) Lund: Berling 1830. 16 S. 8° (1560)

MNE I, 239.- Pritzel 3073.-

—. Synopsis fungorum Hydnaceorum in Svecia nascentium. P. 1. 1853. Praeses. s. **Lindblad**, Matts Adolf.

516 —. Synopsis generis Lentinorum. (Resp. Johannes Sieurin.) Uppsala: Reg. Acad. 1836. 15 S. 8° (1589)

Pritzel 3082 (18 S.!?).- Linnström I, 392 (16 S.).-

517 —. Systema mycologicum sistens fungorum ordines, genera et species, huc usque cognitas. Vol. 1-3. Lund: Berling (3: Greifswald: Mauritius) 1821-1832. (1: 1821) LVII S., 1 Bl. (Errata), 2 Bl. (2 defekte Bl. des Bdes hier in vollst. Form zusätzlich eingeb.), 520 S.; (2: 1822-1823) Titel, 274 S., 2 Bl. (Titelei), S. 275-620, 1 Bl.; (3: 1829-1832) VIII, 259 S., 2 Bl. (Titelei), S. 261-524 (false 245), 202 S. (Index), 3 Bl. 8° (229)

Angeb.: **Fries**: Elenchus fungorum sistens commentarium in systema mycologicum. T. 1.2. Greifswald: Mauritius 1828. Titel, 238 S.; Titel, 154 S.

Brunet II, 1398.- Graesse II, 635.- Pritzel 3068 und 3072.- Raab 53, 22.- Krieger/Kelly, S. 85.- Das 'Systema' ohne die beiden Suppl.-Bde.

518 **Fries, Elias Petrus.** Anteckningar öfver svamparnes geografiska utbredning. (Dissertation.) Uppsala: Leffler 1857. 1 Bl., 22 S. 8° (230)

Pritzel 3114 (zählt 32 S.!).-

519 —. Svamparnes Calendarium under medlersta Sveriges horisont. (Aus: Öfversigt af Kongl. Vetenskaps-Akad. Förhandlingar. 14 (1857) S. 138-156.) (231). Mit Widmung des Autors: Viro celeberr. Tulasne.

520 **Fries, Nils.** The growth-promoting Activity of some aliphatic aldehydes on fungi. (Aus: Svensk Botanisk Tidskrift. 55 (1961) S. 1-16. Mit 2 Taf., 6 Tab. und 5 Abb.) (1685)

521 —. The growth-promoting Activity of terpenoids on wood-decomposing fungi. (Aus: European Journal of Forest Pathology. 3 (1973) S. 169-180. Mit 2 Tab. und 6 Abb.) (1686)

—. Antagonists to the caffeine-inhibition of fungal growth. 1955. s. **Hultgren**, Britta.

—. Spontaneous Back-Mutations in Ophiostoma multiannulatum. 1958. s. **Zetterberg**, Gösta.

522 —. Über die Bedeutung von Wuchsstoffen für das Wachstum verschiedener Pilze. = Symbolae Botanicae Upsalienses. 3, 2. Uppsala: Lundequist (1938). VII, 189 S. 4° (232)

523 —. Om mikroorganismernas Behov av vitaminer och andra organiska tillväxtfaktorer. (Aus: Kungl. Vetenskaps-Soc. Årsbok. 1964. S. 23-45. Mit 4 Tab. und 5 Abb.) (1687)

524 —. Beobachtungen über die thamniscophage Mykorrhiza einiger Halophyten. (Aus: Botaniska Notiser. 1944. S. 255-264. Mit 3 Abb.) (1688)

525 — **und Ulla Trolle.** Combination Experiments with mutant strains of Ophiostoma multiannulatum. (Aus: Hereditas. 33 (1947) S. 377-384. Mit 1 Tab.) (1689)

526 —. Crucibulum vulgare Tul. und Cyathus striatus Pers., zwei Gasteromyceten mit tetrapolarer Geschlechtsverteilung. (Aus: Botaniska Notiser. 1936. S. 567-574. Mit 2 Abb.) (1690)

—. Continuous liquid Culture of the fungus Ophiostoma multiannulatum. 1953. s. **Hofsten**, B.

527 —. Culture Studies in the genus Mycena. (Aus: Svensk Botanisk Tidskrift. 43 (1949) S. 316-342. Mit 10 Tab. und 3 Abb.) (1691)

528 — **und Ulla Björkman.** Microbiological Determination of adenine and guanine. (Aus: Physiologia Plantarum. 2 (1949) S. 212-215. Mit 1 Abb.) (1692)

529 — **und Bengt Forsman.** Quantitative Determination of certain nucleic acid derivatives in pea root exudate. (Aus: Physiologia Plantarum. 4 (1951) S. 410-420. Mit 4 Abb.) (1693)

530 —, **Sune Bergström und Max Rottenberg.** The Effect of various imidazole compounds on the growth of purine-deficient mutants of Ophiostoma. <A preliminary report.> (Aus: Physiologia Plantarum. 2 (1949) S. 210-211. Mit 1 Tab.) (1694)

531 —. The inactivating Effect of visible light on thermosensitized Ophiostoma cells. (Aus: Experimental Cell Research. 32 (1963) S. 202-204.) (1869)

532 —. The inhibitory Effect of diaminopurine riboside on the growth of Ophiostoma. (Aus: Acta Chemica Scandinavica. 9 (1955) S. 1020.) (1695)

533 —. The thermosensitizing Effect of irradiation with ultraviolet light und x-rays on cells of Ophiostoma and Rhodotorula. (Aus: Experimental Cell Research. 39 (1965) S. 693-697. Mit 3 Tab. und 2 Abb.) (1870)

534 —. Effects of different purine compounds on the growth of guanine-deficient Ophiostoma. (Aus: Physiologia Plantarum. 1 (1949) S. 78-102. Mit 6 Tab. und 10 Abb.) (1696)

535 —. Effects of volatile organic compounds on the growth and development of fungi. (Aus: Transactions of the British Mycological Soc. 60 (1973) S. 1-21. Mit 1 Tab. und 3 Abb.) (1697)

—. Über den Einfluß von Biotin, Aneurin und Meso-Inosit auf das Wachstum verschiedener Pilzarten. 1937. s. **Kögl**, Fritz.

536 —. Einspormyzelien einiger Basidiomyceten als Mykorrhizabildner von Kiefer und Fichte. (Aus: Svensk Botanisk Tidskrift. 36. (1942) S. 151-156. Mit 2 Abb.) (1698)

537 —. Die Einwirkung von Adermin, Aneurin und Biotin auf das Wachstum einiger Ascomyceten. = Symbolae Botanicae Upsalienses. 7, 2. Uppsala: Lundequist (1943). 73 S. Mit 31 Tab. und 10 Abb. 4° (1699)

538 —. The chemical Environment for fungal growth. 3. Vitamins and other organic factors. (Aus: The Fungi. 1 (1965) S. 491-523. Mit 2 Tab. und 2 Abb.) (1700)

539 **— und E. Gunnerbeck.** Étude préliminaire sur la nutrition de quelques espèces de Ramularia <Moniliaceae>. (Aus: Travaux Mycologiques dédiés à R. Kühner. S. 153-162. Mit 5 Tab.) = Bulletin de la Soc. Linnéenne de Lyon. Fébr. 1974. No. spécial. (1701)

—. Some Experiments with induced mutations in Trichophyton mentagrophytes. 1957. s. **Kihlberg**, Gudrun.

540 —. Chemical Factors in the germination of spores of Basidiomycetes. (Aus: Colston Papers. 18 (1966) S. 189-200.) (1600)

541 —. The Formation of coremia in Ceratocystis piceae induced by hexanal. (Aus: Physiologia Plantarum. 33 (1975) S. 138-141. Mit 2 Tab. und 1 Abb.) (1702)

542 —. Några Forskningsriktningar inom den moderna växtfysiologien. (Aus: Statens Naturvetenskapl. Forskningsråds Årsbok. 1952/53. S. 9-47. Mit 19 Abb.) (1703)

—. The Growth of Pestalotia rhododendri Guba in relation to volatile metabolites. 1967. s. **Norrman**, Jonas.

543 —. Growth Factor Requirements of some higher fungi. (Aus: Svensk Botanisk Tidskrift. 44 (1950) S. 379-386. Mit 5 Tab.) (1704)

544 —. Growth Factors: Metabolic factors limiting growth. Bacteria and fungi. (Aus: Handbuch der Pflanzenphysiologie. Ed. by W. Ruhland. Vol. 14 (1961) S. 332-400. Mit 3 Tab. und 2 Abb.) (1705)

545 —. Growth Factors: Metabolic factors limiting growth. General introduction. (Aus: Handbuch der Pflanzenphysiologie. Ed. by W. Ruhland. Vol. 14 (1961) S. 330-331.) (1706)

546 — **und Karin Aschan.** The physiological Heterogeneity of the dikaryotic mycelium of Polyporus abietinus investigated with the aid of micrurgical technique. (Aus: Svensk Botanisk Tidskrift. 46 (1952) S. 429-445. Mit 3 Tab., 6 Abb. und 1 Taf.) (1707)

547 —. Heterothallism in some Gasteromycetes and Hymenomycetes. (Aus: Svensk Botanisk Tidskrift. 42 (1948) S. 158-168. Mit 1 Abb.) (1708)

548 —. Induction of salt sensitivity in Ophiostoma and its reversal by imidazole derivatives. (Aus: Physiologia Plantarum. 27 (1972) S. 291-299. Mit 8 Tab. und 1 Abb.) (1709)

549 — **und Lisbeth Jonasson.** Über die Interfertilität verschiedener Stämme von Polyporus abietinus (Dicks.) Fr. (Aus: Svensk Botanisk Tidskrift. 35 (1941) S. 177-193. Mit 8 Abb.) (1710)

550 —. Intermediates in the biosynthesis of purines in fungi. (Aus: Proceedings of the 7th Intern. Botanical Congress. 1950. S. 392.) (1711)

551 —. Selective Isolation of guanine-deficient mutants in Ophiostoma. (Aus: Hereditas. 36 (1950) S. 368-370.) (1712)

552 — **(Rez.)** Lilly, Virgil G. and Horace L. Barnett: Physiology of fungi. 1951. (Aus: Botaniska Notiser. 105 (1952) S. 235-236.) (1877)

—. Phage resistant Mutants induced in Escherichia coli by caffeine. 1952. s. **Gezelius**, Kerstin.

553 — **und Hasan M. Yusef.** Two fatty acid requiring Mutants of Ophiostoma multiannulatum. (Aus: Physiologia Plantarum. 8 (1955) S. 852-858. Mit 6 Tab. und 1 Abb.) (1713)

554 —. Über röntgen-induzierte physiologische Mutationen bei Ophiostoma multiannulatum (Hedge. et Davids.). (Aus: Arkiv för Botanik. 32 A. No 8. 9 S. Mit 2 Tab.) (1714)

555 — **und Bengt Kihlman.** Fungal Mutations obtained with methyl xanthines. (Aus: Nature. 162 (1948) S. 573-575.) (1715)

—. Some new and interesting biochemical Mutations obtained in Ophiostoma by selective enrichment technique. 1952. s. **Wikberg**, Eskil.

556 —. Spontaneous physiological Mutations in Ophiostoma. (Aus: Hereditas. 34 (1948) S. 338-350. Mit 5 Tab. und 2 Abb.) (1716)

557 —. X-ray induced physiological Mutations in Ophiostoma. (Aus: Fourth International Congress for Microbiology. 1949. S. 385.) (1717)

ICONES SELECTÆ

HYMENOMYCETUM

NONDUM DELINEATORUM.

SUB AUSPICIIS

REGIÆ ACADEMIÆ SCIENTIARUM
HOLMIENSIS

EDITÆ

AB

ELIA FRIES.

I.

HOLMIÆ,
P. A. NORSTEDT & FILII.
MDCCCLXVII.

Zu Nr. 494

SVERIGES

ÄTLIGA OCH GIFTIGA SVAMPAR

tecknade efter naturen

under ledning af

E. FRIES

utgifna af

Kongl. Vetenskaps-Akademien.

STOCKHOLM, 1860.
P. A. NORSTEDT & SÖNER.
Kongl. Boktryckare.

Zu Nr. 513

558 —. Nonanal as a growth factor for wood-rotting fungi. (Aus: Nature. 187 (1960) S. 166-167. Mit 1 Tab. und 1 Abb.) (1718)

559 —. The Nutrition of fungi from the aspect of growth factor requirements. (Aus: Transactions of the British Mycological Soc. 30 (1948) S. 118-134. Mit 4 Tab. und 5 Abb.) (1719)

560 —. Ophiostoma multiannulatum (Hedgc. & Davids.) as a test object for the determination of pyridoxin and various nucleotide constituents. (Aus: Arkiv för Botanik. 1 (1949) S. 271-287. Mit 2 Tab. und 13 Abb.) (1720)

561 —. Paper Chromatography as a diagnostic aid in Hymenomycetes. (Aus: Annales Acad. Reg. Scientiarum Upsaliensis. 2 (1958) S. 5-16. Mit 3 Abb.) (1902)

562 —. X-ray induced Parathiotrophy in Ophiostoma. (Aus: Svensk Botanisk Tidskrift. 40 (1946) S. 127-140. Mit 4 Tab.) (1721)

563 —. Physiology and botanical classification. (Aus: Acta Dermato-Venerologica. 37 (1957) S. 1146-1148.) (1903)

564 —. Precursors of Tryptophan in the nutrition of Lentinus omphalodes Fr. and some other Hymenomycetes. (Aus: Physiologia Plantarum. 3 (1950) S. 185-196. Mit 7 Tab. und 1 Abb.) (1722)

—. Some Problems concerning the cell differentiation of the fungus Ophiostoma multiannulatum. Um 1963. s. **Hofsten**, Angelica von.

565 —. The Production of mutations by caffeine. (Aus: Hereditas. 36 (1950) S. 134-150. Mit 7 Tab.) (1723)

—. Reactivation of Ophiostoma cells photodynamically inactivated with visible light. 1961. s. **Bose**, Sushil K.

566 — **und Lennart Källströmer.** A Requirement for biotin in Aspergillus niger when grown on a rhamnose medium at high temperature. (Aus: Physiologia Plantarum. 18 (1965) S. 191-200. Mit 4 Tab. and 4 Abb.) (1724)

—. Nutritional Requirements of some marine fungi. 1956. s. **Gustafsson**, Ulla.

567 — **und Hjördis Johansson.** Some nutritional Requirements of two Onygena species. (Aus: Svensk Botanisk Tidskrift. 58 (1964) S. 31-43. Mit 6 Tab. und 5 Abb.) (1725)

568 —. Researches into the multipolar sexuality of Cyathus striatus Pers. = Symbolae Botanicae Upsalienses. 4, 1. Uppsala: Lundequist (1940). 39 S. 4° (1726)

569 —. The Response of some Hymenomycetes to constituents of nucleic acids. (Aus: Svensk Botanisk Tidskrift. 48 (1954) S. 559-578. Mit 8 Tab. und 10 Abb.) (1727)

570 —. Differential Responses to environmental conditions by fungal cells sensitized by heat shock or uv irradiation. (Aus: Physiologia Plantarum. 23 (1970) S. 1149-1156. Mit 4 Tab. und 2 Abb.) (1728)

571 —. Induced Salt Sensitivity in fungal cells and its reversal by imidazole derivatives. (Aus: Journal of Bacteriology. 100 (1969) S. 1424-1425. Mit 2 Tab.) (1729)

572 —. Über die Sexualität einiger Polyporaceen. (Aus: Svensk Botanisk Tidskrift. 30 (1936) S. 355-361. Mit 4 Abb.) (1730)

573 —. Über die Sporenkeimung bei einigen Gasteromyceten und mykorrhizabildenden Hymenomyceten. (Aus: Archiv für Mikrobiologie. 12 (1941) S. 266-284. Mit 1 Tab. und 5 Abb.) (1731)

—. Biochemical mutant Strains of Neurospora produced by physical and chemical treatment. 1950. s. **Tatum**, E.L.

—. Studies on ectomycorrhizae of pine. 1. Production of volatile organic compounds. 1971. s. **Krupa**, Sagar.

574 —. Further Studies on mutant strains of Ophiostoma which require guanine. (Aus: The Journal of Biological Chemistry. 200 (1953) S. 325-333. Mit 2 Tab. und 2 Abb.) (1732)

575 —. Induced Thermosensitivity in Ophiostoma and Rhodotorula. (Aus: Physiologia Plantarum. 16 (1963) S. 415-422. Mit 5 Tab. und 2 Abb.) (1733)

576 —. Thermosensitivity in Ophiostoma induced by 2,4-dinitrophenol. (Aus: Life Sciences. 3 (1964) S. 277-280. Mit 1 Tab. und 1 Abb.) (1734)

577 —. Undersökningar över fysiologiska mutationer. (Aus: Naturvetenskapl. Forskningsrådets Årsbok. 1950/1951. S. 189-192. Mit 1 Abb.) (1735)

578 —. Untersuchungen über Sporenkeimung und Mycelentwicklung bodenbewohnender Hymenomyceten. = Symbolae Botanicae Upsalienses. 6, 4. Uppsala: Lundequist (1943). 81 S. Mit 12 Tab. und 21 Abb. 4° (233)

579 —. Untersuchungen über bios-artige Substanzen als Wachstumsfaktor für holzzerstörende Polyporaceen. (Aus: Svensk Botanisk Tidskrift. 31 (1937) S. 42-46.) (1736)

580 —. Viability and resistance of spontaneous mutations in Ophiostoma representing different degrees of heterotrophy. (Aus: Physiologia Plantarum. 1 (1948) S. 330-341. Mit 2 Tab. und 3 Abb.) (1737)

581 —. Über das Vorkommen von geographischen Rassen bei Crucibulum vulgare Tul. (Aus: Archiv für Mikrobiologie. 13 (1943) S. 182-190. Mit 3 Tab. und 3 Abb.) (1738)

582 —. Über das Wuchsstoffbedürfnis einiger Ophiostoma-Arten.

(Aus: Svensk Botanisk Tidskrift. 36 (1942) S. 451-466. Mit 9 Tab. und 1 Abb.) (1739)

583 **Fries, Theodor Magnus.** De Stereocaulis et Pilophoris Commentatio. (Dissertation.) Uppsala: Wahlström 1857. Titelbl., 42 S. 8° (1565)

Pritzel 3115.- Krieger/Kelly, S. 85.-

584 **Friesia.** Nordisk mykologisk tidskrift. Udg. af Foreningen til Svampekundskabens Fremme. Kopenhagen. In laufendem Bezug ab Bd 6, Nr 5, 1961 (234)

585 **Fritsche, Gerda.** Züchterische Arbeiten an "59c", einem Champignonstamm mit neuer Fruchtkörperform. 1. Steigerung des Ertrages. (Aus: Theoretical and Applied Genetics. 38 (1968) S. 28-37. Mit 9 Abb. und 5 Tab.) (893)

586 —. Beitrag zur Mutationsforschung bei Agaricus bisporus. (Aus: Mushroom Science 6 (1967) S. 27-47. Mit 14 Abb.) (888)

587 —. Die züchterische Entwicklung neuer Stämme von Agaricus bitoriquis. (Aus: Der Champignon. Nr 156 (Aug. 1974) S. 9-14. Mit 1 Tab. und 2 Abb.) (1911)

588 —. New Forms of fruiting bodies which occurred in the cultivated mushroom. (Aus: Abhandlungen der Dt. Akad. der Wissenschaften zu Berlin. Kl. für Medizin. Jg. 1967. S. 441-447. Mit 11 Abb.) (890)

589 —. Neue Fruchtkörperformen beim Kulturchampignon. (Aus: Umschau in Wissenschaft und Technik. 1966. S. 670. Mit 1 Abb.) (889)

590 —. Versuche zur Frage der Erhaltungszüchtung beim Kulturchampignon. 2. Vermehrung durch Gewebekulturen. (Aus: Der Züchter. 36 (1966) S. 224-233. Mit 7 Abb. und 2 Tab.) (892)

591 — —. 3. Vermehrung durch Vielsporaussaat. (Aus: Der Züchter. 37 (1967) S. 109-119. Mit 5 Abb. und 3 Tab.) (891)

592 **Fröléens Svampbok.** Stockholm: Fröléen (1917). 94 S. Mit 18 farb. Taf. und Textabb. 8° (235)

Krieger/Kelly, S. 85.-

593 **Fuchs, Josef.** Über die Beziehungen von Agaricineen und anderen humusbewohnenden Pilzen zur Mycorhizenbildung der Waldbäume. (Aus: Bibliotheca Botanica. H. 76. 1911. 2 Bl., 32 S. Mit 4 Taf.) (1531)

Krieger/Kelly, S. 86.-

594 **Fuckel, Leopold.** Ein mycologischer Beobachtungsgarten. 1871-1872. vgl. Aufn. zu: **Fuckel**: Enumeratio fungorum Nassoviae. 1861 (Beibd 2)

595 —. Enumeratio fungorum Nassoviae. Ser. 1. (Aus: Jahrbücher des Nassauischen Vereins für Naturkunde. 15. 1861. 126 S. Mit 1 kolor. lithogr. Taf.)

Angeb.: **Fuckel**: Symbolae mycologicae. Beiträge zur Kenntniss der rheinischen Pilze. (Nebst) Nachtr. 1-3. = Jahrbücher des Nassauischen Vereins für Naturkunde. 23.24 1869-1870. 3 Bl., 459 S. Mit 6 kolor. lithogr. Taf. und aus: Jahrbücher des... 25/26 (1871/1872) S. 289-346; 27/28. 1873/1874. 99 S. Mit 1 kolor. lithogr. Taf.; 29/30. 1875/1876. 39 S. Angeb. 2: **Fuckel**: Ein mycologischer Beobachtungsgarten. (Aus: Jahrbücher des Nassauischen Vereins für Naturkunde. 25/26 (1871/1872) S. 420-423.) 8° (236)

Pritzel 3148 (123 S. für die 'Enumeratio'!) und 3150. - ADB VIII, 176.- Krieger/Kelly, S. 251 und 86.-

596 —. Symbolae mycologicae. (Nebst) Nachtr. 1-3. 1869-1876. vgl. Aufn. zu: **Fuckel**: Enumeratio fungorum Nassoviae. 1861 (Beibd 1)

597 **Fuhrmann, Franz.** Einführung in die Grundlagen der technischen Mykologie. 2. Aufl. der Vorlesungen über technische Mykologie. Jena: G. Fischer 1926. VIII, 554 S. Mit 169 Abb. 8° (1054)

598 —. Leitfaden der Mikrophotographie in der Mykologie. Jena: G. Fischer 1909. IV S., 1 Bl., 88 S. Mit 3 Taf. und 33 Textabb. 8° (237)

599 **Funder, Sigurd.** Practical Mycology. Manual for identification of fungi. (2nd, slightly rev. ed.) Oslo: Brøggers boktr. 1961. Titel. 143 S. Mit 1 Falttab. und Textabb. 4° (238)

Rez.: MOeMG 101, 1967: Lohwag

600 **Fungi, The.** An advanced treatise. Ed. by Geoffrey Clough Ainsworth, Alfred S. Sussman (4: Ainsworth, Frederick K. Sparrow und Sussman). Vol. 1-4a.b. New York, San Francisco, London: Acad. Pr. 1965-1973. (1: The fungal cell. 1965) XVI S., 1 Bl., 748 S.; (2: The fungal organism. 1966) XVI S., 1 Bl., 805 S.; (3: The fungal population. 1968) XIX, 738 S.; (4a: A taxonomic review with keys: Ascomycetes and fungi imperfecti. 1973) XVIII, 621 S.; (4b: A taxonomic review with keys: Basidiomycetes and lower fungi. 1973) XXII, 504 S. Mit Taf. und Abb. 8° (1810)

Rez.: BSMF 83, 363-364: G. Viennot-Bourgin; MOeMG 131, 1975: H. Riedl; RM 31, 76-77: J.N.; Sy 20, 359-360: F. Petrak

601 **Fungus Spore, The.** Proceedings of the 18th symposium of the Colston Research Soc. held in the univ. of Bristol March 28th to April 1st, 1966. Ed. by Michael Francis Madelin. London: Butterworths 1966. XVI, 338 S. Mit Taf. und Textfig. 8° (949)

602 **Gackstatter, Fr.** Pantherpilz und Gedrungener Wulstling. (Aus: Kosmos. 46 (1950) S. 260-261. Mit 2 Abb.) (1508)

> Biogr.: SPRd 3, H. 1, 3-4 (m. Portr.): H. Steinmann, J. Raithelhuber; ZfP 32, H. 3/4, 46: H. Steinmann

Gäumann, Ernst. Biologie der pflanzenbewohnenden parasitischen Pilze. 1929. s. **Fischer**, Eduard.

> Biogr.: ČM 18, 125-126 (m. Portr.): E. Urban; RM 29, 3-8 (m. Portr.): R. Heim; SZP 41, 165-166: W. Schärer-Bider

603 —. Vergleichende Morphologie der Pilze. Jena: G. Fischer 1926. X, 626 S. Mit 398 Abb. 8° (241)

> Rez.: ZfP 5, 297-298: F. Kallenbach

604 —. Die Pilze. Grundzüge ihrer Entwicklungsgeschichte und Morphologie. = Lehrbücher und Monographien aus dem Gebiete der Exakten Wissenschaften. 19. Reihe der Experimentellen Biologie. 4. Basel: Birkhäuser 1949. 382 S. Mit 440 Abb. 8° (239)

605 — —. 2., umgearb. und erw. Aufl. = Lehrbücher und Monographien aus dem Gebiete der Exakten Wissenschaften. 19. Reihe der Experimentellen Biologie. 4. Basel, Stuttgart: Birkhäuser 1964. 541 S. Mit 610 Abb. 8° (240)

> Rez.: ČM 19, 132: A. Pilát; Pe 3, 369-370: M.A. Donk; Sy 18, 397-398: F. Petrak; SZP 42, 158: J. Peter; WP 5, 104: E.H. Benedix; ZfP 30, 123: E. Müller

Galland, E. Nos Champignons. Um 1944. s. **Habersaat**, Ernst.

Galle, H.K. Zur Oidienbildung bei Flammulina velutipes (Curt. ex Fr.) Sing. 1971. s. **Eger**, Gerlind.

Galzin, Amédée. Hyménomycètes de France. 1927. s. **Bourdot**, Hubert.

606 **Gams, Helmut.** Flechten <Lichenes>. = Kleine Kryptogamenflora. 3. Stuttgart: G. Fischer 1967. VIII, 244 S. Mit 84 Abb. 8° (243)

> Rez.: BSMF 82, 629: R.G. Werner; ČM 22, 41: M. Svrček; Fr 8, 78: M. Skytte Christiansen; Sy 20, 374-375: F. Petrak; SZP 45, 46: J. Peter; ZfP 34, 111-112: V. Wirth

607 —. Die Moos- und Farnpflanzen <Archegoniaten>. 4., stark erw.

Aufl. = Kleine Kryptogamenflora. 4. Stuttgart: G. Fischer 1957.
VIII, 240 S. Mit 116 Abb. 8° (242)

Rez.: ZfP 26, 78-79: H. Kühlwein

608 —. Schlüssel für die europäischen Familien, Gattungen und wichtigsten Untergattungen der Agaricales <Blätterpilze und Röhrlinge>. Zs.gest. von Helmut Gams nach Rolf Singer. = Veröffentlichungen der Österreichischen Mykologischen Ges. 2. Horn, N.-Ö.: Berger 1948. 24 S. 8° (1556)

609 —. Makroskopische Süßwasser- und Luftalgen. = Kleine Kryptogamenflora. 1a. Stuttgart: G. Fischer 1969. 3 Bl., 63 S. Mit 28 Abb. 8° (1032)

Rez.: ČM 24, 56: A. Příhoda; MOeMG 112, 1970: Lohwag; Sy 22, 454: F. Petrak; SZP 47, 210: J. Peter; WP 8, 38: H. Jahn; ZfP 36, 201-202: E.H. Benedix

Gams, W. CBS Course of mycology. s. **Centraalbureau voor Schimmelcultures**.

610 **Garrett, Stephen Denis.** Soil Fungi and soil fertility. = The Commonwealth and International Library of Science, Technology, Engineering, and Liberal Studies. Botany Division. 1. Oxford, London, Paris, Frankfurt/Main: Pergamon Pr.; New York: Macmillan (1963). VIII, 165 S. Mit 3 Abb. auf 2 Taf. und 14 Textabb. 8° (244)

611 **Gautier, Lucien-Marie.** Les Champignons considérés dans leurs rapports avec la médicine, l'hygiène publique et privée, l'agriculture et l'industrie, et description des principales espèces comestibles, suspectes et vénéneuses de la France. Paris: Baillière 1884. XVI, 508 S. Mit 16 Chromolithos und 195 Textabb. 8° (245)

Krieger/Kelly, S. 88.-

Gebert, Ulrich. Über die Inhaltsstoffe des grünen Knollenblätterpilzes. 30. 1966 und 32.1967. s. **Wieland**, Theodor.

Geiss, Erich. Die Champignonkultur. 1959. s. **Geiss**, Wilhelm.

612 **Geiss, Wilhelm.** Die Champignonkultur. 4. Aufl., neu bearb. von Erich Geiss. = Grundlagen und Fortschritte im Garten- und Weinbau. 30. Stuttgart: Ulmer 1959. 79 S. Mit 30 Abb. 8° (246)

613 **Genders, Roy.** Growing Mushrooms. (3rd ed.) London: Benn (1956). 160 S. Mit 12 Abb. auf 4 Taf. und 4 Textabb. 8° (247)

Georgopoulos, Dionysios. Analysis of the toxins of amanitin-containing mushrooms. 1974. s. **Faulstich**, Heinz.

614 **Gerlach, Dieter.** Botanische Mikrotechnik. Eine Einführung. Stuttgart: Thieme 1969. X, 298 S. Mit 45 Abb. 8° (1221)

Gessner, E. Untersuchungen zur Fruchtkörperbildung von Lentinus tigrinus (Bull. ex Fr.) Fr. und Polyporus melanopus (Swartz ex Fr.) Fr. in Abhängigkeit von der Zusammensetzung des umgebenden Gasraumes. 1974. s. **Schwantes**, Hans Otto.

615 **Gessner, Otto.** Die Gift- und Arzneipflanzen von Mitteleuropa. <Pharmakologie, Toxikologie, Therapie.> 2., völlig neu bearb. und erw. Aufl. Heidelberg: Winter 1953. XII, 804 S. Mit 128 Farbtaf. 8° (248)

Geus, Armin. Das farbige Pilzbuch. 1965. s. **Keller**, Karl Dietrich.

616 **Gezelius, Kerstin und Nils Fries.** Phage resistant Mutants induced in Escherichia coli by caffeine. (Aus: Hereditas. 38 (1952) S. 112-114. Mit 2 Tab.) (1740)

617 **Gibbs, Thomas.** A first List of Derbyshire Agarics. (Aus: The Derbyshire Archaeological and Natural History Society's Journal. 1908. 22 S. Mit 10 Abb.) (1222)

Gielen, W. Die Phenoloxydasen des Ascomyceten Podospora anserina. 2. 1964. s. **Esser**, Karl.

618 **Giftige Pilze.** = Bilder-Atlas für Schüler. 9. O.O.u.J. (um 1926.) Mehrfach gefalt. Taf. mit farb. Abb. von 96 Arten. 8° (62)

Gilbert, E.J. Amanitaceae. 1940-1941. s. **Bresadola**, Giacomo: Iconographia mycologica. Suppl. 1.

619 —. Méthode de mycologie descriptive. = Les Livres du Mycologue. 4. Paris: Le François 1934. 566 S., 1 Bl. 8° (251)

620 —. La Mycologie sur le terrain. = Les Livres du Mycologue. 2. Paris: Le François 1928. 183 S., 2 Bl. 8° (249)

621 —. La Spore des champignons supérieurs. = Les Livres du Mycologue. 1. Paris: Le François 1927. 219 S., 2 Bl. Mit 1 Taf. i.T. und 1 Textabb. 8° (250)

622 **Gilkey, Helen Margaret.** Tuberales of North America. = Oregon State Monographs. Studies in Botany. 1. Corvallis, Oregon: State College (1939). 63 S. Mit 5 Taf. i.T. 8° (252)

Gillard, Max. Soixante Champignons comestibles. 1956. s. **Bernardin**, Charles.

—. Guide pratique pour la recherche de soixante champignons comestibles... Um 1925. s. **Bernardin**, Charles.

623 **Gillet, Claude Casimir.** Les Discomycètes. Champignons de France. Alençon: Lepage 1879. 230 S., 4 Bl. (letztes leer.) 8° (253)

   Biogr.: RM 26, 137-152 (m. Portr. und Bibl.): J. Degaugue

624 —. Tableaux analytiques des Hyménomycètes. = Champignons de France. Alençon: Lepage 1884. 2 Bl., 199 S. 8° (254)

   Krieger/Kelly, S. 90.-

625 **Gillot, Victor.** Étude médicale sur l'empoisonnement par les champignons. Lyon: Assoc. typographique 1900. 352 (statt 356) S. 8° (255)

   Krieger/Kelly, S. 91.- Es fehlen am Anfang 2 Bl. der Titelei.

Glaser, W. Untersuchungen zur Sippenstruktur der Morchellaceen. 1972. s. **Bresinsky**, Andreas.

626 **Glück, Hugo.** Der Moschuspilz (Nectria moschata). (Aus: Engler's Botanische Jahrbücher. 31 (1902) S. 495-515. Mit 2 Taf.) (970)

627 **Goethe, Johann Wolfgang von.** (Über die Pilze, bes. die Pietra fungaja.) 16 Kopien aus: Werke, hrsg. im Auftrag der Großherzogin Sophie von Sachsen-Weimar. 1887-1912. Davon 12 Briefe an J.G. Lenz, Chr. G. Nees von Esenbeck u.a. aus: Abt. 4, Bd 21 (Nr 5855; 6041 und 6045), 22 (Nr 6142; 6155 und 6257), 27 (Nr 7432; 7450 und 7486) und 32 (Nr 55; 132 und 133). Außerdem 2 Kopien aus: Tagebücher. Abt. 1, Bd 36 (Tag- und Jahreshefte 1816) und Abt. 3, Bd 4 (Beschluß der ersten Widersacher Newtons); 1 Kopie aus: Italienische Reise. Abt. 1, Bd 32 (2. römischer Aufenthalt); 1 Kopie aus: Zur Morphologie. Tl 1. Abt. 2, Bd 6 (Zur Verstäubung). Dazu: 3 Kopien aus: Goethe: Naturwissenschaftl. Korrespondenz. Hrsg. von F.Th. Bratanek. Leipzig 1876. Bd 2, Nr 208/209 und Schreiben vom 14. Febr. 1814 an J.F. John. (256/257)

   Lütjeharms, S. 47-48.-
   Biogr. ZfP 19, 112-114: Stier (Goethe als Pilzkenner)
   Rez.: ZfP 13, 71-80; 110-118; 140-151: O. Schmid (Goethes Briefwechsel betr. die Pietra fungaja)

Gola, G. s. **L'Opera botanica del prof. Caro Massalongo.** 1929.

628 **Gonnermann Wilhelm und Ludwig Rabenhorst.** Mycologia Europaea. Abb. sämmtlicher Pilze Europa's. Gezeichnet und lithogr. von W. Gonnermann; mit Text vers. von L. Rabenhorst. (H. 1-5, von 10.) Neustadt, Dresden: Selbstverl. 1869. (Fehlender Titel

durch Zeichnung ersetzt), 6 S., 12 (davon 11 farb.) Lithos; 10 S.,
6 farb. Lithos; 2 S., 6 farb. Lithos; 4 S., 7 (davon 6 farb.) Lithos.
Fol. (258)

Pritzel 3466.- Nissen 739.-

Gossner, Gabriele. Pilze Mitteleuropas. 1955-1958 u.ö. s. **Haas**,
Hans.

Gottlieb, David. Altersbedingte Änderungen der Zusammensetzung und des Stoffwechsels bei Pilzen. 1969. s. **Molitoris**, H.
Peter.

629 **—, H. Peter Molitoris und James L. van Etten.** Changes in fungi
with age. 3. Incorporation of amino acids into cells of Rhizoctonia
solani and Sclerotium bataticola. (Aus: Archiv für Mikrobiologie.
61 (1968) S. 394-398. Mit 2 Tab.) (1458)

Govindan, M.V. Amanitin binding to calf thymus RNA polymerase B. 1970. s. **Meihlac**, M.

630 **—, Heinz Faulstich, Theodor Wieland, B. Agostini und W.
Hasselbach.** In-Vitro Effect of phalloidin on a plasma membrane
preparation from rat liver. (Aus: Die Naturwissenschaften. 59
(1972) S. 521-522. Mit 1 Abb.) (1601)

631 **Graebner, Paul.** Die Heide Norddeutschlands und die sich an-
schließenden Formationen in biologischer Betrachtung. 2. Aufl.
= Die Vegetation der Erde. 5. Leipzig: Engelmann 1925. XXVI,
277 S. Mit 1 Faltkt. und 78 Abb. 8° (259)

NDB VI, 706.-

632 **Graf, Jakob.** Pflanzenbestimmungsbuch. München: Lehmann
(1957). 303 S. Mit 1060 Randskizzen. 8° (260)

633 **— und Martha Wehner.** Der Waldwanderer. Die Pflanzen und
Tiere des deutschen Waldes. 2., verb. u. erw. Aufl. München:
Lehmann 1956. 215 S. Mit 4 farb., 16 s.-w. Taf. sowie 23 Textabb.
und 373 Randskizzen. 8° (261)

Grahle, Annelise. Mikroskopisch-botanisches Praktikum für Anfänger. 1971. s. **Nultsch**, Wilhelm.

634 **Gramberg, Eugen.** Pilze der Heimat. Bd 1.2. = Schmeils Naturwissenschaftl. Atlanten. Leipzig: Quelle & Meyer 1913. X, 70 S.
Mit 66 Farbtaf. i.T.; VI, 108 S. Mit 50 Farbtaf. i.T. und 7 Textfig. 8° (262)

Nissen 743.-
Biogr.: ZfP 19, 3-7: W. Neuhoff

635 — —. 3. verb. Aufl. Bd 1.2. Leipzig: Quelle & Meyer 1921. XI, 82 S. Mit 66 Farbtaf. sowie 10 s.-w. Taf. mit 16 Abb. i.T.; VI, 128 S. Mit 50 Farbtaf. sowie 10 s.-w. Taf. mit 19 Abb. i.T. 8° (263)

    Nissen 743.- Krieger/Kelly, S. 92.-
    Rez.: PuK 5, 212-213: Klee

636 — —. 4. Aufl. Unveränd. Abdr. der 3. verb. Aufl. Bd 2. Löcher-pilze <Polyporaceae> und kleinere Familien. Leipzig: Quelle & Meyer 1927. VI, 128 S. Mit 56 farb. Abb. auf 50 Taf. sowie 19 s.-w. Abb. auf 10 Taf. i.T. 8° (1224)

    Rez.: ÖZP 2, 31-32:-

637 **Gramont de Lesparre, Armand de.** Étude sur la reproduction sexuée de quelques champignons supérieurs. Paris: Klincksieck 1902. XX, 60 S., 2 Bl. Mit 3 Farbtaf. mit je 1 Bl. Text und 16 Textabb. 8° (264)

    Krieger/Kelly, S. 92.-

638 **Gramss, Gerhard.** Die Kultur von Speisepilzen auf Kompaktholz. (Aus: Der Champignon. Nr 167 (Juli 1975) S. 12-28. Mit 2 Tab. und 9 Abb.) (1917)

639 —. Pilzkultur auf Holzabfällen. (Aus: Der Champignon. Nr 168 (Aug. 1975) S. 14-25. Mit 1 Tab. und 8 Abb.) (1918)

640 **Granzer, E.** Grifolin - ein Antibioticum aus Ständerpilzen. (Aus: Kosmos. 47 (1951) S. 46-47.) (1506)

Grau, J. Myosotis rehsteineri Wartm. am Starnberger See. 1963. s. **Bresinsky**, Andreas.

641 **Gray, William Dudley.** The Relation of fungi to human affairs. New York: Holt (1959). XIII S., 1 Bl., 510 S. Mit 191 Abb. 8° (265)

Greis, Hans. Die natürlichen Pflanzenfamilien. Bd 5a. 1959. s. **Engler**, Adolf.

    Biogr.: ZfP, Mitt. Nr 5, 1948 (m. Bibl.): S. Killermann
    Rez.: ZfP 21, Nr 1, 37: S. Killermann (Ausg. 1943)

642 **Greis, Ida.** Unser Pilzbuch. = Lux. Praktische Reihe. 15. Murnau: Lux (1949). 15 S., 64 Taf. mit 67 farb. Abb. (erl. Text a.d. Rück-seite.) 8° (1076)

    Rez.: ZfP 21, Nr 6, 26: H. Kühlwein (2. Aufl.)

643 **Gremmen, J.** Beitrag zur Mykoflora des Kantons Wallis. (Aus: Berichte der Schweizerischen Botanischen Ges. 66 (1956) S. 154-163. Mit 1 Abb.) (266)

644 —. A Contribution to the mycoflora of the pine forests in the Netherlands. (Aus: Nova Hedwigia. 1 (1960) S. 251-288. Mit 42 Abb. auf 8 Taf.) (267)

645 **Grente, J.** Perspectives pour une trufficulture moderne. Par J. Grente avec la coll. de J. Delmas. 3e éd., rev. et augm. Clermont-Ferrand (1974). 3 Bl., IV, 65 gez. Bl. Mit 16 Bl. Abb. 8° (1444)

646 **Greville, Robert Kaye.** Scottish cryptogamic Flora, or coloured figures and descriptions of cryptogamic plants, belonging chiefly to the order fungi. Vol. 1-6. Edinburgh: MacLachlan & Stewart; London: Baldwin, Cradock & Joy 1823-1828. (1: 1823) 9 Bl., kolor. Kupfertaf. 1-60; (2: 1824) Titel, kolor. Kupfertaf. 61-120; (3: 1825) Titel, kolor. Kupfertaf. 121-180; (4: 1826) 8 Bl., kolor. Kupfertaf. 181-240. Mit 8 Bl. Text zwischen den Kupfern 231/232; (5: 1827) Titel, VI S., kolor. Kupfertaf. 241-300; (6: 1828) Titel, kolor. Kupfertaf. 300-360, 82 S. (Index), 1 Bl. (leer.) Jede Kupfertaf. mit 1 Bl. erl. Text 8° (268)

> Brunet II, 1736.- Graesse III, 154.- Pritzel 3550.- Krieger/ Kelly, S. 93.-

Grimm, Arno. Taschenbuch für Pilzsammler. 1918. s. **Walther**, Ernst.

—. Taschenbuch für deutsche Pilzsammler. 1917 u.ö. s. **Walther**, Ernst.

Grinling, K. Some Agaricales from the Congo. 1967. s. **Singer**, Rolf.

Grisebach, August Heinrich Rudolph. System der Pilze, Lichenen und Algen. 1873. s. **Oersted**, Anders Sandøe.

Gröninger, R. Pilze aus der Umgebung von Augsburg. 1959-1967. s. **Stangl**, Johann.

647 **Gröschel, Emil.** Unsere Pilze. Ratschläge und Anregungen für jedermann. Goslar: Dt. Volksbücherei o.J. (um 1948.) 48 S. Mit Abb. 8° (1049)

648 **Gross, G. und J.A. Schmitt.** Beziehungen zwischen Sporenvolumen und Kernzahl bei einigen höheren Pilzen. (Aus: Zeitschrift für Pilzkunde. 40 (1974) S. 163-214. Mit 5 Tab. und 16 Abb.) (2015)

649 —. Über einige neuere Chamonixiafunde in Mitteleuropa. (Aus: Zeitschrift für Pilzkunde. 39 (1974) S. 203-212. Mit 2 Abb.) (2014)

650 —. Einiges über die Hypogäensuche. (Aus: Zeitschrift für Pilzkunde. 35 (1969) S. 13-20. Mit 3 Tab.) (2033)

651 —. Ein saarländischer Fund von Elasmomyces mattirolianus Cav. (Aus: Zeitschrift für Pilzkunde. 34 (1968) S. 27-32. Mit 4 Abb.) (2011)

652 —. Drei Funde nordamerikanischer Rhizopogonarten im Saarland. (Aus: Zeitschrift für Pilzkunde. 34 (1968) S. 33-39. Mit 1 Abb.) (2010)

653 —. Über Hymenogasterfunde mit Sporen von 25-35 μ mittlerer Länge. (Aus: Zeitschrift für Pilzkunde. 35 (1969) S. 157-174. Mit 13 Abb.) (2012)

654 —. Kernzahl und Sporenvolumen bei einigen Hymenogasterarten. (Aus: Zeitschrift für Pilzkunde. 38 (1972) S. 109-157. Mit 3 Tab. und 16 Abb.) (2013)

655 —. Die Sommertrüffel (Tuber aestivum Vitt.) und ihre Verwandten im mittleren Europa. <1.2.> (Aus: Zeitschrift für Pilzkunde. 41 (1975) S. 5-17. Mit 2 Tab.; und Dez.-H. S. 143-154.) (2016)

656 —. Zum Nothnagelschen Stephensia-Fundbericht <Z.f.P. 35/3+4>. (Aus: Zeitschrift für Pilzkunde. 36 (1970) S. 257-258.) (1390)

657 **Gruber, Ilse.** Anthrachinonfarbstoffe in der Gattung Dermocybe und Versuch ihrer Auswertung für die Systematik. (Aus: Zeitschrift für Pilzkunde. 36 (1970) S. 95-112. Mit 2 Falttab.) (1265)

658 —. Fluoreszierende Stoffe der Cortinarius-Untergattung Leprocybe. (Aus: Zeitschrift für Pilzkunde. 35 (1969) S. 249-261.) (1333)

659 **Grüter, Hans.** Eine selektive Anreicherung des Spaltprodukts 137Cs in Pilzen. (Aus: Die Naturwissenschaften. 51 (1964) S. 161-162.) (937)

Grundberg, Carl. Äro naturvetenskaperna något bildningsmedel? 3. 1842. Resp. s. **Fries**, Elias.

Grundberg, Emmerich. Äro naturvetenskaperna något bildningsmedel? 1. 1842. Resp. s. **Fries**, Elias.

Grundberg, Harald. Äro naturvetenskaperna något bildningsmedel? 2. 1842. Resp. s. **Fries**, Elias.

660 **Grupe, Heinrich.** Naturkundliches Wanderbuch. 17. Aufl. Frankfurt am Main, Berlin, Bonn: Diesterweg 1959. XXI, 833 S. Mit Text- u. Randfig. 8° (850)

661 **Günther, Ernst.** Beitrag zur mineralischen Nahrung der Pilze. (Dissertation Erlangen.) Erlangen: Junge 1897. 59 S. Mit 11 Tab. 8° (1226)

662 **Güssow, Hans Theodor and Walter Silas Odell.** Mushrooms and toadstools. An account of the more common edible and poisonous fungi of Canada. Ottawa: Dominion Experimental Farms, Division of Botany 1927. 274 S. Mit 128 (davon 2 kolor.) Taf. i.T. 4°. (269)

663 **Guétrot.** Le Quarantenaire de la Société Mycologique de France <1884-1924>. Paris: Soc. Mycologique de France (1934). 2 Bl., 412 S., 1 Bl. 8° (270)

Guggenthall-Schack, Helene. Moose des Waldes. 1948. s. **Lohwag**, Kurt.

Guillemin, Henri. Flore des champignons supérieurs de France les plus importants à connaître. 1909-1913. s. **Bigeard**, René.

664 **Guilliermond, A.** Les Progrès de la cytologie des champignons. (Aus: Progressus Rei Botanicae. 4 (1913) S. 389-542. Mit 82 Abb.) (271)

665 **Gulden, Gro.** Musseronflora. Slekten Tricholoma (Fr. ex Fr.) Kummer sensu lato. Oslo, Bergen, Tromsø: Univ. forl. (1969.) 96 S. Mit 4 farb. Taf. u. 19 Textabb. 8° (1101)

    Rez.: ČM 26, 140: A. Pilát; Fr 9, 450-451: J. Koch; WP 8, 39: H. Jahn; ZfP 36, 205: M. Moser

Gunnerbeck, E. Étude préliminaire sur la nutrition de quelques espèces de Ramularia <Moniliaceae>. 1974. s. **Fries**, Nils.

666 **Gustafsson, Ulla und Nils Fries.** Nutritional Requirements of some marine fungi. (Aus: Physiologia Plantarum. 9 (1956) S. 462-465. Mit 4 Tab.) (1741)

Guzman Huerta, G. A new Species of Psathyrella. 1958. s. **Singer**, Rolf.

667 **Gwynne-Vaughan, Helen Charlotte Isabella und Bertie Frank Barnes.** The Structure and development of the fungi. Cambridge: Univ. Pr. 1927. XVI, 384 S. Mit 285 Abb. 8° (272)

668 — — —. 2nd ed. Cambridge: Univ. Pr. 1937. XVI, 449 S. Mit 309 Textfig. 8° (989)

669 **Haas, Hans.** Beiträge zur Kenntnis der Pilzflora der Ulmer Gegend. (Aus: Mitteilungen des Vereins für Naturwissenschaft und Mathematik in Ulm a.D. H. 22 (1942) S. 69-93.) (1351)

 Biogr.: SPRd 11, H. 1, 1 (m. Portr.): H. Steinmann; ZfP 30, 29-32 (m. Portr.): W. Neuhoff; 40, 236: A. Bresinsky

670 —. Die bodenbewohnenden Großpilze in den Waldformationen einiger Gebiete von Württemberg. (Dissertation Stuttgart.) (Aus: Botanisches Zentralblatt. 50. Abt. 2 (1932) S. 35-134.) (273)

671 — **und Heinz Schrempp.** Pilze, die nicht jeder kennt. 112 Pilze in Farbe. = Bunte Kosmos-Taschenführer. Stuttgart: Franckh (1972). 70 S. Mit 112 farb. Abb. auf Taf. i.T. 8° (1227)

 Rez.: MOeMG 120, 1972: M. Moser; MyM 16, 104; 17, 107-108: M. Herrmann; SPRd 8, H. 2, 15: F. Frasch; WP 9, 80: H. Jahn; ZfP 38, 184: M. Moser

672 —. Pilze Mitteleuropas. Bd 1.2. (1: Speisepilze I. 2. Aufl.; 2: Speisepilze II und Giftpilze. 11.-17. Taus.) Stuttgart: Franckh (1955-1958). 130 S. Mit 40 Farbtaf. i.T.; 155 S. Mit 40 Farbtaf. i.T. 8° (274). Die Abb. nach Aquarellen von Gabriele Gossner.

 Rez.: SZP 32, 13-14: R. Haller; WP 1, 17: H. Jahn; ZfP 21, Nr 10, 28-29: H. Kühlwein; 21, Nr 15, 24-25: H. Kühlwein

673 —. Pilze Mitteleuropas. Speise- und Giftpilze. (30.-37. Taus.) = Kosmos-Naturführer. Stuttgart: Franckh (1964). 299 S. Mit 80 farb. Taf. i.T. 8° (275)

 Rez.: WP 5, 46-47: H. Jahn

674 — — —. (9. Aufl.) = Kosmos-Naturführer. Stuttgart: Franckh (1966). 299 S. Mit 80 farb. Taf. i.T. 8° (276)

675 — **und Heinz Schrempp.** Pilze in Wald und Flur. 112 Pilze in Farbe. = Bunte Kosmos-Taschenführer. Stuttgart: Franckh (1970). 71 S. Mit 112 Farbphotos auf Taf. i.T. u. 60 Textabb. 8° (1087)

 ČM 25, 117: A. Pilát; MOeMG 118, 1972: M. Moser; MyM 15, 87-88: M. Herrmann; SPRd 6, H. 3, 15: F. Frasch; WP 8, 196: H. Jahn; ZfP 37, 249-250: A. Bresinsky

676 **Haberle, Carl Constantin.** Das Gewächsreich. Oder characterisirende Beschreibung aller zur Zeit bekannten Gewächse, als Commentar zu den Bertuchschen Tafeln der Allgemeinen Naturgeschichte. Bd 1, Tl 1. 2 in 1 Bd. Weimar: Industrie-Comptoir 1806. VIII, 280 S.; VI, 90 S. 8° (277)

SYSTEMA MYCOLOGICUM,

SISTENS

FUNGORUM

ORDINES, GENERA ET SPECIES,

HUC USQUE COGNITAS,

QUAS

AD NORMAM METHODI NATURALIS

DETERMINAVIT, DISPOSUIT ATQUE

DESCRIPSIT

ELIAS FRIES,

Acad. Carol. Adjunctus,

Acad. Cæsar. Leopold. Carol. Nat. Curiosorum,
Reg. Soc. Nat. Curios. Lips., Botan. Ratisbon.,
Physiogr. Lund. Membrum.

VOLUMEN I.

LUNDÆ MDCCCXXI.

Ex Officina Berlingiana.

Zu Nr. 517

Karls von Krapf,

kaiserlich königlichen Hofraths und Leibarztes,

Mitglieds der botanischen Gesellschaft zu Florenz,

Ausführliche Beschreibung

der

in Unterösterreich, sonderlich aber um Wien herum wachsenden, und in der Stadt zum Verkauf sowohl erlaubten, als unerlaubten eßbaren Schwämme, sammt den ihnen ähnlichen uneßbaren schädlichen, giftigen, oder auch verdächtigen; ihren Kennzeichen, ihrer gewöhnlichen Zubereitung, und den schädlichen Zufällen, welche die letztern im menschlichen Körper verursachen; nach der Linneischen Haupteintheilung in systematischer Ordnung vorgetragen.

Erstes Heft,

mit XI. nach der Natur gezeichneten und illuminirten Kupfertafeln.

Wien,

in der Jakob Anton Edlen von Ghelenschen Buchhandlung,

1 7 8 2.

Zu Nr. 888

677 **Habersaat, Ernst und E. Galland.** Nos Champignons. = Petits
Atlas Payot. 29/30. Lausanne: Payot o.J. (um 1944.) 96 S. Mit 31
Farbtaf. und 3 Abb. i.T. 8° (280)

> Nissen 770 (Habersatt! Ausg. 1943, zählt 40 Taf.).-
> Biogr.: SZP 22, 143: E. Gerber; 23, 43-45 (m. Portr.): E. Burki
> Rez.: SZP 20, 42-43: A. Berlincourt

678 **— und Marie-M. Kraft.** Nos Champignons. (Réimpr.) = Petits
Atlas Payot. 29/30. Lausanne: Payot o.J. (um 1950.) 47 S., 31
Farbtaf., 1 Bl. Mit 8 Abb. und 5 Photos. i.T. 8° (281)

679 —. Mein Pilzbuch. (12. Aufl., neubearb. von Werner Wasem.) =
Hallwag-Taschenbücherei. 10/11. Bern: Hallwag o.J. (um 1958.)
96 S. Mit 31 Farbtaf. und 3 Abb. i.T. 8° (278)

> Rez.: ZfP 26, 126: E.H. Benedix

680 —. Schweizer Pilzbuch. 11. Aufl. Bern: Hallwag (1951). VIII, 232
S. Mit 23 s.-w. Textabb. und farb. Abb. auf 40 Taf. 8° (1569)

681 —. Schweizer Pilzflora. Schlüssel zum Bestimmen der wichtigeren
in der Schweiz vorkommenden Blätterpilze. Bern: Hallwag o.J.
(um 1946.) VIII, 296 S. Mit 2 Farbtaf. i.T. und 110 (gez. 109)
Textfig. 8° (279)

> Rez.: SZP 24, 14-15: W. Arndt

Hagemann, Frank. Untersuchungen zur Fruchtkörperbildung bei
Lentinus tigrinus Bull. 1965. s. **Schwantes**, Hans Otto.

Hagström, Johan Fredrik. Monographia Cortinariorum Sueciae.
1851. Resp. s. **Fries**, Elias.

682 **Hahn, Gotthold.** Der Pilzsammler, oder Anleitung zur Kenntnis
der wichtigsten Pilze Deutschlands und der angrenzenden Länder.
Gera: Kanitz 1883. XI, 87 S. Mit 23 farb. doppels. Taf. mit 135
Abb. 8° (282).

> Krieger/Kelly, S. 97.-
> Biogr.: ZfP 21, Nr 14, 22-25 (m. Bibl.): E. Liebold

683 — —. 2., völlig umgearb. und vervollst. Aufl. Gera: Kanitz 1890.
XVI, 204 S. Mit 172 farb. Abb. auf 32 doppels. Taf. 8° (283)

> Krieger/Kelly, S. 252.-

684 — —. 3., verb. und verm. Aufl. Gera: Kanitz 1903. XXIII, 211 S.
Mit 176 farb. Abb. auf 32 doppels. Taf. 8° (284)

Hahnewald, Edgar. Champignons comestibles et vénéneux. 1961.
s. **Locquin**, Marcel.

—. Funghi. Um 1955. s. **Peyrot**, Alberto.

—. Mushrooms and toadstools in colour. 1961. s. **Hvass**, Else.

—. Soppene i farger. 1957. s. **Stordal**, Jens.

—. Svampar i färg. 1965. s. **Cortin**, Bengt.

Haidvogl, Anton. Pilzfibel. 1947. s. **Cernohorsky**, Thomas.

Halbsguth, Wilhelm. Grundlegende Versuche zur Keimungsphysiologie von Pilzsporen. 1957. s. **Sommer**, Liesel.

685 **Hall, B.M.** Uplysningar till historien om Lycoperdon truncatum Linn. (Aus: Kongl. Vetenskaps Acad. Nya Handlingar. Jan.-Mart. 1812. S. 1-9. Mit 1 gefalt. Kupfertaf.) (1228)

686 **Halle, Johann Samuel.** Die deutsche Giftpflanzen, zur Verhütung der tragischen Vorfälle in den Haushaltungen, nach ihren botanischen Kennzeichen und Heilmitteln, nebst dem Giftrepertorium der gesammten Natur und ihren Heilmitteln. Thl 2 (von 2). Berlin: Oehmigke 1793. Titel, 126 S. Mit 8 kolor. Kupfertaf. 8° (1169)

   Pritzel 3712.- Nissen, Suppl. 772 nb (gibt 1784 als Erscheinungsjahr für beide Teile an!).- Der vorliegende 2. Tl behandelt die Pilze.

687 **Haller, Karl Eberhard und Hans-Heinrich Fickler.** Waldbäume, Sträucher und Zwergholzgewächse. Mit verbreitungsgeschichtlichen und ökologischen Beiträgen von F.K. Hartmann. 5. völlig neu gest. Aufl. = Winters Naturwissenschaftl. Taschenbücher. 4. Heidelberg: Winter 1955. 259 S. Mit 96 Farbtaf. sowie 38 Abb. i.T. 8° (285)

Hamburgisches Kriegsversorgungsamt. Ausschuss für Volksernährung. s. **Unsere Pilze**. 1918

Hammaren, Nicanor. Öfver Vexternes Namn. 4. 1842. Resp. s. **Fries**, Elias.

Hammarström, And. August. Anteckningar öfver de i Sverige växande ätliga Svampar. 6. 1836. Resp. s. **Fries**, Elias.

Hammond, Catharine R. Twenty common Mushrooms and how to cook them. 1965. S. **Coffin**, George S.

Hanel, Josef. Gift- und Speisepilze und ihre Verwechslungen. 1921 u.ö. s. **Klein**, Ludwig.

—. Unsere Giftpilze und ihre eßbaren Doppelgänger. 1916 u.ö. s. **Schnegg**, Hans.

688 **Hard, Miron Elisha.** The Mushroom. Edible and otherwise. Its habitat and its time of growth. Columbus, Ohio: Ohio Libr. (1908.) XII, 609 S. Mit 2 Taf. und 504 Textabb. 8° (1230)

Krieger/Kelly, S. 98.-

Harder, Richard. s. **Lehrbuch der Botanik für Hochschulen.** 1958.

689 **Harmaja, Harri.** The genus Clitocybe <Agaricales> in Fennoscandia. (Aus: Karstenia. 10 (1969) S. 5-168. Mit 168 Abb.) (1069)

Rez.: ČM 24, 39: A. Pilát; WP 7, 111: H. Jahn; ZfP 35, 329-330: J. Raithelhuber

690 **Harper, Edward Thomson.** Additional Species of Pholiota, Stropharia and Hypholoma in the region of the Great Lakes. (Aus: Transactions of the Wisconsin Acad. of Sciences, Arts, and Letters. 18 (1916) S. 392-421. Mit 14 Taf.) (286)

Krieger/Kelly, S. 99.-

691 —. Species of Hypholoma in the region of the Great Lakes. (Aus: Transactions of the Wisconsin Acad. of Sciences, Arts, and Letters. 17 (1914) S. 1142-1164. Mit 13 Taf.) (287)

Krieger/Kelly, S. 99.-

692 —. Species of Pholiota of the region of the Great Lakes. (Aus: Transactions of the Wisconsin Acad. of Sciences, Arts, and Letters. 17 (1913) S. 470-502. Mit 32 Taf.) (289)

Krieger/Kelly, S. 99.-

693 —. Species of Pholiota and Stropharia in the region of the Great Lakes. (Aus: Transactions of the Wisconsin Acad. of Sciences, Arts, and Letters. 17 (1914) S. 1011-1026. Mit 9 Taf.) (288)

Krieger/Kelly, S. 99.-

694 **Harrison, K.A.** New or little known North American stipitate Hydnums. (Aus: Canadian Journal of Botany. 42 (1964) S. 1205-1233. Mit 13 Abb. auf 6 Taf.) (290)

Rez.: ZfP 30, 63: H. Kühlwein

695 **Hartmann, C.** Skandinaviens fornämsta ätliga och giftiga Svampar. Stockholm: Giron 1874. VII, 71 S. Mit 8 doppelblattgr. kolor. lithogr. Taf. 8° (291)

Krieger/Kelly, S. 100.-

Hartmann, Friedrich Karl. Waldbäume, Sträucher und Zwergholzgewächse. 1955. s. **Haller**, Karl Eberhard.

696 **— und Arthur Rühl.** Unsere Waldblumen und Farngewächse. 4.,
völlig neu gest. Aufl. Bd 1.2. = Winters Naturwissenschaftl.
Taschenbücher. 5.24. Heidelberg: Winter 1954-1956. 199 S. Mit
64 farb. und 8 s.-w. Taf. sowie 27 Textabb.; 215 S. Mit 64 farb.
Taf. sowie 44 Textabb. 8° (292). Die Farbtaf. von Margarete
Schrödter.

    Nissen, Suppl. 802 n.-

Hartmann, Hugo. Ich kenne die Pilze. Um 1962. s. **Merkl**,
Michael.

—. Kleine Pilzkunde. 1960-1962. s. **Merkl**, Michael.

697 **Harwerth, Willi.** Das kleine Pilzbuch. Einheimische Pilze nach
der Natur gezeichnet von Willi Harwerth. (Mit einem Nachw. von
Friedrich Schnack und Sandro Limbach. Neue, von Alfred Birkfeld überarb. Aufl.) = Insel-Bücherei. 503. (Leipzig:) Insel 1956.
2. Bl., 55 S. Mit 36 farb. Taf. i.T. 8° (293)

    Rez.: ZfP 22, 123-124: E.H. Benedix

698 **Harzer, Carl August Friedrich.** Naturgetreue Abbildungen der vorzüglichsten essbaren, giftigen und verdächtigen Pilze, mit besonderer Rücksicht auf die verschiedenen Altersstufen von der
ersten Entwickelung bis zum ausgebildeten Wachsthume. Bevorw.
von Ludwig Reichenbach. Dresden: Pietzsch 1842(-1845). IV S., 1
Bl. Reg., S. VI-X., 136 S. Mit 80 kolor. lithogr. Taf. und 1 s.-w.
lithogr. Taf. 4° (294)

    Brunet III, 55.- Graesse VII, 351.- Pritzel 3836.- Nissen 811.-
Raab, 54, 8.- Krieger/Kelly, S. 100.-

699 **Hasenöhrl, Rudolf und Julius Zellner.** Zur Chemie der höheren
Pilze. 15. Chemische Beziehungen zwischen höheren Pilzen und
ihrem Substrat. 2. (Aus: Sitzungsberichte der Akad. der Wissenschaften in Wien. Math.-Nat. Kl. 130 (1921) S. 479-499. Zugl.
aus: Monatshefte für Chemie. 43 (1922) S. 21-41. Mit 2 Abb. und
11 Tab.) (1319)

Hasselbach, Wilhelm. Interaction of phalloidin with actin. 1974.
s. **Lengsfeld**, Anneliese M.

—. In-Vitro Effect of phalloidin on a plasma membrane preparation from rat liver. 1972. s. **Govindan**, V.M.

Hausen, B.M. Allergy to the spores of Pleurotus Florida. 1974. s.
Schulz, K.H.

Hawksworth, D.L. Dictionary of the fungi. 1971. s. **Ainsworth**,
Geoffrey Clough.

700 —. Mycologist's Handbook. An introd. to the principles of taxo-
nomy and nomenclature in the fungi and lichens. Kew, Surrey:
Commonwealth Mycological Inst. 1974. 231 S. Mit 4 Tab. und 22
Abb. 8° (2038)

> Rez.: BSMF 91, 450: Ch. Zambettakis; ČM 29, 247-248: V.
> Holubová-Jechová; RM 39, 223-224: J.N.

701 **Hay, William Delisle.** An elementary Text-Book of British fungi.
London: Swan Sonnenschein, Lowrey & Co. 1887. VII, 238 S., 2
Bl. (erstes leer), 59 Taf., 1 Bl., 5 Taf. 8° (295)

> Krieger/Kelly, S. 100.-

702 **Hayne, Josef.** (85 farb. Aquarelle mit hs. Bezeichnung. Um 1790.)
4° (1231)
> Pritzel, S. 138.-

703 **Heilborn, Adolf.** Unsere Pilze. = Bücher des Wissens. 156.
Berlin, Leipzig: Hilger (1911). 90 S., 1 Bl. Mit 3 (statt 4) Farbtaf.
und 19 Textabb. 8° (296)

704 **Heilbronn, Alfred.** Speise- und Giftpilze. Ein Bestimmungsbuch
für Anfänger. Münster i.W.: Borgmeyer 1917. 48 S. Mit Abb. von
20 Arten auf 1 Falttaf. 8° (894)

> Rez.: PuK 5, 23: Spilger

705 **Heim, Roger.** Les Champignons. Tableaux d'un monde étrange.
Paris: Alpina (1948). 141 S., 1 Bl. Mit 6 Farbtaf. sowie 229 Textabb. 4° (298)

706 —. Les Champignons d'Europe. T. 1.2. Paris: Boubée 1957. 327
S. Mit 4 farb. und 20 s.-w. Taf. sowie 76 Textabb.; 572 S., 1 Bl.,
Farbtaf. 5-56 sowie Textabb. 77-332. 8° (299)

> Rez.: SZP 35, 162-163: J. Favre; WP 2, 13-14: H. Jahn; ZfP
> 25, 120-121: E.H. Benedix

707 **— und R. Gordon Wasson.** Les Champignons hallucinogènes du
Mexique. Paris (: Mus. Nat. d'Histoire Natur.) 1958. 322 S., 1 Bl.
Mit farb. Frontispiz, 36 (davon 16 farb.) Taf., 83 (davon 14 farb.)
Textabb. und 3 Falttab. 4° (302)

708 —. Les Champignons toxiques et hallucinogènes. Paris: Boubée
1963. 326 S., 1 Bl. Mit 3 Taf. und 40 Textabb. 8° (300)

> Rez.: BSMF 79, 131-132: P.O.; Fr 8, 76-77: G. Kovács; Sy 16,
> 388-389: F. Petrak

709 —. Le genre Inocybe. Préc. d'une introd. gén. à l'étude des
Agarics ochrosporés. = Encyclopédie Mycologique. 1. Paris:
Lechevalier 1931. 3 Bl., 429 S., 1 Bl. Mit 35 farb. Taf. und 220
(gez. 219) Textabb. 8° (297)

710 —. Les Lactario-Russulés du domaine oriental de Madagascar. =
Prodrome à une Flore Mycologique de Madagascar et Dépendances. 1. Paris: Laboratoire de Cryptogamie du Mus. Nat.
d'Histoire Natur. 1937. 196 S., 1 Bl. Mit 8 (davon 4 farb.) Taf.
und 59 Textabb. 8° (301)

711 —. Le Pleurote des Ombellifères en Iran. (Aus: Revue de Mycologie. 25 (1960) S. 242-247. Mit 1 Taf. i.T.) (1930)

—. Soma. 1968. s. **Wasson**, R. Gordon.

712 **Heinemann, P.** Les Amanitées. = Les Champignons de Belgique.
Brüssel: Les Naturalistes Belges 1949. 15 S., 1 Farbtaf. mit 17
Abb. 8° (304)

713 — —. 3e éd. Brüssel: Les Naturalistes Belges 1964. 22 S., Mit 1
Textfig., 3 photogr. Abb. i.T. und 2 Farbtaf. 8° (305)

   Rez.: WP 5, 46: H. Jahn

714 —. Les Bolétinées. (Aus: Bulletin des Naturalistes Belges. 42
(1961) S. 333-362. Mit 1 Farbtaf., 3 Photos i.T. und 5 Textfig.)
(306)

   Rez.: WP 3, 51: H. Jahn; ZfP 28, 67: E.H. Benedix

715 —. Clé pratique des genres d'Agaricales. = Les Champignons de
Belgique. (Aus: Bulletin des Naturalistes Belges. 1947. 16 S., 1 Bl.
Mit 154 Abb. auf 2 Taf. i.T.) (303)

716 —. Les Lactaires. 2e éd. (Aus: Bulletin des Naturalistes Belges. 41
(1960) S. 133-156. Mit 3 Abb. und 1 Figurentaf. i.T.) (307)

   Rez.: WP 2, 103: H. Jahn

717 —. Les Landes à Calluna du district Picardo-Brabançon de Belgique. (Aus: Vegetatio. Acta Geobotanica. 7 (1956) S. 99-147. Mit 13
Tab., 14 Textfig. und 6 photogr. Abb. i.T.) (852)

718 —. Les Russules. 4e éd. Brüssel: Les Naturalistes Belges 1962.
46 S. Mit 1 Farbtaf. sowie 3 Photos i.T. und 22 Abb. auf 1 Taf.
i.T. 8° (308)

   Rez.: BSMF 79, 511: H. Romagnesi; WP 5, 16: H. Jahn

719 **Heltmann, Heinz und Hans Fink.** Contribuţii la biologia, ecologia
şi răspîndirea speciei Waldsteinia ternata (Steph.) Fritsch în Ţara
Bîrsei. (Aus: Soc. de Ştiinţe Biologice din R.S. România. Comunicări de Botanică. 12 (1971) S. 263-278. Mit 6 Abb. und 3 - davon 1
gef. - Tab.) (1460)

720 — —. Despre o nouă Localitate cu Cyclamen purpurascens
în R.S. România. (Aus: Soc. de Ştiinţe Biologice din R.S. România. Comunicări de Botanică. 12 (1971) S. 239-245. Mit 1 Faltkt.
und 3 Abb.) (1488)

721 **Henderson, Douglas Mackay, P.D. Orton und Roy Watling.** British Fungus Flora. Agarics and Boleti: Introduction. Edinburgh: Her Majesty's Stationary Office 1969. 2 Bl., 58 S., 1 gefalt. Farbbestimmungstaf. Mit Abb. 8° (1232)

> Rez.: ČM 24, 120: A. Pilát; MOeMG 115, 1971: F. Petrak; MyM 16, 64-66: H. Kreisel: Pe 6, 292-293: R.A. Maas Geesteranus; Sy 23, 286-287: F. Petrak; ZfP 36, 202-203: M. Moser

Hennig, Bruno. Führer für Pilzfreunde. 1927. s. **Michael**, Edmund.

> Biogr.: MyM 12, 64-66 (m. Portr.): M. Herrmann; 17, 61-62 (m. Portr.): M. Herrmann; SPRd 5, H. 1, 16 (m. Portr.):-; 8, H. 2, 16: H. Steinmann; SZP 46, 49-50 (m. Portr.): K. Lohwag; WP 7, 72: H. Jahn; ZfP 34, 108-110 (m. Portr.): M. Moser; 38, 180-182 (m. Portr.): M. Moser

—. Führer für Pilzfreunde. Volksausgabe. 1939 u.ö. s. **Michael**, Edmund.

—. Handbuch für Pilzfreunde. 1958-1975 u.ö. s. **Michael**, Edmund.

722 **— und H.G. Amsel.** Morcheln und Lorcheln. Frühlingskünder auf der Speisekarte. (Aus: Kosmos. 49 (1953) S. 155-158. Mit 6 Abb.) (1482)

723 —. Pilzgerüche. (Aus: Kosmos. 50 (1954) S. 432-433. Mit 2 Taf.) (1509)

724 —. Praktische Täublingstabelle. (Berlin-Südende) o.J. (um 1947.) 2 Bl. (310)

725 —. Taschenbuch für Pilzfreunde. Jena: G. Fischer 1964. 201 S. Mit 123 farb. Abb. auf 64 Taf. i.T. 8° (309)

> Rez.: ČM 18, 247-248: A. Pilát; MOeMG 92, 1964: K. Lohwag; MyM 8, 61: M. Herrmann; Sy 17, 333: F. Petrak; SZP 42, 111: J. Peter

726 — —. 2., überarb. und erw. Aufl. Jena: G. Fischer 1966. 227 S. Mit 125 farb. Abb. auf 67 Taf. i.T. 8° (853)

> Rez.: ČM 21, 121: A. Pilát; MOeMG 101, 1967: K. Lohwag; MyM 11, 27-28: M. Herrmann; Sy 20, 372-373: F. Petrak

727 — —. 5. Aufl. Jena: G. Fischer 1973. 232 S. Mit 125 farb. Abb. auf 67 Taf. i.T. und 5 Bestimmungstab. 8° (1552)

728 — —. 6. Aufl. Stuttgart: G. Fischer 1975. 228 S. Mit 125 farb. Abb. auf 67 Taf. i.T. und 5 Bestimmungstab. 8° (2036)

Hennings, P. Die natürlichen Pflanzenfamilien. Tl 1, Abt. 1 1900. s. **Engler**, Adolf.

Henry, Aimé. Das System der Pilze. 1837. s. **Nees** von Esenbeck, Theodor Friedrich Ludwig.

Herb.-I.-M.-I.-Handbook. s. **Commonwealth Mycological Inst.**

729 **Herpell, G.** Das Präpariren und Einlegen der Hutpilze für das Herbarium. (Aus: Verhandlungen des Naturhistorischen Vereins der Preussischen Rheinlande und Westfalens. 37. 1880. 60 S. Mit 1 kolor. lithogr. Taf. und 1 Taf. in Lichtdr.) (311)

730 **Herrmann, Emil.** Die Pilzsprache. = Dt. Pilzbücherei. 2. Heilbronn: Pilz- und Kräuterfreund (1920). 43 S. Mit 92 Abb. 8° (312)

    Rez.: PuK 3, 261: Heyne

731 —. Täublings-Bestimmungs-Tabelle. 2., verb. Aufl. = Dt. Pilz-Bücherei. 1. Heilbronn: Pilz- und Kräuterfreund (1920). 24 S. Mit 7 Abb. 8° (313)

732 —. Welche Pilze sind essbar? Wichtigstes Ergänzungswerk zu allen bisher erschienenen Pilzwerken. Heilbronn: Pilz- und Kräuterfreund (1921). 192 S. 8° (1529)

Herschel, Kurt. Morphologisch-anatomische Bildtafeln für die praktische Pilzkunde. 1961-1968. s. **Birkfeld**, Alfred.

—. Die Blätterpilze des nordwestlichen Sachsens. 1952. s. **Buch**, Richard.

—. Pilze. Eßbar oder giftig? 1964. s. **Birkfeld**, Alfred.

—. Unsere Pilze. 1963. s. **Böhme**, Friedrich.

—. Die wichtigsten Pilze in der Natur und im Haushalt. 1949. s. **Buch**, Richard.

733 **Herter, Guillermo.** Champignons comestibles <Fungi edules>. Paris: Lechevalier 1951. VI, 202 S., 1 Bl. Mit 1020 Abb. auf 101 Taf. i.T. 8° (314)

    Rez.: ZfP 21, Nr 14, 26: M. Moser

734 **Herzfeld, F. und Karl Esser.** Die Phenoloxydasen des Ascomyceten Podospora anserina. 4: Reinigung und Eigenschaften der Tyrosinase. (Aus: Archiv für Mikrobiologie. 65 (1969) S. 146-162. Mit 2 Tab. und 9 Abb.) (1861)

735 **Hesler, Lexemuel Ray.** Mushrooms of the Great Smokies. Knoxville: Univ. of Tennessee Pr. (1960.) XII, 289 S. Mit Abb. 8° (315)

736 **— und Alexander Hanchett Smith.** North American Species of Crepidotus. New York, London: Hafner 1965. 2 Bl., 168 S., 1 Bl. Mit 33 Abb. auf 9 Taf. und 205 Textabb. 8° (317)

Rez.: BSMF 81, 705: H. Romagnesi; MOeMG 100, 1966: K. Lohwag; Sy 19, 290-292: F. Petrak; ZfP 32, H. 3/4, 43-44: M. Moser

737 — —. North American Species of Hygrophorus. Knoxville: Univ. of Tennessee Pr. 1963. XIV S., 1 Bl., 416 S. Mit 126 Abb. 8° (316)

Rez.: ČM 17, 213: K. Cejp; Pe 3, 368-369: C. Bas; Sy 16, 387-388: F. Petrak; SZP 43, 61: M. Moser; ZfP 31, 71-72: A. Bresinsky

738 **Hesmer, Herbert und Jürgen Meyer.** Waldgräser. 3., neubearb. Aufl. Hannover: Schaper 1959. 128 S. Mit 6 Textabb. und 308 Lichtbildern auf 64 Taf. 8° (318)

Rez.: WP 2, 29: H. Jahn

739 **Hesse, Rudolph.** Die Hypogaeen Deutschlands. Natur- und Entwicklungsgeschichte, sowie Anatomie und Morphologie der in Deutschland vorkommenden Trüffeln und der diesen verwandten Organismen. Bd 1.2 in 1. Halle: Hofstetter 1891-1894. (1: Hymenogastreen. 1891) 6 S., 2 Bl., S. 7-133; (2: Tuberaceen, Elaphomyceten. 1894) IV (false VI) S., 2 Bl., 140 S. Mit 1 Tab. und 22 (davon 8 farb.) lithogr. Taf. 4° (319)

Nissen 865.- Krieger/Kelly, S. 105.-

740 **Heufler, Ludwig von Hohenbühel.** Enumeratio cryptogamarum Italiae Venetae. (Aus: Verhandlungen der Zoologisch-Botanischen Ges. Wien. 21 (1871-1872) S. 226-374.) (321)

ADB L, 438-440.- NDB IX, 40-41.-

Heunert, H.H. Zur Oidienbildung bei Flammulina velutipes (Curt. ex Fr.) Sing. 1971. s. **Eger**, Gerlind.

741 **Heywood, Vernon Hilton.** Taxonomie der Pflanzen. Stuttgart: G. Fischer 1971. 112 S. Mit 4 Taf., 17 Textabb. und 3 Tab. i.T. 8° (1233)

742 **Hilber, O.** Fundliste. Jubiläumstagung der Dt. Ges. für Pilzkunde zu Regensburg. (Aus: Zeitschrift für Pilzkunde. 39 (1973) S. 165-170.) (1471)

743 — —. Indol als Hauptkomponente des Geruches einiger Tricholoma-Arten und von Lepiota Bucknallii. (Aus: Zeitschrift für Pilzkunde. 34 (1968) S. 153-157. Mit 3 Abb.) (1473)

744 **Hinterthür, Ludwig.** Hallimasch und Butterpilze. Allerlei Pilzvolk, schön, eßbar und gefährlich. (Leipzig:) Wunderlich (1951). 74 S. Mit 16 Taf. mit farb. Abb. 8° (1089)

Biogr.: MyM 14, 31-32 (m. Portr.): R. Holzhey
Rez.: ZfP 21, Nr 13, 27: E.H. Benedix

745 —. Praktische Pilzkunde. Ein Führer durch unsere häufigeren eßbaren und schädlichen Pilze mit Anleitung zum Sammeln, zur Pilzkultur, Verwendung im Haushalte, nebst Pilzkalender u. dgl. 2., verb. Aufl. Braunschweig: Amthor (1907). XIX, 99 S. Mit 70 farb. Abb. auf 35 Taf. 8° (1234)

    Rez.: ZfP 3, 85-86:- (3. Aufl.)

746 **Hintikka, Veikko.** Acetic Acid Tolerance in wood- and litter-decomposing Hymenomycetes. (Aus: Karstenia. 10 (1969) S. 177-183. Mit 1 Abb. und 1 Tab.) (1070)

747 —. Psychrophilic Basidiomycetes decomposing forest litter under winter conditions. = Metsäntutkimuslaitoksen Julkaisuja. 59, 2. Helsinki 1964. 20 S. Mit 3 Tab. und 10 Abb. 8° (1932)

    —. The Development of a microbial population in decomposing forest litter. 1956. s. **Mikola**, Peitsa.

748 —. Passive Entry of fungus spores into wood. (Aus: Karstenia. 13 (1973) S. 5-8. Mit 2 Abb.) (1742)

749 —. Notes on the ecology of Armillariella mellea in Finland. (Aus: Karstenia. 14 (1974) S. 12-31. Mit 18 Abb. und 1 Tab.) (1743)

750 —. Notes on the effects of the fungus Hydnellum ferrugineum (Fr.) Karst. on forest soil and vegetation. = Metsäntutkimuslaitoksen Julkaisuja. 62, 2. Helsinki 1967. 22 S., 1 Bl. Mit 6 Tab. und 12 Abb. 8° (1933)

751 —. Wind-induced Root Movements in forest trees. = Metsäntutkimuslaitoksen Julkaisuja. 76, 2. Helsinki 1972. 56 S. Mit 1 Tab. und 35 Abb. 8° (1934)

Hirmer, Max. Die Pilze. 1972. s. Viola, Severino.

752 **Hisinger, Eduard Victor Eugène.** Kalle Skog Swamphuggare, eller anwisning till de matnyttiga swamparnes igenkännande och anwändande. Åbo: Frenckellska boktr. 1862. 15 S. Mit 9 (Nr 8 und 9 als Repr.) handkolor. lithogr. Taf. 8° (356)

    Bygdén II, 941.-

753 —. Sieni-Kirja; eli sieni-kallen oswiitta tuntemaan ja käyttämään syötäwiä sieniä. Tutussa: Frenckellin kirjapainossa 1863. 14 S., 1 Bl. Mit 9 kolor. lithogr. Taf. 8° (1025)

Hodges, C.S. s. **Fomes annosus**.

Höfler, Karl. Käfer und Pilze. 1948. s. **Scheerpeltz**, Otto.

754 —. Pilzsoziologie. (Aus: Berichte der Dt. Botanischen Ges. 55 (1938) S. 606-622.) (320)

Rez.: ÖZP 2, 125: Swoboda

755 **Höhn, H. und Hans Otto Schwantes.** Anzucht von Pilzmyzelien auf Polyäthylen- und Sarangeweben für zellphysiologische Untersuchungen. (Aus: Zeitschrift für Wissenschaftl. Mikroskopie und Mikroskopische Technik. 70 (1970) S. 33-38. Mit 4 Abb.) (1783)

756 **Höhnel, Franz von.** Fragmente zur Mykologie. Mitteilung 1-24 (von 25, nebst) Generalindex Mitteilung 1-18. (Aus: Sitzungsberichte der Kaiserl. Akad. der Wissenschaften in Wien. Math.-Nat. Kl. Bd 111-129.) Wien: Hölder in Komm. 1902-1920. 70 S.; 47 S. Mit 2 Textabb.; 80 S. Mit 1 Taf.; 33 S.; 48 S. Mit 4 Taf. und 3 Textabb.; 178 S. Mit 1 Taf. und 35 Textabb.; 92 S. Mit 3 Textabb.; 90 S. Mit 2 Taf. und 1 Textabb.; 106 S.; 86 S. Mit 2 Taf. und 7 Textabb.; 55 S. Mit 7 Textabb.; 107 S. Mit 32 Textabb.; 111 S.; 112 S.; 70 S. Mit 19 Textabb.; 47 S. Mit 1 Textabb.; 65 S.; 86 S.; 91 S.; 48 S.; (Generalindex:) 69 S. 8° (1583)

NDB IX, 320.- Krieger/Kelly, S. 106 (nur einige Hefte).- Biogr.: ZfP 19, 108-110: S. Killermann

Hök, C.T. Boleti, fungorum generis, Illustratio. 1835. Resp. s. **Fries**, Elias.

Höök, Conrad. Monographia Clitocybarum Sueciae. P. 3. 1854. Resp. s. **Fries**, Elias.

757 **Hörmann, Bernhard.** Speise- und Giftpilze. 42 essbare und 12 giftige oder ungeniessbare Pilze. = Heil- und Nährkräfte aus Wald und Flur. 5. München: Franz (1939). 1 Bl., 54 Taf. mit farb. Pilzabb. 8° (1530)

758 **Hoffmann, Georg Franz.** Abbildungen der Schwämme. Unter Mitarb. von Chr. H. Persoon. Gez. und gest. von Jacob Sturm und J.G. Klinger. H. 1.2. (von 4). (Berlin: Pauli) 1790-1791. Je H. 2 Bl. und 10 kolor. Kupfertaf. 4° (774)

Biogr.: ZfP 12, 54-60: O. Schmid

759 **Hoffmann, Hermann.** Icones analyticae fungorum. Abbildungen und Beschreibungen von Pilzen mit bes. Rücks. auf Anatomie und Entwicklungsgeschichte. H. 1-4 in 1 Bd. Giessen: Ricker 1861-1865. 2 Bl., 31 S.; Titel, S. 33-56, 1 Bl. (Inhaltsverz.); 2 Bl. (Titelei), S. 57-78, 1 Bl. (Inhaltsverz.); 2 Bl. (Titelei), S. 79-105, 1 Bl. (Inhaltsverz.) Mit insgesamt 24 Kupfertaf. Fol. (922)

Pritzel 4146.- Nissen 898.- ADB L, 412-416.- NDB IX, 424-

425.- Krieger/Kelly, S. 106.- Aus der Bibliothek von Elias Fries.

Hofsten, Angelica von. Continuous liquid Culture of the fungus Ophiostoma multiannulatum. 1953. s. **Hofsten**, B. von.

760 — **und Nils Fries.** Some Problems concerning the cell differentiation of the fungus Ophiostoma multiannulatum. (Aus: The Swedish Cancer Soc. Yearbook. 3 (1963?) S. 132-134. Mit 2 Abb.) (2027)

761 —. The Ultrastructure of mycorrhiza. 1. (Aus: Svensk Botanisk Tidskrift. 63 (1969) S. 455-464. Mit 10 Taf.) (1416)

762 **Hofsten, B. von, Angelica von Hofsten und Nils Fries.** Continuous liquid Culture of the fungus Ophiostoma multiannulatum. (Aus: Experimental Cell Research. 5 (1953) S. 530-535. Mit 3 Abb.) (1745)

763 **Hollós, Ladislaus.** Gasteromycetes Hungariae. Die Gasteromyceten Ungarns. 1.2. Leipzig: Weigel 1904. 278 S. Mit 31 (gez. 29, davon 23 farb.) Taf. Fol. (322)

   Nissen 905.- Krieger/Kelly, S. 107 (210 S.!).-

764 —. Magyarország földalatti gombái, szarvasgombaféléi. <Fungi hypogaei Hungariae>. Budapest: Kiadja A K.M. Természettudományi Társulat 1911. XII, 248 S. Mit 1 Faltkt., 5 kolor. Taf. mit je 1 Bl. erl. Text und Textfig. 4° (959)

765 **Holm, Thora.** Svamprätter. Plockning, rensning, tillagning, konservering, torkning, djupfrysning. Stockhom: Aldus, Bonnier 1965. 78 S. Mit Abb. 8° (323)

Hongo, Tsuguo. Coloured Illustrations of fungi of Japan. 1957. s. **Imazeki**, Rokuya.

766 **Hooker, William Jackson.** Flora Scotica, or a description of Scottish plants, arranged both according to the artificial and natural methods. P. 1.2. London: Hurst, Robinson & Co.; Edinburg: Constable 1821. X S., 1 Bl., 292 S.; 2 Bl., 297 S., 3 Bl. 8° (1994)

   Brunet III, 301 (mit Portr. und 3 Taf.!).- Graesse III, 344 (mit Portr. und 23 Taf.!).- Pritzel 4212 (erwähnt keine Taf.).- Nouv. biogr. gén. XXV, 120-122.-

Hopp, Werner. Unsere Pflanzenwelt. 1951. s. **Krause**, Ernst.

Hora, Frederick Bayard. New Check List of British Agarics and Boleti. 1060. s. **Dennis**, Richard William George.

—. A Guide to mushrooms and toadstools. 1963. s. **Lange**, Morten.

767 **Horak, Egon.** Fragmenta mycologica. 6. Bemerkungen zu Hydrocybe turibulosa Schäffer & Horak sp. n. und Rhodophyllus platyphylloides Romagn. 1955. (Aus: Schweizerische Zeitschrift für Pilzkunde. 49 (1971) S. 113-117. Mit 1 farb. Taf. und 4 s.-w. Textabb (1814)

768 —. Fungi Austroamericani. 1. Tricholoma (Fr.) Quélet. (Aus: Sydowia. 17 (1964) S. 153-167. Mit 9 Taf.) (1989)

769 — —. 2. Pluteus Fr. (Aus: Nova Hedwigia. 8 (1964) S. 163-199. Mit 20 Taf.) (1002)

770 — —. 3. Rhodogaster gen. nov., a new link from Chile towards the Rhododyllaceae. (Aus: Sydowia. 17 (1964) S. 190-192. Mit 1 Abb.) (1988)

771 — —. 5. Beitrag zur Kenntnis der Gattungen Hysterangium Vitt., Hymenogaster Vitt., Hydnangium Wallr. und Melanogaster Cda. in Südamerika <Argentinien, Uruguay>. (Aus: Sydowia. 17 (1964) S. 197-205. Mit 7 Abb.) (1987)

772 — —. 6. Beitrag zur Kenntnis der Gattungen Martellia Matt., Elasmomyces Cav. und Cystangium Sing. & Smith in Südamerika. (Aus: Sydowia. 17 (1964) S. 206-213. Mit 4 Abb.) (1986)

773 — —. 7. Hypogaea gen. nov., aus dem Nothofagus-Wald der patagonischen Anden. (Aus: Sydowia. 17 (1964) S. 297-301. Mit 1 Abb.) (1985)

774 — **und Meinhard Moser.** Fungi Austroamericani. 8. Über neue Gastrobolateceae aus Patagonien: Singeromyces Moser, Paxillogaster Horak und Gymnopaxillus Horak. (Aus: Nova Hedwigia. 10 (1965) S. 329-338. Mit 3 Taf.) (1889)

775 —. Fungi Austroamericani. 9. Beitrag zur Kenntnis der Gattungen Gautieria Vitt., Martellia Matt. und Octavianina Kuntze in Südamerika <Chile>. (Aus: Sydowia. 17 (1964) S. 308-313. Mit 3 Abb.) (1984)

776 — —. 11. Crepidotus Kumm. <1871.> (Aus: Nova Hedwigia. 8 (1964) S. 333-346. Mit 2 Taf.) (1944)

777 — **und Meinhard Moser.** Fungi Austroamericani. 12. Studien zur Gattung Thaxterogaster Singer. (Aus: Nova Hedwigia. 10 (1965) S. 211-241. Mit 6 Taf. und 1 Textabb.) (1888)

778 —. Synopsis generum Agaricalium. <Die Gattungstypen der Agaricales.> = Beiträge zur Kryptogamenflora der Schweiz. 13. Wabern bei Bern: Büchler 1968. 741 S. Mit Abb. 4° (977)

Rez.: ČM 23, 144: A. Pilát; MyM 16, 69: H. Kreisel; SPRd 5,

H. 2, 9: J. Raithelhuber; Sy 21, 326-328: F. Petrak; SZP 46, 138-139: J. Peter; 48, 131: R. Hotz; WP 8, 39: H. Jahn; ZfP ˆˇ, 187-189: M. Moser

779 —. Pilzökologische Untersuchungen in der subalpinen Stufe <Piceetum subalpinum und Rhodoreto-Vaccinietum> der Rätischen Alpen <Dischmatal, Graubünden>. Gebirgsprogramm, 1. Beitrag. = Mitteilungen der Schweizerischen Anst. für das Forstl. Versuchswesen. 39,1. Birmensdorf 1963. 112 S., 1 Bl. Mit 4 Kt., 7 Taf. sowie 2 ganzs. Photos und 8 Abb. i.T. 8° (324)

   Rez.: SZP 41, 194-195: C. Furrer-Ziogas

780 **Hosono, Shunzo.** Shokuyo-kinoko no jinko-saibai. (Artificial cultivation of edible fungi.) Tokio 1949. 256 S. Mit 15 Abb. auf 8 Taf. 8° (2043)

781 **Hosp, Franz.** Die Rauschdroge des Nordens. (Aus: Kosmos. 71 (1975) S. 346-351. Mit 1 Abb.) (1943)

Huber, J. Schlüssel für die Gattung Hygrophorus <Agaricales> nach Exsikkatenmerkmalen. 1967. s. **Bresinsky**, Andreas.

782 **Hübsch, Peter.** Reinkulturen von Boletazeen. Als Beitrag zu ihrer Diagnostizierung. (Dissertation Jena.) Jena 1962. 4 Bl., 125 gez. Bl., 1 Bl. Mit 16 (davon 10 außerhalb des Textes) Tab. und 43 (davon 31 mit je 1 Bl. erkl. Text) Taf. mit Abb. 4° (854)

783 **Huhnke, Walter und Reinhold von Sengbusch.** Die Bedeutung der Temperatur bei der Kultur des Champignons insbesondere beim "TILL-Verfahren". (Aus: Die Gartenbauwissenschaft. 32 (1967) S. 387-398. Mit 6 Abb. und 2 Tab.) (898)

784 — —. Champignonanbau auf nicht kompostiertem Nährsubstrat. (Aus: Mushroom Science. 7 (1969) S. 405-419. Mit 5 Abb.) (1426)

   Rez.: BSMF 86, 304: Ch. Zambettakis

785 —. Champignonkultur auf nicht kompostiertem Nährsubstrat. Vorläufige Mitteilung. (Aus: Die Gartenbauwissenschaft. 33 (1968) S. 75-76.) (895)

786 —. Modern Mushroom Farming. (Aus: Science Journal. 6 (1970) S. 62-66. Mit 6 Abb.) (1880)

787 —, **Gertraud Lemke und Reinhold von Sengbusch.** Die III. Phase der Entwicklung des Champignon-Anbauverfahrens auf nicht kompostiertem sterilen Nährsubstrat. (Aus: Die Gartenbauwissenschaft. 32 (1967) S. 485-502. Mit 16 Abb. und 2 Tab.) (896)

Naturgetreue

Abbildungen und Beschreibungen

der

essbaren, schädlichen und verdächtigen

Schwämme

von

J. V. KROMBHOLZ,

Doctor der Medicin, k. k. öffentlichem ordentlichem Professor, ehedem der Staatsarzneikunde, gegenwärtig der praktischen Medicin an der Karl-Ferdinands-Universität, Primärarzte des k. allgemeinen Krankenhauses, Vorsteher des Waisenhauses bei Johann d. T., Physikus des Taubstummeninstituts zu Prag, ordentlichem Mitgliede der k. böhmischen Gesellschaft der Wissenschaften, Ehrenmitgliede des böhmischen Nationalmuseums, Mitgliede der k. Universität zu Pesth etc., korrespondirendem Mitgliede der medic. chirurg. Societät zu Berlin etc., d. z. Universitätsrektor und Vicekanzler.

Erstes Heft.

PRAG, 1831.

In Commission in der J. G. CALVE'schen Buchhandlung.

Gedruckt bei Carl Wilhelm Medau in Leitmeritz.

Zu Nr. 902

DE SPONTANEO
VIVENTIVM ORTV
Libb: Quatuor,

In quibus de generatione animantium, quæ vulgo ex putri exoriri dicuntur,
accurate aliorum opiniones omnes primum examinantur: cauſſæ
ſingulæ propoſiti deinde cum generatim, tum etiam
ſpeciatim ex rei natura deteguntur;

*Patefacto præſertim Efficiente proximo vniuoco eorum, quæ in fungorum, plantarum,
Zoophytorum, & animalium genere Sponte naſcuntur:*

Cunctæque demum e traditis emergentes difficultates enddantur, quæſtioneſque determinantur:
admirabilium euentuum cauſſis paſſim explicatis; & illuſtrium ſcriptorum
locis obſcuriſſimis explanatis:

AVTOR

FORTVNIVS LICETVS GENVENSIS

Philoſophus Medicus Olim Piſis, nunc in Patauino Lyceo
Philoſophiam prima hora veſpertina primo loco Docens

AMPLISSIMO SENATORI VENETO
LAVRENTIO IVSTINIANO

Heroi vere magnanimo
Dedicauit.

VICETIÆ, Ex TYPOGRAPHIA DOMINICI AMADEI.
APVD FRANCISCVM BOLZETAM BIBLIOPOLAM PATAVINVM.
Annuentibus Superioribus. M DC XVIII.

788 — — —. The IIIrd Stage in the development of the procedure for cultivating mushrooms on non-composted, sterile substrate. (Aus: Mushroom News. 16, no 9 (Nov./Dec. 1968) S. 7-19. Mit 8 Tab. und 10 Abb.) (1424)

789 —. Der Stand der Entwicklung des Champignon-Anbauverfahrens mit nicht kompostiertem Nährsubstrat <Huhnke-Verfahren> und seine derzeitigen Anwendungsmöglichkeiten. (Aus: Der Champignon. Nr 113. Jan. 1974. 7 Bl. Mit 4 Tab. und 4 Abb.) (1425)

790 —, **Gertraud Lemke und Reinhold von Sengbusch.** Sterilisation von Nährböden mit Äthylenoxid für die Kultur von Champignons. Vorläufige Mitteilung. (Aus: Die Gartenbauwissenschaft. 31 (1966) S. 507-511. Mit 3 Abb.) (897)

791 —. Die Weiterentwicklung des Champignonanbauverfahrens auf nicht kompostiertem Nährsubstrat. (Aus: Mushroom Science. 8 (1972) S. 503-515. Mit 8 Tab. und 1 Abb.) (1328)

792 —, **Gertraud Lemke und Reinhold von Sengbusch.** Die Weiterentwicklung des Tillschen Champignon-Kulturverfahrens auf nicht kompostiertem sterilem (!) Nährsubstrat. <Zweite Phase.> (Aus: Die Gartenbauwissenschaft. 30 (1965) S. 189-207. Mit 8 Abb. und 3 Tab.) (1427)

793 **Hultgren, Britta, Bengt Kihlman und Nils Fries.** Antagonists to the caffeine-inhibition of fungal growth. (Aus: Physiologia Plantarum. 8 (1955) S. 493-500. Mit 3 Tab. und 2 Abb.) (1746)

Humble, Olav Hjalmar. Monographia Cortinariorum Sueciae. 1851. Resp. s. **Fries**, Elias.

794 **Hunte, Wilhelm.** Champignon-Anbau im Haupt- und Nebenerwerb. 4., vollst. neu bearb. Aufl. Berlin, Hamburg: Parey 1958. 120 S. Mit 78 Abb. 8° (325)

795 — —. 6., neubearb. Aufl. Berlin, Hamburg: Parey 1966. 126 S. Mit 83 Abb. 8° (326)

   Rez.: MOeMG 100, 1966: Lohwag

796 — —. 7., neubearb. Aufl. Berlin, Hamburg: Parey 1973. 120 S. Mit 85 Abb. 8° (2030)

Husemann, Theodor. Die Pilze in ökonomischer, chemischer und toxikologischer Hinsicht. 1867. s. **Boudier**, Émile.

797 **Hvass, Else und Hans Hvass.** Mushrooms and toadstools in colour. (A.d. Dän. durch Vera Higgins. Mit Illustr. von Edgar Hahnewald.) London: Blandford 1961. 156 S. Mit 3 s.-w. Taf. i.T. und 343 farb. Abb. auf 96 Taf. i.T. 8° (327)

Hvass, Hans. Mushrooms and toadstools in colour. 1961. s. **Hvass**, Else.

798 **Imazeki, Rokuya und Tsuguo Hongo.** Coloured Illustrations of fungi of Japan. Osaka: Hoikusha 1957. VIII, 181 S., 3 Bl. Mit 406 farb. Abb. auf 68 Taf. und 45 s.-w. Abb. auf 8 Taf. sowie Textfig. 8° (328)

    Rez.: ČM 20, 130: A. Pilát

—. s. **Nippon no kinoko**. (Mushrooms of Japan.) 1975.

799 **Imbach, Emil. J.** Unsere Morcheln. Aarau: Verband Schweizerischer Vereine für Pilzkunde 1968. 61 S. Mit 19 Bildtaf. i.T. 8° (1005)

    Biogr.: SZP 45, 37-39; 48, 152-153 (m. Portr.): C. Furrer-Ziogas
    Rez.: MOeMG 109, 1969: K. Lohwag; SPRd 6, H. 1, 18: J. Raithelhuber; SZP 47, 95-96: J. Peter

800 —. Pilzflora des Kantons Luzern und der angrenzenden Innerschweiz. (Aus: Mitteilungen der Naturforschenden Ges. Luzern. H. 15. 1946. 85 S. Mit 1 Abb.) (329)

    Rez.: SZP 24, 74-75: O. Schmid

Indest, Helmut. Über die Inhaltsstoffe des grünen Knollenblätterpilzes. 45. 1974. s. **Wieland**, Theodor.

801 **Ingelström, Einar.** Svampflora. (Stockholm:) Nordisk Rotogravyr (1940). 216 S., 1 Bl., XVI S. (Reg.). Mit 126 Abb. auf 64 Taf. 8° (330)

—. Svamp-Katekes. 1936. s. **Palm**, Björn.

802 **Ingold, Cecil Terence.** Dispersal in fungi. (From corrected sheets of the 1st ed.) Oxford: Clarendon Pr. 1960. VI S., 1 Bl., 206 S., 1 Bl. Mit 8 photogr. Taf. und 90 Textabb. 8° (331)

803 **International code of botanical nomenclature.** (Code intern. de la nomenclature botanique.) Adopted by the Ninth Intern. Botanical Congress, Montreal, August 1959. Prep. and ed. by J. Lanjouw (u.a.). Utrecht: Intern. Bureau for Plant Taxonomy and Nomenclature 1961. 372 S. 8° (332)

International Conference, Third, on Fomes annosus. Aarhus, Denmark July 29-Aug. 3, 1968. s. **Fomes annosus**.

804 **International Rules of Botanical Nomenclature.** Adopted by the Intern. Botanical Congresses of Vienna, 1905, and Brussels, 1910, rev. by the Intern. Botanical Congress of ,Cambridge, 1930. Pre-

pared by John Briquet. 3rd ed. Jena: G. Fischer 1935. XI, 151 S.
8° (333). Text in Engl., Franz. und Dt.

Internationales Mykorrhizasymposium. Weimar 1960. s. **Mykorrhiza.**

805 **Inzenga, Guiseppe.** Funghi Siciliani. Centuria 1.2. Palermo: Lao
1869-1879. 95 S. Mit 8 farb. lithogr. Taf. und 4 Textabb.; 79 S.
Mit 9 (statt 10) farb. lithogr. Taf. 4° (334)

Pritzel 4436.-

806 **Istvánffi, Guyla de.** A Clusius-Codex mykologiai méltatása ada-
tokal Clusius életrajzához. Études et commentaires sur le code de
l'Escluse augmentées de quelques notices biographiques. Budapest: Autor 1900. 6 Bl., 287 S. Mit 89 kolor. lithogr. Taf. (gez. 86)
und 22 Textabb. Fol. (945)

Lütjeharms, S. 9.- Krieger/Kelly, S. 111 (hat sich vom Autor
bestätigen lassen, daß es sich bei dem Beigabenhinweis auf
dem Titel "Mit 91 Taf." um einen Druckfehler handelt).-

807 —. Sterbeeck's Theatrum fungorum im Lichte der neueren
Untersuchungen. (Aus: Botanisches Zentralblatt. 59 (1894) S. 385-
404.) (1060)

Ivanov, V.T. Affinity of antamanide for sodium ions. 1970. s.
Wieland, Theodor.

Jaccottet, E. Les Champignons dans la nature. 1957. s. **Jaccottet**,
John.

—. Pilze. 1957. s. **Jaccottet**, John.

—. Die Pilze in der Natur. 1930. s. **Jaccottet**, John.

808 **Jaccottet, John.** Les Champignons dans la nature. 6e éd. = Les
Beautés de la Nature. Neuchâtel, Paris: Delachaux & Niestlé
(1957). 219 S., 2 Bl. Mit 64 Farbtaf. von Paul Aurèle Robert und
47 Federzeichnungen von E. Jaccottet i.T. 8° (335)

Nissen 963 (frühere Ausg.).-
Rez.: ZfP 5, 215-216: F. Kallenbach (Ausg. 1925)

809 —. Pilze. = Creatura. 1. Bern: Kümmerly & Frey 1957. 246 S.
Mit 64 farb. Taf. von Paul Aurèle Robert und 47 Federzeichnungen
von E. Jaccottet i.T. 8° (336)

Rez.: SZP 36, 32: R. Haller; WP 2, 29: H. Jahn

810 —. Die Pilze in der Natur. Dt. Bearb. von A. Knapp. Vorw. von
Emil Nüesch. Mit 76 farb. Taf. von Paul Aurèle Robert und 47
Federzeichnungen von E. Jaccottet. Bern: Francke (1930). 249 S.,
1 Bl. 8° (1548)

Rez.: WP 1, 18-19: H. Jahn; ZfP 9, 158: F. Kallenbach

Jackson, H.A.C. Mushrooms of Eastern Canada and the United States. 1951. s. **Pomerleau**, René.

811 **Jacquin aîné.** Instruction pratique sur la culture du champignon comestible. (Aus: Annales de Flore et de Pomone. 1843. 15 S.) (1126)

Jahn, E. Die natürlichen Pflanzenfamilien. Bd 2. 1928. s. **Engler**, Adolf.

812 **Jahn, Erich.** Pilzkundliche Beobachtungen am Furtnerteich bei Neumarkt. (Aus: Mitteilungen des Naturwissenschaftl. Vereins der Steiermark. 99 (1969) S. 48-54.) (1134)

813 —. Zur Verbreitung der hutbildenden Porlinge im südöstlichen Holstein. (Aus: Botanischer Verein zu Hamburg e.V. Bericht für die Jahre 1963-1966. 1967. S. 1-10.) (841)

814 **Jahn, Hermann.** Beobachtungen an holzbewohnenden Pilzen <Polyporaceae s. lato und Stereaceae> im Böhmerwald. (Aus: Berichte der Bayerischen Botanischen Ges. 41 (1969) S. 73-77.) (1111)

Biogr.: SPRd 7, H. 3, 1-2: H. Steinmann; ZfP 27, 127: E.H. Benedix

815 —. Ceriomyces aurantiacus Pat., eine Nebenfruchtform des Schwefelporlings <Laetiporus sulphureus>. (Aus: Natur und Heimat. 30 (1970) S. 85-88. Mit 2 Abb.) (1146)

816 —. Der rötliche Erdstern, Geastrum vulgatum Vitt., in Ostwestfalen gefunden. (Aus: Natur und Heimat. 30 (1970) S. 110-112. Mit 1 Abb.) (1145)

—. Der Eschenbaumschwamm, Fomitopsis cytisina, im Rheinland gefunden. 1966. s. **Müller**, G.

817 —. Der Flocken-Stäubling <Lycoperdon mammaeforme> in Westfalen. (Aus: Natur und Heimat. 29 (1969) S. 33-36. Mit 2 Abb.) (19)

818 —. Der rostrote Lärchen-Röhrling <Ixocomus tridentinus (Bres.)> bei Höxter gefunden. (Aus: Natur und Heimat. 18 (1958) S. 71-72.) (338)

—. Oetker Pilzkochbuch. 1963. s. **Oetker Pilzkochbuch**.

819 —. Die resupinaten Phellinus-Arten in Mitteleuropa mit Hinweisen auf die resupinaten Inonotus-Arten und Poria expansa (Desm.). [= Polyporus megalaporus Pers.]. (Aus: Westfälische Pilzbriefe. 6 (1966/67) S. 37-108. Mit 61 Abb. auf 8 Taf.) (855)

Rez.: MyM 13, 34-35: F. Gröger

820 —. Einige bemerkenswerte Pilze des Ziegenbergs bei Höxter. (Aus: Natur und Heimat. 18. 1958, H. 4. 5 S. Mit 2 Abb.) (1110)

—. Höhere Pilze. Entwicklung. Um 1960. s. **Nitzschke**, Hans.

—. Mitteleuropäische Pilze. 1963-1965. s. **Poelt**, Josef.

821 —. Pilze rundum. Hamburg: Claassen & Goverts 1949. 355 S. Mit 8 Farbtaf. mit Abb. von 61 Arten und 235 Textabb. 8° (834)

Rez.: SZP 27, 157-159: W. Schärer; WP 1, 19: H. Jahn; ZfP 21, Nr 6, 25-26: H. Haas

822 —. Stereoide Pilze in Europa <Stereaceae Pil. emend. Parm. u.a., Hymenochaete> mit besonderer Berücksichtigung ihres Vorkommens in der Bundesrepublik Deutschland. (Aus: Westfälische Pilzbriefe. 8 (1971) S. 69-176. Mit 41 Abb. auf Taf. i.T. und 42 Textabb.) (1235)

Rez.: BSMF 89, 366: Ch. Zambettakis; MOeMG 122, 1973: M. Moser; MyM 16, 61-63: H. Kreisel; SZP 49, 151-152: H.G.; ZfP 38, 185: M. Moser

823 —. Zur Pilzflora des Naturschutzgebietes "Heidesumpf an der Strothe". (Aus: Natur und Heimat. 20. 1960, H. 4. 5 S. Mit 2 Abb.) (1108)

824 —. Zur Pilzflora des Naturschutzgebietes 'Langebruch' <Kreis Brilon>. (Aus: Natur und Heimat. 23 (1963) S. 15-19. Mit 2 Abb.) (342)

825 —. Zur Pilzflora des Naturschutzgebietes "Bergeler Wald" bei Oelde. (Aus: Natur und Heimat. 19. 1959, H.4. 7 S. Mit 1 Abb.) (1109)

826 —. Holzbewohnende Porlinge im Naturschutzgebiet "Norderteich". (Aus: Natur und Heimat. 25. 1965, H.1. 8 S. Mit 1 Taf. und 8 Textabb.) (339)

827 —. Mitteleuropäische Porling <Polyporaceae s. lato> und ihr Vorkommen in Westfalen. = Westfälische Pilzbriefe. 4. Detmold: Pilzkundl. Arbeitsgem. in Westfalen 1963. 143 S. Mit 66 Abb. auf 24 Taf. i.T. und 7 Textfig. 8° (340)

Rez.: ČM 19, 130-131: F. Kotlaba und Z. Pouzar; MOeMG 90, 1964: K. Lohwag; MyM 8, 59-60: F. Gröger; SZP 43, 45-46: R. Hotz; ZfP 29, 116: H. Haas

828 —. Resupinate Porlinge, Poria s. lato, in Westfalen und im nördlichen Deutschland. (Aus: Westfälische Pilzbriefe. 8 (1971) S. 41-68. Mit 13 Abb.) (1147)

—. Speise- und Giftpilze. 1960. s. **Nitzschke**, Hans.

829 —. Einige resupinate und halbresupinate "Stachelpilze" in Deutschland. <Hydnoide resupinate Aphyllophorales.> (Aus: Westfälische Pilzbriefe. 7 (1969) S. 113-144. Mit 6 Abb. und 10 Textfig.) (1106)

830 —, **A. Nespiak und R. Tüxen.** Pilzsoziologische Untersuchungen in Buchenwäldern <Carici-Fagetum, Melico-Fagetum und Luzulo-Fagetum> des Wesergebirges. (Aus: Mitteilungen der Floristisch-Soziologischen Arbeitsgem. N.F. H. 11/12. 1967. S. 159-197. Mit 5 Tab. und 4 Abb.)(856)

831 —. Zur Verbreitung der Täublinge <Russulae> am Ostrand der Kölner Bucht. (Aus: Decheniana. 111 (1959) S. 149-158.)(343)

—. s. **Westfälische Pilzbriefe.**

832 —. Wir sammeln Pilze. = Steckenpferd-Bücherei. Gütersloh: Bertelsmann (1964). 190 S. Mit zum Tl farb. Abb. 8° (341)

    Rez.: ČM 20, 204: F. Kotlaba; MOeMG 92, 1964: K. Lohwag; MyM 9, 59-60: F. Gröger; WP 5, 84: M. Denker; ZfP 30, 64: W. Neuhoff

833 —. Xylobolus frustulatus (Pers. ex Fr.) P. Karst. in Deutschland. (Aus: Zeitschrift für Pilzkunde. 34 (1969) S. 159-167. Mit 4 Abb. und 1 Verbreitungskt. i.T.)(1107)

James, P.W. Dictionary of the fungi. 1971. s. **Ainsworth**, Geoffrey Clough.

834 **Janke, Alexander und Rudolf Dickscheit.** Handbuch der mikrobiologischen Laboratoriumstechnik. Von Rudolf Dickscheit bearb. nach "Arbeitsmethoden der Mikrobiologie" von Alexander Janke. 2., durchges. Aufl. Dresden: Steinkopff 1969. XV, 502 S., 1 Bl. Mit 101 Abb. und 28 Tab. 8° (1236)

Jansson, Sigrid. Våra Matsvampar. 1943. s. **Sandblom**. Johannes.

Japp, Gilbert. Praktischer Pilzsammler. 1925. s. **Macků**, Johann.

835 **Jarva, L.** Gasteromicety Estonskoj SSR, ich vidovoj sostav i izučennost'. The Gasteromycetes of the Estonian S.S.R., their species, and the present state of their investigation. (Aus: Botaanilised Uurimused. Scripta Botanica. 2 (1962) S. 256-269.)(337)

836 **Johannes, Heinrich.** Beiträge zur Vitalfärbung von Pilzmyzelien. 1. (Dissertation.) (Aus: Flora. N.F. 34 (1939) S. 58-104. Mit 10 Tab. und 22 Abb.)(344)

Johanson, Carl Johan. Monographia Mycenarum Sueciae. P. 1. 1854. Resp. s. **Fries**, Elias.

Johansson, Hjördis. Some nutritional Requirements of two Onygena species. 1964. s. **Fries**, Nils.

837 **John, Arno.** Winke für eine reiche Pilzernte im Frühling! Der Früh-
lings-Ellerling <Camarophyllus marzuolus>, ein wertvoller Speisepilz! (Aus: Dt. Blätter für Pilzkunde. N.F. 4 (1942) S. 29-30.) (345)

Biogr.: MyM 17, 62-65 (m. Portr. und Bibl.): H. Dörfelt

Jolivette, Hally Delilia Mary. A Study of the light reactions of Pilobolus. 1913. s. **Allen**, Ruth Florence.

838 **Joly, Patrick.** Pilze. Vorw. von Meinhard Moser. Bildtl: 110 Farbfotos von Philippe Joly und Heinz Schrempp. 52 Zeichnungen i.T.
(Stuttgart:) Belser (1973). 255 S. 8° (1370)

Rez.: MOeMG 124, 1973: M. Moser; SPRd 9, H. 2, 17: F.
Frasch; ZfP 39, 264-265: M. Moser

Joly, Philippe. Pilze. 1973. s. **Joly**, Patrick.

Jonasson, Lisbeth. Über die Interfertilität verschiedener Stämme von
Polyporus abietinus (Dicks.) Fr. 1941. s. **Fries**, Nils.

839 **Josserand, Marcel.** La Description des champignons supérieurs. =
Encyclopédie Mycologique. 21. Paris: Lechevalier 1952. 338 S. Mit
232 Abb. (346)

Rez.: SZP 30, 170: L. Münch; 30, 185-186: J. Favre

Juel, Hans Oscar. Anteckningar öfver de i Sverige växande ätliga
svampar. 8. 1836. Resp. s. **Fries**, Elias.

840 **Juillard-Hartmann, G.** Iconographie des champignons supérieurs.
Vol. 1-5. Epinal: Juillard; Paris: Auzoux (1919). Mit insgesamt 33 Bl.
Text und 250 farb. Taf. mit je 1 Bl. erkl. Text. 8° (347)

Krieger/Kelly, S. 115.-

Jung, Maria-Theresia. Pilze. 1955. s. **Bianco**, Oswald.

841 **Jungblut, Félix.** Les Champignons du genre Russula Persoon <1797>
dans le Grand-Duché de Luxembourg. (Aus: Archives de l'Inst.
Grand-Ducal de Luxembourg. N.S. 35 (1970/1971) S. 97-119. Mit 3
farb. Taf., 3 Tab. und 8 Textabb.) (1602)

Jungmarker, Martin Christian. Grunddragen af Aristotelis vextlära.
3. 1842. Resp. s. **Fries**, Elias.

842 **Käärik, Aino.** The Identification of the mycelia of wood-decay fungi
by their oxidation reaction with phenolic compounds. = Studia
Forestalia Suecica. No 31. Stockholm: Skogshögskolan (1965). 80 S.
8° (1097)

Källströmer, Lennart. A Requirement for biotin in Aspergillus niger when grown on a rhamnose medium at high temperature. 1965. s. **Fries**, Nils.

843 **Kaiser, Paul.** Der praktische Champignonzüchter. (Unveränd. Aufl.) = Lehrmeister-Bücherei. 146. Leipzig: Hachmeister & Thal (1929). 48 S. Mit 9 Textfig. 8° (857)

844 **— und E. Ulbrich.** Der praktische Champignonzüchter. Von einem Fachmann neubearb. und vervollst. = Lehrmeister-Bücherei. 146. Minden: Philler o.J. (um 1970.) 64 S. Mit 9 Abb. 8° (1238)

845 **Kaiserliches Gesundheitsamt.** Pilzmerkblatt. Die wichtigsten essbaren und schädlichen Pilze. (Berlin: J. Springer) o.J. (um 1910.) 8 S. Mit 1 Abb. 8°. Dazu: Pilztaf. mit farb. Abb. von 20 Arten. (349)

    Krieger/Kelly, S. 1 (Ausg. 1905).-

846 — —. Ausg. 1913. Die wichtigsten essbaren und schädlichen Pilze. (Berlin: J. Springer) 1913. 8 S. Mit 1 Abb. 8°. Dazu: Pilztaf. mit farb. Abb. von 32 Arten. Weiter dazu (von and. Ausg.): Pilztaf. mit farb. Abb. von 32 Arten. (350)

847 **Kajgorodov', Dimitrij.** Sobiratel' gribov. 4-e izd., vnov' prosm. Sankt Petersburg: Izd. Suvorina 1903. VIII, 100 S. Mit 14 farb. Taf. 8° (348)

848 **Kalameés, K.** Obzor mlečnikov <Lactarius> Estonii. Species of the genus Lactarius occuring in the Estonian S.S.R. (Aus: Botaaniliscd Uurimused. Scripta Botanica. 2(1962) S. 133-152. Mit 14 Abb.) (351)

849 **Kalameés, U.** Obzor rjadovok <Tricholoma> i blizkich k nim rodov, vstrečajuščichsja v Estonskoj SSR. Übersicht über die Gattung Tricholoma und die ihr verwandten Gattungen in Estland. (Aus: Botaanilised Uurimused. Scripta Botanica. 2(1962) S. 153-158.) (352)

850 **Kalchbrenner, Karl und Stephan Schulzer (von Müggenburg).** Icones selectae Hymenomycetum Hungariae. Fasc. 1-4 in 1 Bd. Budapest: Athenaeum 1873-1877. 20 S.; 2 Bl. (Titelei), S. 21-36; 2 Bl. (Titelei), S. 37-50; 2 Bl. (Titelei), S. 51-65. Mit 40 farb. lithogr. Taf. Fol. (353)

    Nissen 1020.- Krieger/Kelly, S. 115.-

851 **Kallenbach, Franz.** Hausschwamm-Merkblatt. Darmstadt: Hessische Landesstelle für Pilz- und Hausschwamm-Beratung 1932. 23 S. Mit 8 Taf. 8° (858)

    Biogr.: ZfP 21, Nr 1, 2-4 (m. Portr.): S. Killermann

852 —. Die Röhrlinge <Boletaceae>. = Die Pilze Mitteleuropas. 1. Leipzig: Klinkhardt 1926 (-1930). 158 S. Mit 55 (davon 40 farb.) Taf. (nach Orig. von Maria und Franz Kallenbach u.a.) und einigen Text-

abb. Fol. (354)

> Rez.: DBP, N.F. 3, 34-35 und N.F. 4, 52: M. Peringer; ÖZP 2, 64 und 99: Swoboda; WP 1, 35: H. Jahn

Kallenbach, Maria. Die Röhrlinge <Boletaceae>. 1926-1930. s. **Kallenbach**, Franz.

> Biogr.: ZfP 21, Nr 1, 2-4: S. Killermann

Kammerer, J. Unsere wichtigsten eßbaren Pilze nebst einer Abbildung des giftigen Fliegenschwammes. 1889. s. **Schmierer**, A.

Kapoor, J.N. Mushroom Cultivation. Um 1974. s. **Munjal**, R.L.

853 **Karle, Isabella L., Jerome Karle, Theodor Wieland, Wolfgang Burgermeister, Heinz Faulstich und Bernhard Witkop.** Conformations of the Li-antamanide complex and Na-(Phe⁴, Val⁶) antamanide complex in the crystalline state. (Aus: Proceedings of the Nat. Acad. of Sciences of the USA. 70 (1973) S. 1836-1840. Mit 1 Tab. und 4 Abb.) (1603)

Karle, Jerome. Conformations of the Li-antamanide complex and Na-(Phe⁴, Val⁶) antamanide complex in the crystalline state. 1973. s. **Karle**, Isabella L.

Karsten, G. Die natürlichen Pflanzenfamilien. Bd 2. 1928. s. **Engler**, Adolf.

854 **Karsten, Petter Adolf.** Mycologia Fennica. P. 1-4 in 2 Bdn. = Bidrag till Kännedom af Finlands Natur och Folk. H. 19.23.25.31, S. 1-143. (Helsingfors: Finska Litteratur-Sällskapetstr. 1871-1878.) (1: Discomycetes. 1871) 2 Bl., VIII, 263 S.; (2: Pyrenomycetes. 1873) 2 Bl., IX, 250 S., 1 Bl.; (3: Basidiomycetes. 1876) 2 Bl., X, 377 S.; (4: Hypodermii, Phycomycetes et Myxomycetes. 1878) 2 Bl., VIII, 143 S. 8° (1431)

> Raab 54, 10-11.- Krieger/Kelly, S. 253.-
> Biogr.: ZfP 13, 16-21 (m. Portr.): T.J. Hintikka

Kaspar, Al. Praktischer Pilzsammler. 1915. s. **Macků**, Johann.

855 **Kastner, Wilhelm.** Bemerkenswerte Pilzvorkommen in der näheren und weiteren Umgebung von Nürnberg und Fürth. = Abhandlungen der Naturhistorischen Ges. Nürnberg. 32. Nürnberg 1963. 63 S. Mit 2 Taf. 8° (964)

> Rez.: WP 5, 83-84: H. Jahn; ZfP 29, 119-120: W. Neuhoff

Kató, Ferenc. Untersuchungen über die Rotfäule der Fichte. 1967. s. **Zycha**, Herbert.

Kausch, Walter. Niedere Pflanzen. 1967. s. **Boedijn**, Karel Bernard.

856 **Kavaler, Lucy.** Mushrooms, molds, and miracles. The strange realm of fungi. = Signet Book. 2978. New York: New American Libr. (1966.) 256 S. 8° (355)

Kavina, Charles und Albert Pilát. Atlas des champignons de l'Europe. s. Eintragungen unter den Autoren der einzelnen Bde der Reihe:
1.) **Veselý**, R.: Amanita. 1934
2.) **Pilát**, A.: Pleurotus Fries. 1935
3.) **Pilát**, A.: Polyporaceae. 1936-1942
4.) **Cejp**, K.: Omphalia (Fr.) Quél. 1936-1938
5.) **Pilát**, A.: Monographie des espèces européennes du genre Lentinus Fr. 1946
6.) **Pilát**, A.: Monographie des espèces européennes du genre Crepidotus. 1948

    Rez.: ZfP 13, 159: F. Kallenbach

Kedinger, C. Amanitin binding to calf thymus RNA polymerase B. 1970. s. **Meihlac**, M.

857 **Keller, Karl-Dietrich und Armin Geus.** Das farbige Pilzbuch. = Die Falken-Bücherei. 215. Wiesbaden: Falken-Verl. (1965.) 136 S. Mit 96 farb. Abb. auf 48 Taf. i. T. 8° (357)

    Rez.: SPRd 2, H. 2, 9: J. Raithelhuber; ZfP 31, 100: H. Steinmann

858 —. Das farbige Pilzbuch. Neubearb. und Erg.: Karl und Gretl Kronberger. = Die Falken-Bücherei. 215. Wiesbaden: Falken-Verl. o.J. (um 1968.) 132 S. Mit 105 farb. Abb. und s.-w. Textfig. 8° (899)

    Rez.: SPRd 5, H. 1, 23: H. Steinmann; ZfP 34, 187: M. Moser

Kelly, Howard A. Catalogue of the mycological library of Howard A. Kelly. 1924. s. **Krieger**, Louis Charles Christopher.

859 **Kendrick, Bryce.** Fungi unter dem Mikroskop. (Aus: Zeiss-Informationen. Nr 64 (1967) S. 59-62. Mit 8 farb. Abb.) (859)

860 **Kern, Hans.** Pilzfibel. Die 63 bekanntesten Pilze in der Natur. Hrsg. von Walter Amstutz und Walter Herdeg. 3. Aufl. München: Bruckmann (1943). 8 Bl. Mit 32 farb. Taf. und 21 Textabb. 8° (358)

    Biogr. SZP 44, 75-76: E.J. Imbach
    Rez.: SZP 22, 43: E. Burki (1. Aufl.)

861 **Kersten, Karl.** Leitfaden für Pilzsachverständige. 2. Aufl. Halle 1954. 23 S. 8° (359)

>   Biogr.: MyM 5, 25-29 (m. Portr.): M. Herrmann

862 **Kickx, Jean.** Esquisses sur les ouvrages de quelques anciens naturalistes belges. 2. François van Sterbeeck. (Aus: Bulletin de L'Acad. Royale des Sciences et Belles-Lettres de Bruxelles. 9 (1842) S. 393-395.) (991)

>   Nouv. biogr. gén. XXVII, 707-708.- Photokopie des das "Theatrum fungorum" betr. Tls.

863 —. Flore cryptogamique des Flandres. Publ. par Jean-Jacques Kickx. T. 1.2. Gand, Hoste, Bonn: Marcus 1867. VI S., 1 Bl., 521 S., 1 Bl. (leer); 3 Bl., 490 S., 1 Bl. (leer.) 8° (360)

>   Pritzel 4659.- Krieger/Kelly, S. 119.-

Kidd, Mary Maytham. Some South African poisonous and inedible Fungi. 1953. s. **Stephens**, Edith L.

864 **Kiefer, H. und R. Maushart.** Erhöhter Cs-137-Gehalt im menschlichen Körper nach Pilzgenuß. = Direkt Information der Europäischen Strahlenschutzges. 15/65. Karlsruhe: Braun 1965. 2 Bl. (929)

865 **Kihlberg, Gudrun und Nils Fries.** Some Experiments with induced mutations in Trichophyton mentagrophytes. (Aus: Svensk Botanisk Tidskrift. 51 (1957) S. 36-42. Mit 2 Tab. und 1 Taf.) (1747)

Kihlman, Bengt. Antagonists to the caffeine-inhibition of fungal growth. 1955. s. **Hultgren**, Britta.

—. Fungal Mutations obtained with methyl xanthines. 1948. s. **Fries**, Nils.

866 **Killermann, Sebastian.** Kritische Bemerkungen zu Lange's Tafelwerk. (Aus: Denkschriften der Regensburgischen Botanischen Ges. 23 (1953) S. 21-38.) (361)

>   Biogr.: ZfP 19, 96-105 und 21, Nr 7, 9-12 (Autobiogr. m. Auswahlbibl.); 21 Nr 7, 1-5 (m. Portr.): E. Ulbrich; 23, 21-24 und 53-58 (m. Bibl.): W. Quenstedt

867 —. Hoppe-Erinnerungen. Sein Bericht über die Schwämme <1793>. (Aus: Denkschriften der Regensburgischen Botanischen Ges. 23 (1953) S. 9-15.) (938)

—. Die natürlichen Pflanzenfamilien. Bd 6. Unterklasse 2. 1928. s. **Engler**, Adolf.

>   Rez.: ZfP 9, 157-158: F. Kallenbach

868 —. Pilze aus Bayern. Kritische Studien, bes. zu M. Britzelmayr; Standortsangaben und <kurze> Bestimmungstabellen. Tl 2-7. (Aus: Denkschriften der Bayerischen Botanischen Ges. in Regensburg. N.F. 10. 1925. 123 S. Mit 2 Taf. (Tl 2: Boleteae, Tenaces, Rhodosporae, Ochrosporae 1. und 2. Abt., Nachtr.); 11. 1928. 78 S. Mit 3 Taf. (Tl 3: Cortinarius, Paxillus); 12. 1931. 127 S. Mit 6 Taf. (Tl 4: Leucosporae 1. Abt.); 13. 1933. 94 S. Mit 5 Taf. (Tl 5: Leucosporae 1. Abt. Schluß <Omphalia, Pleurotus> und 2. Abt. <Marasmius, Cantharelleae und Lactarieae>); 14. 1936. 86 S. Mit 6 Taf. (Tl 6: Leucosporae. Abt. 2 Schluß <Russulae>. Amaurosporae. Abt. 1 <Psalliota, Stropharia, Hypholoma und Psilocybe>. Nachtr. zu den früheren Teilen.) 15. 1940. 110 S. Mit 4 Sporentaf. i.T. und 8 Taf. mit photogr. Aufn. (Tl 7: Schluß der Hymenomyceten.) (362-367)

> Rez.: ZfP 5, 199-200: Ade (Tl 2); ZfP 8, 146-150, 172-173 und 177-181: Ade; 9, 13-15 und 37-42: Ade (Tl 3); ZfP 15, 97-101: Ade; 16, 1-3: Ade (Tl 5)

Kjellman, Claes Johan. Monographia Cortinariorum Sueciae. 1851. Resp. s. **Fries**, Elias.

869 **Klatt, Friedrich Wilhelm.** Cryptogamenflora von Hamburg. Thl 1. Schafthalme, Farrn, Bärlappgewächse, Wurzelfrüchtler und Laubmoose. (Mehr nicht ersch.) Hamburg: Meissner 1868. 2 Bl., 219 S. 8° (1997)

> MNE I, 377.- Pritzel 4712.-

870 **Klein, Ludwig.** Gift- und Speisepilze und ihre Verwechslungen. = Sammlung Naturwissenschaftl. Taschenbücher. 1. Heidelberg: Winter (1921). 94 S., 1 Bl., 146 S. Mit 96 farb. Taf. (mit 121 versch. Pilzarten) nach von Josef Hanel in Öl und Aquarell nach Naturaufn. gemalten Bildern. 8° (370)

> Nissen 1059.- Krieger/Kelly, S. 120.-
> Rez.: PuK 5, 239: F. Kallenbach

871 — —. 2. Aufl., durchges. und auf den heutigen Stand gebracht von G. und R. Bickerich. = Sammlung Naturwissenschaftl. Taschenbücher. 1. Heidelberg: Winter (1933). 102 S., 1 Bl., 153 S. Mit 96 farb. Taf. 8° (900)

> Nissen 1059.-
> Rez.: ÖZP 2, 46:-

872 —. Unsere Waldblumen und Farngewächse. 2. Aufl. = Sammlung Naturwissenschaftl. Taschenbücher. 5. Heidelberg: Winter (1924). XXX S., 1 Bl., 179 S. Mit 96 Farbtaf. und 25 Textabb. 8° (371). Die Illustr. von Margarete Schrödter.

> Nissen 1064.-

873 **Kleijn, Hendrik.** Champignons, formes et couleurs. Trad. et adapté par Patrick Joly. Paris: Horizons de France (1961). 143 S. Mit 94 Farbphotogr. von G.D. Swanenburg de Veye auf 32 Taf. i.T. und Textabb. 8° (368)

874 —. Großes Fotobuch der Pilze. München: Bayerischer Landwirtschaftsverl. (1962.) 144 S. Mit 94 Farbphotos auf 32 Taf. i.T. von G.D. Swanenburg de Veye und Textabb. 8° (369)

> Rez.: ČM 21, 197: J. Labzebniček; MOeMG 93, 1965: K. Lohwag; SZP 40, 73-74: J. Peter; WP 3, 107-108: H. Jahn; ZfP 28, 114-115: E.H. Benedix

Klingberg, Emanuel Knut. Monographia Amanitarum Sueciae. 1854. Resp. s. **Fries**, Elias.

Klinger, J.G. Abbildungen der Schwämme. 1790-1791. s. **Hoffmann**, Georg Franz.

875 **Kloeber, Carl.** Der Pilzsammler. Genaue Beschreibung der in Deutschland und den angrenzenden Ländern wachsenden Speiseschwämme. 2. verm. und verb. Aufl. Quedlinburg: Vieweg 1896. 2 Bl., 146 S. Mit 9 Abb. auf 1 s.-w. und 39 auf 14 farb. Taf. 8° (372)

876 — —. 4., verm. und verb. Aufl. Quedlinburg: Schwannecke o.J. (um 1904.) 2 Bl., 146 S. Mit 9 Abb. auf 1 s.-w. und 39 auf 14 farb. Taf. 8° (373)

877 **Knapp, August.** Die europäischen Hypogaeen-Gattungen und ihre Gattungstypen. Tl 1. (Aus: Schweizerische Zeitschrift für Pilzkunde. Nr 3.7.10/1950; Nr 4.7/1951; Nr 3.6/1952. 124 S. Mit 6 Taf. i.T.) (374)

> Biogr.: SZP 32, 181-182 (m. Portr.): Flury/Süß; ZfP 21, Nr 18, 35-36: H. Kühlwein

—. Die Pilze in der Natur. 1930. s. **Jaccottet**, John.

Knauth, Bernhard. Die Gallertpilze. Die Milchlinge. 1934-1937. s. **Neuhoff**, Walter.

878 —. Ein seltener Ritterling, Tricholoma Friesii Bres. (Aus: Zeitschrift für Pilzkunde. N.F. 12 (1933) S. 109-110.) (934)

879 **Koch, Harro.** Über die Erscheinungsformen und Bedeutung der Mykorrhizen. (Aus: Jahresberichte des Naturwissenschaftl. Vereins in Wuppertal. H. 24 (1971) S. 6-9.) (1357)

880 **Kock, Gunnar.** Svamparnas Dubbelgångare. Svampråd, svamprön och svamphistorier. Stockholm: Natur och Kultur (1935). 276 S., 1 Bl. Mit 8 Taf. 8° (375)

881 **Kögl, Fritz und Nils Fries.** Über den Einfluß von Biotin, Aneurin und Meso-Inosit auf das Wachstum verschiedener Pilzarten. (Aus: Hoppe-Seyler's Zeitschrift für Physiologische Chemie. 249 (1937) S. 93-110. Mit 15 Tab. und 2 Abb.) (1748)

Koernicke, Max. Das kleine botanische Praktikum für Anfänger. 1954. s. **Strasburger**, Eduard.

882 **Konrad, Paul und André Maublanc.** Les Agaricales. T. 1.2. = Encyclopédie Mycologique. 14.20. Paris: Lechevalier 1948-1952. 1 Bl., 469 S. Mit Portr. (Konrad); 202 S., 1 Bl. 8° (377)

    Biogr.: SZP 27, 17-21 (m. Portr.): J. Favre

883 — —. Icones selectae fungorum. Préf. de René Maire. T. 1-6. Paris: Lechevalier 1924-1937. 1: 1 Bl., VIII S., Taf. 1-100 mit 106 S. Text; 2: XI S., Taf. 101-199 mit 109 S. Text; 3: 2 Bl., VI S., Taf. 200-299 mit 118 S. Text; 4: X S., Taf. 300-399 mit 109 S. Text; 5: X S., Taf. 400-500 mit 112 S. Text; 6: 2 Bl., III, XVI (inkl. 4 Portr.), 558 S., 1 Bl. 4° (376)

    Rez.: WP 1, 59: H. Jahn

884 — —. Révision des Hyménomycètes de France et des pays limitrophes. Préf. de René Maire. <Extrait des Icones selectae Fungorum.> Paris: Lechevalier 1924-1937. 2 Bl., III, 558 S., 1 Bl. 4° (378)

Kotlaba, František. Přehled československých hub. 1972. s. **Veselý**, Rudolf.

Kraft, Marie-M. Nos Champignons. Um 1950. s. **Habersaat**, Ernst.

885 —. Contribution à l'étude des champignons printaniers dans le canton de Vaud. (Aus: Bulletin de la Soc. Vaudoise des Sciences Natur. 67 (1960) S. 315-322.) (379)

    Rez.: WP 3, 72: H. Jahn

886 —. Sur la Répartition d'Amanita caesarea (Fr. ex Scop.) Quél. (Aus: Berichte der Schweizerischen Botanischen Ges. 66 (1956) S. 39-91. Mit 3 Kt. i.T.) (380)

    Rez.: WP 2, 30: H. Jahn

887 —. Sur la Répartition d'Hygrophorus marzuolus (Fr.) Bres. (Aus: Berichte der Schweizerischen Botanischen Ges. 68 (1958) S. 254-288. Mit 3 Kt. i.T.) (381)

    Rez.: WP 2, 83-84: H. Jahn

Das
Auftrocknen der Pflanzen

für's Herbarium,

und die

Aufbewahrung der Pilze,

nach einer Methode

wodurch jenen

ihre Farbe, diesen außerdem auch ihre Gestalt

erhalten wird,

von

F. Luedersdorff.

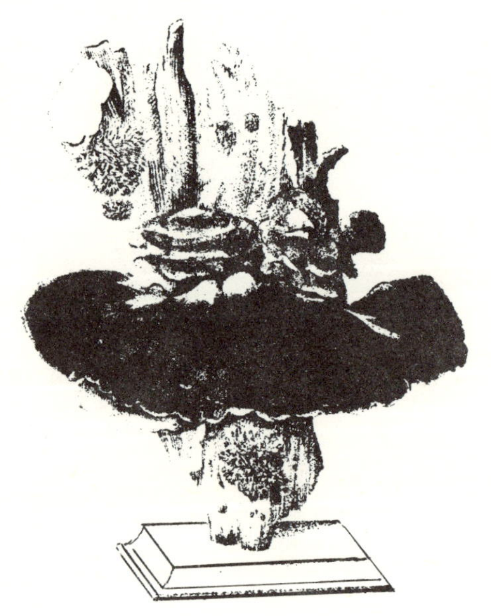

Berlin,

in der Haude- und Spenerschen Buchhandlung

(S. J. Joseephy,)

1827

Zu Nr. 1052

LUDOVICI FERDINANDI MARSILII

DISSERTATIO

DE

GENERATIONE FUNGORUM

AD

Illuſtriſſimum & Reverendiſſimum Præſulem

JOANNEM MARIAM LANCISIUM

CLEMENTIS XI.

PONT. OPT. MAX.

Archiatrum & Cubicularium Intimum

CUI ACCEDIT EJUSDEM RESPONSIO

UNA CUM

DISSERTATIONE

DE

PLINIANÆ VILLÆ RUDERIBUS

ATQUE

OSTIENSIS LITORIS INCREMENTO.

ROMÆ MDCCXIV.

Ex Officina Typographica Francisci Gonzagæ in Via lata.

PRÆSIDUM PERMISSU.

888 **Krapf, Karl von.** Ausführliche Beschreibung der in Unteröster-
reich, sonderlich aber um Wien herum wachsenden, und in der
Stadt zum Verkauf sowohl erlaubten, als unerlaubten essbaren
Schwämme. H. 1.2 in 1 Bd. Wien: Ghelen 1782. 2 Bl., 27 S.; 22 S.
Mit zusammen 17 gefalt. kolor. Kupfertaf. 4° (382)

Pritzel 4855.- Nissen 1098.-

889 **Krause, Ernst und Aglaia von Enderes.** Unsere Pflanzenwelt.
Blumen, Gräser, Bäume und Sträucher der mitteleuropäischen
Flora. Neu bearb. von Werner Hopp. Berlin: Safari (1951). 555 S.
Mit 162 farb. Abb. auf 33 Taf. i.T. und 323 Textabb. 8° (763)

Nissen II, 176.- Holzmann-Bohatta, Dt. Pseudonymen-Lexi-
kon, S. 270.-

890 **Krause, Ernst Hans Ludwig.** Basidiomycetes Rostochienses. Verz.
der von 1922 bis 1927 in und bei Rostock gesammelten Großpilze.
(Nebst) Suppl. 1.2. Rostock: Winterberg 1928-1930. 110 S. 8°
(383)

891 **Kreh, W.** Gallen unserer Heimat. (Aus: Kosmos. 46 (1950) S. 320-
324. Mit 16 Abb.) (1442)

892 **Kreisel, Hanns.** Die phytopathogenen Großpilze Deutschlands
<Basidiomycetes mit Ausschluß der Rost- und Brandpilze>.
Jena: G. Fischer 1961. 284 S. Mit 45 Abb. i.T. und Abb. 46-111
auf Taf. i.T. 8° (385)

Rez.: ČM 16, 146: A. Pilát; Fr 7, 115: J. Koch; MOeMG 80,
1961: Lohwag; MyM 6, 19-22: F. Gröger; Sy 15, 321-322: F.
Petrak; WP 3, 50: H. Jahn; ZfP 27, 31: E.H. Benedix

893 —. Grundzüge eines natürlichen Systems der Pilze. Lehre:
Cramer 1969. 245 S. Mit 8 Taf. und 61 Textabb. 8° (1040)

Rez.: BSMF 87, 442-443: Ch. Zambettakis; MOeMG 112,
1970: K. Lohwag; MyM 16, 34-35: H.H. Handke; Sy 22, 454-
455: F. Petrak; SZP 48, 24: J. Peter; WP 8, 16: H. Jahn; ZfP
35, 128: M. Moser

—. Handbuch für Pilzfreunde. Bd 6. 1975. s. **Michael**, Edmund.

894 —. Die Lycoperdaceae der Deutschen Demokratischen Republik.
Floristische und taxonomische Revision. (Aus: Feddes Reperto-
rium Specierum Novarum Regni Vegetabilis. 64 (1962) S. 90-201.
Mit 9 Taf. und 23 Textabb.) (384)

Rez.: MyM 6, 81-82: H.H. Handke; SZP 43, 46: R. Hotz; WP
3, 87: H. Jahn

895 —. Taxonomisch-pflanzengeographische Monographie der Gattung Bovista. = Nova Hedwigia. Beih. 25. Lehre: Cramer 1967.

VIII, 244 S. Mit 70 Abb. auf 28 Taf. 8° (860)

Rez.: ČM 22, 159-160: A. Pilát; Sy 20, 379-380: F. Petrak; SZP 48, 131: R. Hotz; WP 8, 37: H. Jahn; ZfP 34, 117-118: M. Moser

896 —. Trametes extenuata und Trametes trogii in Deutschland. (Aus: Berichte der Bayerischen Botanischen Ges. 35 (1962) S. 55-56. Mit 2 Abb.) (386)

Rez.: MyM 8, 36: F. Gröger

897 **Krieger, Louis Charles Christopher.** Catalogue of the mycological library of Howard A. Kelly. Baltimore (: Kelly) 1924. 3 Bl., V S., 2 Bl., 260 S. 4° (1073)

898 —. A popular Guide to the higher fungi <mushrooms> of New York State. = New York State Mus. Handbook. 11. Albany: Univ. of the State of New York 1935. 512 S., 1 Bl.. S. 513-538. Mit 1 Falttab., 32 Farbtaf. und 126 Textabb. 8° (1380)

899 —. The Mushroom Handbook. New York: Macmillan 1947. Vortitel, 538 S. Mit 32 Farbtaf., 126 Textabb. und 1 gefalt. Tab. 8° (1239)

900 —. Common Mushrooms of the United States. (Aus: The National Geographic Magazine. 37 (1920) S. 387-439. Mit 16 Farbtaf., 36 Textabb. und 12 Textfig.) (387)

Krieger/Kelly, S. 121.-

901 **Krieglsteiner, German J.** Die Pilze des Welzheimer Waldes und der Ostalb. Pilzkundl. Exkursionsflora der Landschaften Ostwürttembergs. (Schwäbisch Gmünd:) Lempp (1973). 200 S. Mit 1 Faltkt. und Textabb. 8° (1369)

Kroenishfranck (Pseud.). s. **Éloffe**, Arthur.

902 **Krombholz, Julius Vinzenz.** Naturgetreue Abbildungen und Beschreibungen der eßbaren, schädlichen und verdächtigen Schwämme. H. 1-10. Text- und Tafelbd. Prag: Calve in Komm. 1831-(1847). X, 85 S., 1 Bl. (Corrigenda); 30 S., 3 Bl.; 2 Bl., 36 S.; Titel, 32 S.; Titel, 17 S.; 2 Bl., 30 S.; 24 S.; 31 S., 1 Bl.; 28 S., 1 Bl.; 28 S., 4 Bl.; 76 Taf. (Kupfer und Lithos) mit farb. Abb. Fol. bzw. Quer-Fol. (1240)

Brunet III, 698-699.- Graesse IV, 49 (erwähnt 78 Taf.!) - Pritzel 4898 (auch hier 78 Taf.!) - Nissen 1106.- ADB XVII, 184-188.- Krieger/Kelly, S. 122.-

903 —. Conspectus fungorum esculentorum qui per decursum anni 1820 Pragae publice vendebantur. Uibersicht (!) der eßbaren Schwämme, welche im Verlaufe des Jahres 1820 in Prag zu Markte gebracht wurden. Prag: Tempsky 1821. 40 S., 8° (389)

Pritzel 4897.-

Kronawitter, I. Notizen über Vorkommen und systematische Bewertung von Pigmenten in Höheren Pilzen. 1. 1975. s. **Besl**, Helmut.

904 **Kronberger, Gretl und Karl Kronberger.** Beiträge zur Pilzflora des Parkes der Eremitage bei Bayreuth. (Aus: Berichte der Naturwissenschaftl. Ges. Bayreuth. 10 (1958/60) S. 201-204.) (390)

905 — —. Beitrag zur Verbreitung der Röhrenpilze in der näheren und weiterer Umgebung von Bayreuth. (Aus: Berichte der Naturwissenschaftl. Ges. Bayreuth. 10 (1958/60) S. 205-218. Mit 2 Abb.) (391)

    Rez.: WP 3, 16: H. Jahn

—. Das farbige Pilzbuch. Um 1968. s. **Keller**, Karl-Dietrich.

906 — **und Karl Kronberger.** Zur Verbreitung der Täublinge im Bayreuther Raum. (Aus: Berichte der Naturwissenschaftl. Ges. Bayreuth. 10 (1958/60) S. 189-200. Mit 2 Abb.) (392)

Kronberger, Karl. Beiträge zur Pilzflora des Parkes der Eremitage bei Bayreuth. 1958-1960. s. **Kronberger**, Gretl.

    Biogr.: ZfP 36, 282 und 39, 260: M. Moser

—. Das farbige Pilzbuch. Um 1968. s. **Keller**, Karl-Dietrich.

—. Beitrag zur Verbreitung der Röhrenpilze in der näreren und weiteren Umgebung von Bayreuth. 1958-1960. s. **Kronberger**, Gretl.

—. Zur Verbreitung der Täublinge im Bayreuther Raum. 1958-1960. s. **Kronberger**, Gretl.

Krüssmann, Gerd. Die Wald- und Parkbäume Europas. 1975. s. **Mitchell**, Alan.

907 **Krupa, Sagar und Nils Fries.** Studies on ectomycorrhizae of pine. 1. Production of volatile organic compounds. (Aus: Canadian Journal of Botany. 49 (1971) S. 1425-1431. Mit 2 Tab. und 3 Abb.) (1749)

Kubeczka, Karl Hein. Flüchtige Terpene in Pilzen. 1975. s. **Sprecher**, Ewald.

908 **Kühlwein, Hans.** Woran erkennt man den echten Hausschwamm? (Aus: Kosmos. 47 (1951) S. 232-235. Mit 5 Abb. und 1 Tab.) (1511)

    Biogr.: ZfP 21, Nr 16, 28: W. Neuhoff; 27, 27: E.H. Benedix; 36, 277-278 (m. Portr.): M. Moser

909 **Kühn, Richard.** Botanischer Taschenbilderbogen für den Spaziergang. H. 5. Stuttgart: Franckh o.J. (um 1920.) 24 S. Mit farb Abb. von 66 Arten auf 12teil. Leporellotaf. 8° (393)

910 **Kühner, Robert und Henri Romagnesi.** Flore analytique des champignons supérieurs <Agarics, Bolets, Chanterelles>. Paris: Masson 1953. XIV, 556 S., 2 Bl. Mit 677 Abb. 8° (394)

    Rez.: SZP 31, 103-104: J. Favre; WP 1, 21: H. Jahn; ZfP 21, Nr 15, 24: W. Neuhoff

911 —. Le genre Galera (Fries) Quélet. = Encyclopédie Mycologique. 7. Paris: Lechevalier 1935. 2 Bl., 240 S., 1 Bl. Mit 75 Abb. 8° (395)

912 —. Le genre Mycena (Fries). = Encyclopédie Mycologique. 10. Paris: Lechevalier 1938. 2 Bl., 710 S. Mit 16 Taf. und 239 Textabb. 8° (396)

913 **Küllmer, Karl.** Untersuchungen zur näheren Kenntnis einheimischer Pilze. (Dissertation Göttingen.) Göttingen: Vohwinkel 1912. 79 S. 8° (1241)

Kuenen, Rudolf. Genetik der Pilze. 1965. s. **Esser**, Karl.

914 **Kuhlmann, P.** Reizker. (Aus: Jäger. 93 (1975) Nr 3, S. 62-63. Mit 1 farb. Abb.) (1484)

915 **Kummer, Paul.** Kryptogamische Charakterbilder. Hannover: Rümpler 1878. VIII, 251 S. Mit 220 (gez. 142) Abb. 8° (1242)

    Krieger/Kelly, S. 122.-
    Biogr.: ZfP 14, 112-113: H. Urban

916 —. Der Führer in die Pilzkunde. Anleitung zum methodischen, leichten und sicheren Bestimmen der in Deutschland vorkommenden Pilze. 2., völlig umgearb. Aufl. Bd 1.2 in 1. Zerbst: Luppe 1882-1884. 2 Bl., 187 S.; 3 Bl., 146 S. Mit insgesamt 8 lithogr. Taf. 8° (1000)

    Krieger/Kelly, S. 122 (nur Bd 1).-

917 —. Praktisches Pilzbuch für Jedermann in Fragen und Antworten. Hannover: Rümpler (1880). VI S., 1 Bl., 132 S. Mit 18 Holzschn. i.T. u. 3 lithogr. Falttaf. 8° (397)

Kurata, Chikako. Studies on the chages (!) of vitamin D in the Shii-ta-ke mushroom <Lentinus edodes> on the cooking. Um 1970. s. **Arimoto**, Kunitaro.

Kusters, H. Ein Beitrag zur Domestikation von Wildpilzen. 1973. s. **Zadražil**, František.

918 **Laborde, J. und J. Delmas.** Le Pleurote: Un nouveau champignon comestible cultivé. (Aus: Bulletin de la Féd. Nat. des Syndicats Agricoles des Cultivateurs de Champignons. 1974. S. 631-652.) (1514)

Lafay, G. Les Champignons comestibles de Saône-et-Loire. 1904. s. **André**, E.

919 **Laiho, Olavi.** Paxillus involutus as a mycorrhizal symbiont of forest trees. = Acta Forestalia Fennica. 106. Helsinki (:Suomen Metsätieteellinen Seura) 1970. 72 S. Mit 26 Abb. (davon 4 farb. auf 1 Taf.) 8° (1350)

> Rez.: WP 8, 196: H. Jahn

920 **Lamarck, Jean Baptiste de und Augustin Pyramus de Candolle.** Flore française, ou descriptions succinctes de toutes les plantes qui croissent naturellement en France. T. 2 (3e éd.) und 5. Paris: Desray 1815. X (statt XII), 600 S.; 10, 660 S. 8° (398.399)

> Brunet III, 784.- Graesse IV, 83.- Ebert 11653.- Pritzel 1468.- Nouv. biogr. gén. XXIXX, 55-62 und VIII, 461-467.- Krieger/ Kelly, S. 39.- Bd 2 und 5 umfassen den die Pilze betr. Tl des Werkes. Es fehlen in Bd 2 die "Carte botanique" und am Anfang 1 Bl. (wahrscheinlich Vortitel)

921 — —. Synopsis plantarum in Flora Gallica descriptarum. Paris: Agasse 1806. XXIV, 432 S. 8° (400)

> Brunet III, 784; Graesse IV, 83 (beide Ausg. von 1807).- Pritzel 5007.- Krieger/Kelly, S. 123.-

922 **Lambert, Edmund Bryan.** Mushroom Growing in the United States. Rev. ed. = U.S. Department of Agriculture. Farmers' Bulletin. 1875. (Washington: US Government Pr. Office 1958.) 11 S. Mit 8 Abb. 8° (401)

923 **Lancisi, Giovanni Maria.** Dissertatio epistolaris de Ortu, vegetatione et textura fungorum una cum dissertatione de Plinianae villae ruderibus atque Ostiensis litoris incremento. 1714. vgl. Aufn. zu: **Marsigli**, Luigi Fernando: Dissertatio de Generatione fungorum. 1714.

> Pritzel 5033.- Nouv. biogr. gén. XXIX, 330-334.- Lütjeharms, S. 99.-

924 **Landeszentrale für Gesundheitsförderung Baden-Württemberg e.V.** Anschriftenverzeichnis der Pilzberatungsstellen in der Bundesrepublik Deutschland. (Stand Juli 1974.) Stuttgart (1974). 19 S. 8° (1453)

925 —. Pilzberater und Informations- und Behandlungszentralen für Vergiftungen. Bundesrepublik Deutschland. (Anschriftenverz. Stand Dez. 1974.) Stuttgart (1974). 19 S. 8° (1750)

926 —. 5 Regeln schützen vor Pilzvergiftungen. Stuttgart o.J. (um 1974.) 1 bl. 8° (1452)

Lange, Horst. Blütenlose Pflanzen. 1970. s. **Shuttlerworth**, Floyd Stephen.

927 **Lange, Jakob Emmanuel.** Flora Agaricina Danica. Publ. under the auspices of the Soc. for the Advancement of Mycology in Denmark and the Danish Botanical Soc. Collab.: N.F. Buchwald (u.a.). T. 1-5. Kopenhagen: Recato 1935-1940. (1:1935) 90 S., 3 Bl.; (2:1936) 105 S., 3 Bl.; (3:1938) 96 S., 3 Bl.; (4:1939) 119 S., 4 Bl.; (5:1940) 105 S., 5 Bl., XXIV S. Mit insgesamt 200 farb. lithogr. Taf. 4° (403)

> Nissen 1132.-
> Rez.: Fr 9, 121-132: M. Lange; MOeMG 1, 99: Swoboda; ÖZP 2, 99: Swoboda; WP 1, 58: H. Jahn

928 **— und Morten Lange.** Pilze. Überarb. für die mitteleuropäischen Verhältnisse von Meinhard Moser. 3., verb. Aufl. von 600 Pilze in Farben. = Erkenne die Natur. (München, Basel, Wien: BLV 1967.) 242 S. Mit 98 Farbtaf. i.T. und 8 Textabb. Die Abb. aus: Flora Agaricina Danica sowie von E. Sunesen und P. Dahlstrøm. 8° (901)

929 **— —.** 600 Pilze in Farben. Überarb. für die mitteleuropäischen Verhältnisse von Meinhard Moser. München: BLV (1962). 242 S. Mit 96 Farbtaf. i.T. und 8 Textabb. Die Abb. aus: Flora Agaricina Danica sowie von E. Sunesen und P. Dahlstrøm. 8° (411)

> Rez.: MyM 7, 29-30: H.H. Handke; SZP 40, 88-89: J. Peter; WP 3, 107: H. Jahn; ZfP 28, 67-68: E.H. Bendedix

930 **— — —.** 2. verb. Aufl. München, Basel, Wien: BLV (1964). 242 S. Mit 96 Farbtafeln i.T. und 8 Textabb. 8° (412)

> Rez.: MOeMG 94, 1965: Lohwag; MyM 9, 58-59: H.H. Handke

931 **— —.** Illustreret Svampeflora. Kopenhagen: Gad 1961. 242 S. Mit 96 Farbtaf. i.T. und 8 Textabb. Die Abb. aus: Flora Agaricina Danica sowie von E. Sunesen und P. Dahlstrøm. 8° (409)

932 **— —.** Svampflora. Svensk overs. och bearb. av Olof Andersson. Stockholm:) Nordisk Rotogravyr (1964). 239 S. Mit 96 Farbtaf. i.T. und 10 Textabb. Die Abb. aus: Flora Agaricina Danica sowie von E. Sunesen und P. Dahlstrøm. 8° (413)

933 **Lange, Lene.** The Distribution of Macromycetes in Europe. A report of a survey undertaken by the Committee for mapping of Macromycetes in Europe. First half century. Introd. by Morten Lange. = Dansk Botanisk Arkiv. 30, 1. Kopenhagen 1974. 105 S. Mit 50 Abb. 8° (1496)

> Rez.: WP 9, 135: H. Jahn; ZfP 40, 245-246: A. Bresinsky

934 **Lange, Morten.** The Agarics of Maglemose. = Dansk Botanisk
Arkiv. 13,1. Kopenhagen: Munksgaard 1948. 141 S. Mit 19 Tab.
und 18 Abb. 8° (404)

935 **— und Frederick Bayard Hora.** A Guide to mushrooms and toadstools. New York: Dutton 1963. 257 S. Mit 96 Farbtaf. i.T. und
12 Textabb. Die Abb. aus: Flora Agaricina Danica sowie von E.
Sunesen und P. Dahlstrøm. 8° (410)

936 —. Macromycetes. P. 1-3. = Meddelelser om Grønland. 147, Nr 4
und Nr 11 sowie 148, Nr 2. Kopenhagen: Reitzel 1948-1957. (1:
The Gasteromycetes of Greenland. 1948) 32 S. Mit 8 Abb. auf 4
Taf. und 6 Textabb.; (2: Greenland Agaricales. 1955) 69 S. Mit 35
Abb.; (3: Greenland Agaricales <Pars>. Macromycetes caeteri.
Ecological and plant geographical studies. 1957) 125 S. Mit 20
Tab. und 35 Abb. 8° (1243)

    Rez.: SZP 34, 49: R. Haller

937 —. Danish hypogeous Macromycetes. = Dansk Botanisk Arkiv.
16,1. Kopenhagen: Munksgaard 1956. 84 S. Mit 20 Abb. 8° (405)

—. Pilze. 1967. s. **Lange**, Jakob Emmanuel.

—. 600 Pilze in Farben. 1962 u.ö. s. **Lange**, Jakob Emmanuel.

938 —. Species Concept in the genus Coprinus. = Dansk Botanisk
Arkiv. 14,6. Kopenhagen: Munksgaard 1952. 164 S. Mit Tab. und
16 Abb. 8° (406)

939 —. Svampe. = Botanik. Bd 2: Systematisk Botanik. Nr 1. Kopenhagen: Munksgaard i komm. 1955. 160 S. Mit 162 Abb. 8° (407)

—. Illustreret Svampeflora. 1961. s. **Lange**, Jakob Emmanuel.

940 —. Svampe Livet. (Kopenhagen:) Rhodos (1961). 244 S. Mit 20
s.-w. Abb. und 50 farb. Taf. von A.R. Andersson i.T. Quer-Fol.
(408)

    Rez.: ČM 17, 110: A. Pilát; MyM 7, 72: M. Herrmann

—. Svampflora. 1964. s. **Lange**, Jakob Emmanuel.

Lanjouw, J. s. **International code of botanical nomenclature.** 1961.

941 **Laplanche, Maurice Coujard de.** Dictionnaire iconographique des
champignons supérieurs <Hyménomycètes>, qui croissent en
Europe, Algérie et Tunésie. Suivi des tableaux de concordance
<pour les Hyménomycètes> de Barrelier, Batsch, Battarra,
Bauhin, Bolton, Bulliard, Krombholz, Letellier, Paulet, Persoon,
Schaeffer et Sowerby. Autun: Dejussieu; Paris: Klincksieck 1894.
X S., 1 Bl., 541 S. 8° (414)

    Krieger/Kelly, S. 124.-

942 **Larber, Giovanni.** Degli Avvelenamenti intervenuti per opera de'
funghi nel regno Lombardo-Veneto l'autunno dell' anno 1830.
Lettera di Giovanni Larber indiritta al signor Giuseppe Moretti.
Padua: Tipografia del seminario 1831. 39 S. 8° (1245)

> Nouv. biogr. gén. XXIX, 579-580.-

943 —. Sui funghi Saggio generale. 1.2. Bassano: Baseggio 1829. 173
S., 1 Bl. (leer); 328 S. Mit 21 kolor. Kupfertaf. 4° (1244)

> Pritzel 5076 (gibt für Tl 2 nur 324 S. an!)

944 **Large, Ernest Charles.** The Advance of the fungi. (Republ.) New
York: Dover (1962). 488 S. Mit 6 Taf. und 58 Textabb. 8° (415)

—. Wayside and woodland Fungi. 1967. s. **Findlay**, Walter Philip
Kenneth.

945 **La Rocque, Antoine de.** Les Champignons comestibles et vénéneux. Paris: Nodot (1905). 158 S. Mit 25 Textabb. und 12 Chromolithos. 8° (416)

946 **Larranaga, José Miguel.** El misterioso Mundo de los hongos. (Aus:
Ronda Iberia. No 3, 1974. S. 24-29. Mit 7 farb. Abb.) (1486)

Laszlo, Paul L. de. Mushrooms and toadstools. 1959. s. **Ramsbottom**, John.

Lauber, Konrad. Unsere Pilze. 1974. s. **Mauch**, Hans.

947 —. Ein Streifzug durch die Welt der Pilze. (Aus: CIBA-Sympo-
sium. 14 (1966) S. 133-141. Mit 1 Portr. und 18 farb. Abb.) (902)

> Rez.: SZP 45, 14: R. Hotz

Laurell, Laurens Peter. Genera Hymenomycetum. 1936. Resp. s.
Fries, Elias.

948 **Laurent, Paul.** Examen des sporules du Phallus impudicus, des
infusions du Lycoperdon verrucosum, et du Lycoperdon tuber ou
truffe comestible. (Aus: Mémoires de la Soc. Royale des Sciences,
Lettres et Arts de Nancy. 1841. 8 S. Mit 1 lithogr. Taf. mit 13
Abb.) (997)

> Krieger/Kelly, S. 125.-

949 **Laux, Hans E.** Von Eichenwirrling bis Zunderschwamm. (Aus:
Kosmos. 72 (1976) S. 41-44. Mit 5 - davon 2 farb. - Abb.) (2017)

950 **Lázaro é Ibiza, Blas.** Hongos comestibles y venenosos. = Ma-
nuales-Soler. 11. Barcelona: Soler o.J. (um 1910.) 176 S. Mit 8
Farbtaf. und 60 Textfig. 8° (861)

951 —. (Los Poliporáceos de la flora española. <Estudio crítico y descriptivo de los hongos de esta familia.> Madrid: Impr. Renacimiento o.J., um 1917.) 319 S. Mit 10 Farbtaf. 8° (1246). Titelbl. fehlt.

952 **Lebl, M.** Die Champignonzucht. 7., erw. Aufl., hrsg. von Gustaf Adolf Langer. Berlin: Parey 1917. VIII, 97 S. Mit 34 Abb. 8° (1047)

    Krieger/Kelly, S. 254 (8. Aufl. 1920).-

    Le Breton, André. Contribution à la flore mycologique de la Seine-Inférieure. 1879. s. **Quélet**, Lucien: Champignons récemment observés en Normandie...

953 **Lechner-Knecht, Sigrid.** Ausflug ins magische Pilzreich. Erlebnis und Deutung indianisch-mexikanischer Pilzzeremonien. (Aus: Die Grünenthal Waage. 3 (1963) S. 129-137. Mit 6 s.-w. und 5 farb. Abb.) (417)

954 **Leclair, Albert und Henri Essette.** Les Bolets. Préf. de Roger Heim. = Atlas Mycologiques. 2. Paris: Lechevalier 1969. X, 54, 81 S., 3 Bl. Mit Abb. i.T. und 72 (davon 64 farb.) Taf. (nach Aquarellen von Henri Essette.) 4° (1045)

    Rez.: BSMF 85, 133: H. Romagnesi; ČM 23, 270-271: A. Pilát; MOeMG 111, 1969: K. Lohwag; RM 34, 231-232: J. Métron; Sy 22, 337-338: F. Petrak; ZfP 36, 201: E.H. Benedix

955 **Le Gal, Marcelle.** Connaître ... Les champignons. Ce qu'il faut en savoir pour éviter de s'empoisonner. = Collection 'Connaître'. 44. Paris: Baillière (1955). 31 S. Mit 4 Abb., 41 Textfig. und 1 Zeichnung. 8° (418)

956 —. Promenades mycologiques. Guide pratique du chercheur de champignons. Paris: Baillière 1957. 390 S., 1 Bl. Mit 8 Farbtaf. und 116 Textabb. 8° (419)

957 **Lehrbuch der Botanik für Hochschulen.** Begr. von Eduard Strasburger (u.a.). 27. Aufl. Stuttgart: G. Fischer 1958. XII, 694 S. Mit 1 farb. Faltkt. und 952 Textabb. 8° (420)

    Nissen 1903 (frühere Aufl.).-

958 —. Neubearb. von Dietrich von Denffer (u.a.). 30. Aufl. Stuttgart: G. Fischer 1971. XII, 842 S., 2 Bl. Mit 1 farb. Faltkt. und 759 Textabb. 8° (1386)

    Rez.: MOeMG 122, 1973: F. Petrak; Sy 24, 357-358: F. Petrak

959 **Leitsätze für Pilze und Pilzerzeugnisse.** (Nebst) Ergänzung und Änderung und Ergänzung der Leitsätze. (Aus: Bekanntmachung von (weiteren) Leitsätzen des Dt. Lebensmittelbuches vom 8. April 1965; 14. Sept. 1972 (Erg.); 20. Juni 1975 (Änderung und Erg.). = Beilage zum Bundesanzeiger Nr 101 vom 2. Juni 1965. S. 15-17; Nr 207 vom 3. Nov. 1972. S. 8 (Erg.); Nr 134 vom 25. Juli 1975. S. 18. (Änderung und Erg.)) (928.970.1041)

960 **Lejsner, T.** Pervye Nachodki černejuščego podgruzdka v Estonii. Funde von Dickblättrigem Schwarztäubling <Russula nigricans (Merát) Fr.> in Estland. (Aus: Botaanilised Uurimused. Scripta Botanica. 2 (1962) S. 184-187.) (421)

961 **Lelley, Jan.** Austernpilze. Abb.: J. Lelley, Ch. Meyer, P. Sabel, H. Steineck und P. Verö. Red. Konrad Keipert und Bertwin Weiß. Hrsg.: Landwirtschaftskammer Rheinland. = Anregungen für Produktion und Absatz. 5. Bonn: Rheinischer Landwirtschaftsverl. 1974. 40 S. 8° (1474)

962 **— und Franz Xaver Schmaus.** Bericht über den IX. Internationalen Kongreß für die Kultur eßbarer Pilze. (Aus: Der Champignon. Nr 164 (April 1975) S. 25-29 und 165 (Mai 1975) S. 5-17. Mit insgesamt 5 Tab.) (1929)

963 —. Erfahrungen über den Austernpilz <Pleurotus ostreatus (Jacq. ex Fr.) Kummer>. 1. Die morphologischen Merkmale und Werteigenschaften des Austernpilzes. (Aus: Der Champignon. Nr 152 (April 1974) S. 15-21. Mit 3 Tab. und 1 Abb.) (1927)

964 — —. 2. Einfluß des pH-Wertes und einer Fungizidbehandlung auf die Mycelentwicklung und Fruchtkörperbildung. (Aus: Der Champignon. Nr 155 (Juli 1974) S. 9-13. Mit 3 Tab. und 1 Abb.) (1924)

965 —. Die Lehr- und Versuchsanstalt für Pilzanbau der Landwirtschaftskammer Rheinland wurde offiziell gegründet. (Aus: Der Champignon. Nr 162 (Febr. 1975) S. 8-9.) (1920)

966 —. Neues aus der Lehr- und Versuchsanstalt für Pilzanbau der Landwirtschaftskammer Rheinland. (Aus: Der Champignon. **Nr** 170 (Okt. 1975) S. 9-11. Mit 2 Abb.) (1919)

967 —. Procedimento per coltivare funghi distruttori di legno in particolare orecchione. = Brevetto per invenzione industriale. No 966321. Roma: Ministero dell' Industria, del Commercio e dell' Artigianato, Ufficio Centrale Brevetti 6. Febr. 1974. 3 Bl., 10 gez. Bl., 1 Bl. 4° (1447)

968 —. Neuer Speisepilz für Anbauer und Verbraucher, der Austernseitling. (Aus: Der Champignon. Nr 125 (Jan. 1972) S. 14-15.) (1540)

969 —. Durchwachsenes Substrat als Brut für Pleurotus. (Aus: **Der Champignon**. Nr 153 (Mai 1974) S. 4-5.) (1539)

970 —. Verfahren zum Kultivieren von holzzerstörenden Pilzen, insbesondere des Austernseitlings <Pleurotus ostreatus>. = Auslegeschrift. 2 151 326. (München:) Dt. Patentamt 15. Okt. 1971. 2 Bl. 4° (1448)

971 — —. = Offenlegungsschrift. 2 207 409. (München:) Dt. Patentamt 17. Febr. 1972. 17 S. 4° (1449)

972 —. Verfahren zur Kultivierung von holzzerstörenden Pilzen, insbesondere des Austernseitlings <Pleurotus ostreatus>. = Patentschrift Nr 527 554. Bern: Schweizerische Eidgenossenschaft, Eidgenössisches Amt für Geistiges Eigentum 18. 2. 1972/31. 10. 1972 (Anmeldung/Veröff.). 7 Bl. 4° (1451)

973 —. Verfahren zur Kultivierung von holzzerstörenden Pilzen, insbesondere des Austernseitlings <Pleurotus ostreatus>. = Patentschrift Nr 532 353. Bern: Schweizerische Eidgenossenschaft, Eidgenössisches Amt für Geistiges Eigentum 20. 12. 1971/28. 2. 1973 (Anmeldung/Veröff.). 5 Bl. 4° (1450)

974 **Lemke, Gertraud.** Anwendung von Benlate in kalkhaltigen Deckerden. (Aus: **Der Champignon**. Nr 146 (Okt. 1973) S. 14-17. Mit 1 Tab. und 3 Abb.) (1912)

975 —. Champignonkultur auf sterilisiertem Nährsubstrat. (Aus: **Mushroom News**. 11. Okt. 1963. S. 4-8. Mit 4 Abb.) (1423)

976 —. Erfahrungen mit Perlite bei der Myzelanzucht und Fruchtkörperproduktion des Kulturchampignons Agaricus bisporus (Lge.) Sing. (Aus: **Die Gartenbauwissenschaft**. 1971. S. 19-27. Mit 3 Abb.) (1248)

977 —. Praktische Erfahrungen bei der Champignonbrutherstellung. (Aus: **Der Champignon**. Nr 126 (Febr. 1972) S. 3-18. Mit 3 Abb.) (1926)

978 —. Ergebnisse zur Lagerfähigkeit von Champignonbrut. (Aus: **Mushroom Science**. 8 (1971) S. 27-34. Mit 4 Tab.) (2023)

979 —. Kontrollmaßnahmen beim Champignonkulturverfahren nach TILL. (Aus: **Mushroom Science**. 6 (1967) S. 393-402. Mit 5 Abb.) (903)

980 —. Die Möglichkeit der Wiederverwendung von abgetragenem Kompost für die Champignonkultur. (Aus: **Die Gartenbauwissenschaft**. 28 (1963) S. 565-570. Mit 1 Tab. und 3 Abb.) (1422)

981 —. Myzelwachstumsteste mit vier Champignonstämmen. (Aus: **Der Champignon**. Nr 128. April 1972. 3 Bl. Mit 4 Abb.) (1954)

—. Die III. Phase der Entwicklung des Champignon-Anbauverfahrens auf nicht kompostiertem sterilem (!) Nährsubstrat. 1967 s.
Huhnke, Walter.

982 —. Produktion und Verarbeitung von Champignons und Wildpilzen bei Blanchaud, Chacé <Maine et Loire>. (Aus: Gartenwelt.
1973. S. 249-251. Mit 3 Abb.) (1960)

—. The IIIrd Stage in the development of the procedure for
cultivating mushrooms on non-composted, sterile substrate. 1968.
s. **Huhnke**, Walter.

—. Sterilisation von Nährböden mit Äthylenoxid für die Kultur
von Champignons. 1966. s. **Huhnke**, Walter.

—. Die Weiterentwicklung des Tillschen Champignon-Kulturverfahrens auf nicht kompostiertem sterilem (!) Nährsubstrat. 1965.
s. **Huhnke**, Walter.

983 —. Über die Wirksamkeit von Aerosept-Verdampfern zur Raum-
luftdesinfektion bei der Champignonbrutherstellung. (Aus: Der
Champignon. Nr 75. 1967. 4 Bl. Mit 3 Abb. und 1 Tab.) (904)

984 **Lengsfeld, Anneliese M., Irmentraut Löw, Theodor Wieland,
Peter Dancker und Wilhelm Hasselbach.** Interaction of phalloidin
with actin. (Aus: Proceedings of the Nat. Acad. of Sciences of the
USA. 71 (1974) S. 2803-2807. Mit 8 Abb.) (1604)

985 **Lenz, Harald Othmar.** Die nützlichen und schädlichen Schwämme, nebst einem Anhange über die isländische Flechte. Text- und
Tafelbd. Gotha: Becker 1831. VI, 130 S. Mit gest. Frontispiz und
18 Kupfertaf. mit 77 kolor. Abb. 8°

Pritzel 5214.- Nissen 1175.- ADB XVIII 278-279.- Krieger/
Kelly, S. 127 (ohne die Taf.).-
Biogr.: MyM 17, 1-16 (m. Portr.): W. Pfauch.

986 —. Die nützlichen, schädlichen und verdächtigen Schwämme. 4.,
veränd. Aufl. Gotha: Thienemann 1868. Titel, 175 S. Mit 74 farb.
Abb. auf 19 lithogr. Taf. 8° (1249)

Pritzel 5214.- Nissen 1175.-

987 —. Nützliche, schädliche und verdächtige Schwämme. 5. Aufl.
Bearb. von A. Röse. Gotha: Thienemann 1874. IV, 212 S., 2 Bl.
(letztes leer.) Mit 20 (davon 19 kolor.) lithogr. Taf. 8° (422)

988 — —. 6. Aufl., bearb. von Otto Wünsche. Gotha: Thienemann
1879. 2 Bl., 223 S. Mit 20 (davon 19 kolor.) lithogr. Taf. 8° (423)

Krieger/Kelly, S. 127.-

989 — —. 7. Aufl., bearb. von Otto Wünsche. Gotha: Thienemann
1890. 2 Bl., 197 S. Mit 20 (davon 19 kolor.) lithogr. 8° (424)

990 **Letellier, Jean Baptiste Louis.** Histoire et description des champignons alimentaires et vénéneux qui croissent aux environs de
Paris. Paris: Crevot 1826. 143 S. Mit 4 Falttab. und 12 kolor.
lithogr. Taf. 8° (425)

   Pritzel 5248.- Krieger/Kelly, S. 127.-

991 **Leuba, Fritz.** Les Champignons comestibles et les espèces vénéneuses avec lesquelles ils pourraient être confondues. Neuchâtel:
Delachaux & Niestlé; Paris: Carré; Genève: Gauchat & Robert
(1887-) 1890. XLI, 118 S., 1 Bl. Mit 54 (davon 52 Chromolithos)
Taf. Fol. (426)

   Nissen 1183.- Krieger/Kelly, S. 127.-

992 **Leunis, Johannes.** Synopsis der Pflanzenkunde. 3., gänzlich umgearb. Aufl. von A.B. Frank. Bd 1-3 (nebst) Anh.: Literarischer
Nachweiser in 3 Bdn. = Synopsis der Drei Naturreiche. 2. Hannover: Hahn 1883-1886. (1: 1883) VI, 944 S. Mit 3 Taf. und 662
Textholzschnitten; (2: 1885) XXIII, 1002 S. Mit 641 Textholzschnitten; (3: 1886) XIX, 675 S. Mit 176 Textholzschnitten; (Anh.:
1886) 117 S. 8° (427)

   ADB XVIII, 493-495.-

993 **Lewin, L.** Pilze von der Insel Sylt <bei Westerland>. (Aus: Schriften des Naturwissenschaftl. Vereins für Schleswig-Holstein. 9
(1892) S. 259-260.) (1605)

   Lewis, Margaret H. Twenty common Mushrooms and how to cook
   them. 1965. s. **Coffin**, George S.

994 **Liceti, Fortunio.** De spontaneo viventium Ortu libri quatuor. In
quibus de generatione animantium, quae vulgo ex putri exoriri
dicuntur, accurate aliorum opiniones omnes primum examinantur... (Padua:) Bolzeta 1618. 3 Bl., 10, 323 S., 15 Bl. 4° (1947)

   Graesse IV, 203.- Nouv. biogr. gén. XXXI, 132-136.-

   Liedberg, Wilhelm. Anteckningar öfver de i Sverige växande
   ätliga svampar. 2. 1836. Resp. s. **Fries**, Elias.

995 **Liesche-Schöneck, Otto.** Atlas der eßbaren und giftigen Pilze in
natürlicher Größe und Farbe mit Beschreibung, unter Gegenüber-
stellung der leicht zu verwechselnden Pilze. Tl 1.2. = Liesches
Naturwissenschaftl. Taschenatlanten. H. 1.2. Annaberg: Grasers
Verl. (1914.) 16, 15. S. Mit 92 farb. Abb. auf 24teil. Leporeliotaf.
8° (1167)

996 — —. 2. Aufl. Tl 1. = Liesches Naturwissenschaftl. Taschenatlanten. H. 1. Annaberg: Grasers Verl. o.J. (um 1916.) 16 S. Mit 45
farb. Abb. auf 14teil. Leporellotaf. 8° (1051)

997 **Lihnell, Daniel.** Untersuchungen über die Mykorrhizen und die
Wurzelpilze von Juniperus communis. = Symbolae Botanicae
Upsalienses. 3, 3. Uppsala: Lundequist (1939). 143 S. Mit 11 Abb.
auf 3 Taf. und 19 Textabb. 8° (428)

Liljevalch, P. Olof. Om Inskrifter i lefvande träd. 1829 Resp. s.
Agardh, Karl Adolf.

998 **Lilly, Virgil Greene und Horace Leslie Barnett.** Physiology of the
fungi. = McGraw-Hill Publ. in the Botanical Sciences. New York,
Toronto, London: McGraw-Hill 1951. XII,464 S. Mit Frontispiz,
81 Abb. und 64 Tab. 8° (429)

Lindau, Gustav. Die natürlichen Pflanzenfamilien. Tl 1, Abt. 1.
1900. s. **Engler**, Adolf.

999 —. Die Pilze. Eine Einführung in die Kenntnis ihrer Formen-
reihen. = Sammlung Göschen. 574. Leipzig: Göschen 1912. 128
S. Mit 10 Abb. 8° (1081)

    Krieger/Kelly, S. 129.-

1000 —. Die höheren Pilze. Basidiomycetes, mit Ausschluß der Brand-
und Rostpilze. 3. Aufl. Bearb. von Eberhard Ulbrich. = Kryptogamenflora für Anfänger. 1. Berlin: J. Springer 1928. XII, 497 S.,
1 Bl. Mit Portr. (Lindau), 14 Taf. mit je 1 S. erkl. Text und 38
Textabb. 8° (430)

    Krieger/Kelly, S. 129 (Ausg. 1917).-
    Rez.: ZfP 8, 157-158: F. Kallenbach

1001 —. Spalt- und Schleimpilze. Eine Einführung in ihre Kenntnis.
=Sammlung Göschen. 642. Berlin & Leipzig: Göschen 1912. 116
S. Mit 11 Abb. 8° (1080)

    Krieger/Kelly, S. 129

1002 **Lindblad, Matts Adolf.** Svampbok. Bearb. af Lars Romell jämte
anvisningar om svampars insamling, förvaring och anrättning af
Herman Sandeberg. Stockholm: Idun 1901. 4 Bl., 166 S. Mit 8
Abb. auf 2 Taf. und 1 Textabb. Dazu: Mappe mit 118 kolor. Abb.
auf 4 lithogr. Taf. 8° (431)

    Krieger/Kelly, S. 129.-

1003 —. Synopsis fungorum Hydnaceorum in Svecia nascentium.
(Praeses: Elias Fries.) P. 1. Uppsala: Wahlström 1853. 2 Bl., 18 S.
8° (1153)

    Pritzel 5324 (Titel etwas abweichend).-

NOVA PLANTARVM GENERA

IVXTA

TOVRNEFORTII METHODVM DISPOSITA

Quibus Plantæ MDCCCC recenfentur, fcilicet fere MCCCC nondum·obfervatæ, re-
liquæ fuis fedibus reftitutæ; quarum vero figuram exhibere vifum fuit, eæ
ad DL æneis Tabulis CVIII. graphice expreffæ funt ; Adnotationibus , atque
Obfervationibus , præcipue Fungorum , Muçorum , affiniumque Plantarum fationem, ortum, & incrementum fpectantibus, interdum adiectis.

REGIAE CELSITVDINI

IOANNIS GASTONIS

MAGNI ETRVRIAE DVCIS.

AVCTORE

PETRO ANTONIO MICHELIO FLOR.

EIVSDEM R. C. BOTANICO.

FLORENTIÆ. MDCCXXVIIII.
Typis Bernardi Paperinii, Typographi R. C. Magnæ Principis
Viduæ ab Etruria.

Propè Ecclefiam Sancti Apollinaris, fub Signo Palladis, & Herculis.
SVPERIORVM PERMISSV.
Zu Nr. 1131

EFTERRETNING

OG

ERFARING

OM

SVAMPE,

I SÆR

RÖR-SVAMPENS

VELSMAGENDE

PILSE,

MED KAABER.

— Minus ergo nocens erit Agrippinæ
BOLETUS — — — JUV. S. VI.

KIÖBENHAVN 1763.

TRYKT HOS NICOLAUS MÖLLER.

Zu Nr. 1202

1004 **Lindeberg, Gösta.** Über die Physiologie ligninabbauender Boden-Hymenomyceten. Studien an schwedischen Marasmius-Arten. (Dissertation.) = Symbolae Botanicae Upsalienses. 8,2. Uppsala: Lundequist (1944). 183 S. Mit 54 Tab. und 24 schemat. Darst. 8° (432)

Lindemann, E. Die natürlichen Pflanzenfamilien. Bd 2. 1928. s. **Engler**, Adolf.

1005 **Lindemann, Heinrich.** 67 Pilzaquarelle aus den Jahren 1960-63. (433)

1006 **Linné, Karl.** Dissertatio botanico-medica, in qua fungus melitensis... praeside Carolo Linnaeo... publicae ventilationi proponitur a Johanne Pfeiffer. Uppsala: Hoejer 1755. 2 Bl., 16 S. Mit 1 Kupfertaf. 4° (1250)

Pritzel 5473.- Nouv. biogr. gén. XXXI, 288-299.- Lütjeharms, S. 231.-

List of Cultures. s. **Centraalbureau voor Schimmelcultures.**

1007 **List, Paul Heinz.** Chemie der höheren Pilze. (Aus: Planta Medica. 8 (1960) S. 384-393.) (434)

1008 — **und P. Luft.** Gyromitrin, das Gift der Frühjahrslorchel Helvella <Gyromitra> esculenta Pers. ex Fr. (Aus: Zeitschrift für Pilzkunde. 34 (1968) S. 3-8.) (926)

1009 —. Umgang mit Pilzen. Marburg/Lahn: Hessische Arbeitsgem. für Gesundheitserziehung o.J. (um 1970). 16 S. Mit farb. Abb. 8° (1251)

1010 — —. (Neuaufl.) = Schriftenreihe der Hessischen Arbeitsgem. für Gesundheitserziehung. 24. (Marburg/Lahn) o.J. (um 1971.) 16 S. Mit farb. Abb. 8° (1252)

1011 **Lobanow, N.W.** Mykotrophie der Holzpflanzen. Berlin: Dt. Verl. der Wissenschaften 1960. XIV, 352 S. Mit 53 Tab. und 87 Abb. 8° (435)

Rez.: ZfP 26, 123-124: E.H. Benedix

1012 **Locquin, Marcel.** Les Champignons. = Que Sais-Je? 812. Paris: Pr. Univ. 1959. 124 S., 2 Bl. Mit 19 Abb. 8° (438)

1013 — **und Bengt Cortin.** Champignons comestibles et vénéneux. Paris: Nathan (1961). 156 S. Mit 343 farb. Abb. von Edgar Hahnewald auf 96 Taf. i.T. 8° (440)

1014 —. Chromotaxia. Code mycologique et pédologique des couleurs. Paris 1957. 63 S., 1 Bl. Mit 1 Farbentaf. und 36 Farbfiltern. 8° (437)

1015 —. Petite Flore des champignons de France. 1: Agarics, Bolets, Clavaires. (Nebst) Atlas. Fasc. 1. Paris: Verf. 1956-1958. 377 S., 2 Bl. Mit 28 Taf. und 8 Textabb.; 56 farb. Abb. auf 14 Taf. 8° (439.436)

> Rez.: MyM 1, H. 2, 23: M. Herrmann; SZP 40, 28: W. Eschler; WP 1, 93-94: H. Jahn; ZfP 23, 60-61: H. Haas

1016 —. Une nouvelle Méthode de taxonomie automatisée: Mycotaxia. (Aus: Bulletin Mensuel de la Soc. Linnéenne de Lyon. 37 (1968) S. 181-184.) (1253)

1017 —. Mycotaxia 1967. 2. A. Les intoxications fongiques. Paris (1967). 2 Bl., 31 Lochk. (gez. 2-32), 1 Bl. (1017)

1018 —. Mycotaxia 1967. 2. B. Agaricales. Agaricales genera Europaei. Paris (1967). 2 Bl., 56 (gez. 2-57) Lochk. 1 Bl., 5 Falttaf. (1018)

1019 —. Mycotaxia 1967. 2. C. Agaricales. Boletaceae Europaei. Paris (1967). 2 Bl., 64 (gez. 2-65) Lochkt. (1019)

1020 —. Mycotaxia 1967. 2. D C. Agaricales. Cantharellaceae Europaei. Paris (1967). 2 Bl., 19 (gez. 2-20) Lochkt. (1022)

1021 —. Mycotaxia 1967. 2. D H. Agaricales. Hygrophoraceae Europaei. Paris (1967). 2 Bl., 64 (gez. 2-65) Lochkt. (1023)

1022 —. Mycotaxia 1967. 2. R. Agaricales. Lepiota Europaei. Paris (1967). 2 Bl., 92 (gez. 2-93) Lochkt. (1021)

1023 —. Mycotaxia 1967. 2 S. Agaricales. Coprinus Europaei. Paris (1967). 2 Bl., 67 (gez. 2-68) Lochkt. (1024)

1024 —. Mycotaxia 1967. 2. V. Agaricales. Amanitaceae Europaei. Paris (1967). 2 Bl., 52 (gez. 2-53) Lochkt. (1020)

Löffler, Georg. Studien über den Mechanismus der Giftwirkung des Phalloidins mit radioaktiv markierten Giftstoffen. 1963. s. **Rehbinder**, Dietrich.

Löffler, Wolfgang. Mykologie. 1968 u.ö. s. **Müller**, Emil.

Lönnroth, Knud Johan. Observationes criticae plantas Suecicas illustrantes. Dec. 1. 1854. Resp. s. **Fries**, Elias.

1025 **Lörtscher, Friedrich.** Kleines Fremdwörterbuch der Pilzkunde. Bern: Selbstverl. (1949.) 71 S. 8° (441)

> Rez.: SZP 27, 94:-; ZfP 21, Nr 6, 26-27: B. Hennig; Nr 12, 18: G. Greiner

1026 **Lösecke, A. von und F.A. Bösemann.** Die Hautpilze. = Deutschlands Verbreitetste Pilze. 1. Berlin: Grieben 1872. XLV S., 1 Bl., 184 S. 8° (442)

> Krieger/Kelly, S. 133.-

Löw, Irmentraut. Interaction of phalloidin with actin. 1974. s. **Lengsfeld**, Anneliese M.

1027 **Loewenfeld, Claire.** Britain's wild Larder, fungi. London: Faber & Faber 1956. 224 S. Mit Frontispiz, 12 farb. Taf. und 2 Textfig. 8° (443)

Lohmeyer, Till Reinhard. Pilzatlas. 1974. s. **Rinaldi**, Augusto.

1028 —. Auf Pilzsuche. = Kleine Kostbarkeiten. Hannover: Landbuch-Verl. (1973.) 140 S., 3 Bl. Mit meist farb. Abb. 8° (1568)

 Rez.: SPRd 11, H. 1, 18: D. Knoch

1029 **Lohwag, Heinrich und Maria Peringer.** Zur Anatomie der Bole-taceae. (Aus: Annales Mycologici. 35 (1937) S. 295-331. Mit 14 Abb.) (1550)

 Rez.: ÖZP 2, 31: Swoboda

1030 —. 48 Speise- und Giftschwämme. = Heil- und Nährkräfte aus Wald und Flur. Mappe 5. München: Verl. der Pflanzenwerke o.J. (um 1940.) 48 Farbtaf. 8° (444)

 Rez.: DBP N.F. 4, 63: E. Thirring

1031 —. Wie werde ich Pilzkenner? = Ratgeber-Bücherei. Mein Sonn-tagsblatt. Nr 41. Neutitschein, Wien, Leipzig: Enders o.J. (um 1940.) 29 S. Mit 40 Abb. 8° (445)

1032 — —. Vgl. Aufn. zu: **Michael**, Edmund: Führer für Pilzfreunde. 111.-140. Taus. 1919.

Lohwag, Irmgard. Beiträge zur österreichischen Pilzflora. 1971. s. **Petrak**, Franz.

—. Kurt Lohwag. 1970. s. **Petrak**, Franz.

1033 **Lohwag, Kurt.** Ein Beitrag zur Geschichte der Mykologie in Österreich. (Aus: Sydowia. 22 (1968) S. 311-322.)

 Biogr.: ČM 18, 41: A. Pilát; MyM 15, 36-37 (m. Portr.): M. Herrmann; Sy 24, 1-16 (m. Portr. und Bibl.): F. Petrak; WP 8, 40 (m. Portr.): M.A. und H. Jahn; ZfP 29, 50-52: E. Thirring; 36, 279-282 (m. Portr.): M. Moser

1034 —. Birkenschwammschnitzereien aus der Steiermark. (Aus: Mit-teilungen des Naturwissenschaftl. Vereins für Steiermark. 95 (1965) S. 136-139. Mit 5 Abb. auf 1 Taf.) (449)

1035 —. Erkenne und bekämpfe den Hausschwamm und seine Beglei-ter. = Schriftenreihe der Forstl. Bundesversuchsanst. Mariabrunn in Wien. 3. Wien, München: Fromme (1955). 61 S. Mit 36 s.-w.

Abb. und 9 farb. Abb. auf 3 Taf. i.T. 8° (447)

Rez.: WP 2, 14: H. Jahn; ZfP 21, Nr 19, 28: H. Kühlwein.

1036 —. Gallenbildung am Flachen Porling. (Aus: Schweizerische Zeitschrift für Pilzkunde. 43 (1965) S. 65-66.) (448)

1037 —. Die Gipfellorchel. (Aus: Forschungen und Fortschritte. 40 (1966) S. 193-195. Mit 2 Abb.) (450)

1038 —. Moose des Waldes. Bestimmungsschlüssel für Anfänger. 2., erw. Aufl. Wien: Deuticke 1948. VII, 66 S. Mit 63 Textabb. (davon 30 Originalzeichnungen von Helene Guggenthall-Schack) und 8 Taf. 8° (1027)

1039 —. Pilzdiagnosen. Eine Zsfassung der typischen Erkennungs- und Unterscheidungsmerkmale der wichtigsten heimischen Speise- und Giftpilze. Durchges. von Ernst Thirring. Tl 1.2. Wien: Österreichische Mykologische Ges. o.J. (um 1950.) 3 Bl., 17 S.; 1 Bl., 17 (statt 19) S., 2 Bl. 4° (1478). Tl 2 ohne die S. 17 und 18. Beiliegend 6 Bl. mit 78 Pilzdiagnosen.

1040 —. Pilze als Feinde unseres Holzes. Geleitw. Josef Kisser. = Veröffentlichung der Österreichischen Mykologischen Ges. Nr 1. Horn, N.-Ö.: Berger 1948. 21 S. Mit 2 Abb. 8° (1555)

1041 —. Der Spechtloch-Schillerporling <Inonotus nidus-pici Pilat>. (Aus: Allgemeine Forstzeitung. 77. 1966. 1 Bl. Mit 2 Abb.) (451)

1042 —. Taschenbuch der wichtigsten Speise- und Giftpilze. Wien: Fromme 1948. VII, 111 S. Mit 83 Textfig. 8° (866)

1043 —. Ernst Thirring. 1890-1970. (Aus: Sydowia. 23 (1969) S. 1-3. Mit 1 Portr.) (1125)

1044 **Loireau, Léon.** Le Champignon de couche. Culture, obtention du blanc, parasites. = Revue de Mycologie. Mémoire hors-série No. 5. Paris: Laboratoire de Cryptogamie du Mus. Nat. d'Hist. Natur. 1950. 96 S. Mit 12 Taf. und 12 Textabb. 8° (452)

1045 **Loiseau, Jean.** Chercheur de champignons. 3e éd., rev. et augm. Paris: Vigot 1951. 211 S., 1 Bl. Mit Textfig. und 116 farb. Abb. auf 7 Taf. 8° (453)

1046 **Loosli, Max.** Unsere wichtigsten Gift- und Speisepilze. Neuchâtel: Delachaux & Niestlé 1943. 32 S. Mit 7 Abb. 8°. Dazu: 2 Taf. mit 24 farb. Bildern von Paul Aurèle Robert. (454)

1047 **Lorenzen, Karl-Heinz.** Pilzgerichte. 40 Kochanweisungen. Hannover: Trowitzsch 1947. 25 S., 1 Bl. 8° (455)

1048 Lorinser, Friedrich Wilhelm. Altdeutsche mythische Pflanzennamen. (Aus: Österreichische Botanische Zeitschrift. Nr 8. 1871. 8 S.) (990)

ADB LII, 82.-

1049 —. Die wichtigsten eßbaren, verdächtigen und giftigen Schwämme. Bd 1.2. Wien: Hölzel 1876. VI S., 1 Bl. (Inhaltsverz.), 84 S.; 12 Farbtaf. 8° bzw. Quer-Fol. (456)

Krieger/Kelly, S. 133 (Ausg. 1914).-

1050 Lotsy, Johannes Paulus. Fortschritte unserer Anschauungen über Deszendenz seit Darwin und der jetzige Standpunkt der Frage. (Aus: Progressus Rei Botanicae. 4 (1913) S. 362-388.) (457)

1051 Lovén, Frederik August. Om Parasitsvamparna och deras inflytande på skogskulturen. (Dissertation.) Lund: Berling 1874. 2 Bl., 57 S. Mit 3 lithogr. Taf. 8° (458)

Lowe, Lincoln. The Polyporaceae of the United States, Alaska and Canada. 1953. s. **Overholts**, Lee Oras.

Lucas, Leon T. The Marasmius-Blight Fungus. 1973. s. **Singer**, Rolf.

Lüben, Gerhard. The Discovery, isolation, elucidation of structure, and synthesis of antamanide. 1968. s. **Wieland**, Theodor.

—. Isolierung und Charakterisierung eines antitoxischen Cyclopeptids, Antamanid, aus der lipophilen Extraktfraktion von Amanita phalloides. 1969. s. **Wieland**, Theodor.

1052 Luedersdorff, Friedrich Wilhelm. Das Auftrocknen der Pflanzen für's Herbarium und die Aufbewahrung der Pilze nach einer Methode, wodurch jenen ihre Farbe, diesen außerdem auch ihre Gestalt erhalten wird. Berlin: Haude & Spener 1827. Titel, XVI, 150 S., 1 Bl. (Errata.) Mit kolor. Titelvign. und 7 Abb. auf 1 Kupfertaf. 8° (459)

Pritzel 5684.-

1053 Lütjeharms, Wilhelm Jan. Zur Geschichte der Mykologie. Das 18. Jh. (Dissertation Leiden.) Gouda: Koch & Knuttel 1936. XVI, 262 S., 3 Bl. Mit 2 Taf. 8° (948)

Luft, P. Gyromitrin, das Gift der Frühjahrslorchel Helvella (Gyromitra) esculenta Pers. ex Fr. 1968. s. **List**, Paul Heinz.

Luibel, Stephan. Der Gichtschwamm mit grünschleimigem Hute. 1760. vgl. Aufn. zu: **Schaeffer**, Jakob Christian: Epistola de studii botanici faciliori ac tutiori methodo. 1758. (Beibd 1.)

1054 **Lund, Nils.** Conspectus Hymenomycetum circa Holmiam crescentium, quem supplementum Epicriseos Eliae Fries scripsit. Oslo: Malling 1845. 3 Bl., V, 118 S. 8° (460)

    Pritzel 5691.-

Lundell, Jacob. Anteckningar öfver de i Sverige växande ätliga svampar. 3. 1836. Resp. s. **Fries**, Elias.

1055 **Luthardt, Walter.** Holzbewohnende Pilze. Anzucht und Holzmykologie. = Die Neue Brehm-Bücherei. 403. Wittenberg Lutherstadt: Ziemsen 1969. 122 S. Mit 54 Abb. 8° (1030)

    Biogr.: MyM 18, 76-78: M. Herrmann
    Rez.: MOeMG 109, 1969: K. Lohwag; MyM 15, 42-43: F. Gröger; SPRd 6, H. 1, 18: J. Raithelhuber; Sy 22, 339-340: F. Petrak; WP 8, 37: H. Jahn; ZfP 35, 126: M. Moser

1056 **Lutz, Louis.** Traité de cryptogamie. 2e éd., rev. et corr. Paris: Masson 1948. 708 S. Mit 4 farb. Taf. und 388 Textabb. 8° (461)

1057 **Lysek, Gernot und Karl Esser.** Rhythmic mycelial Growth in Podospora anserina. 2. Evidence for a correlation with carbohydrate metabolism. (Aus: Archiv für Mikrobiologie. 75 (1971) S. 360-373. Mit 3 Tab. und 4 Abb.) (1948)

1058 **Maas Geesteranus, Rudolf Arnold und John Axel Nannfeldt.** The genus Sarcodon in Sweden in the light of recent investigations. (Aus: Svensk Botanisk Tidskrift. 63 (1969) S. 401-440. Mit 43 Abb.) (1352)

    Rez.: WP 8, 195: H. Jahn

1059 —. Die terrestrischen Stachelpilze Europas. <The terrestrial hydnums of Europe.> = Verhandelingen der Koninkl. Nederlandse Akad. van Wetenschappen. Afd. Natuurkunde. R. 2, dl 65. Amsterdam, London: North-Holland Publ. Comp. 1975. 127 S. Mit 40 Farbtaf. (nach Aquarellen von J.H. van Os und R.A. Maas Geesteranus) und 58 Textabb. 8° (1855)

    Rez.: SPRd 11, Nr 2, 19-20: H. Steinmann; SZP 53, 110: Sch.; WP, Sonderausg. Nov. 1975, 3: H. Jahn; ZfP 41, 204: M. Moser

1060 **Macaya-Lizano, Ana Victoria.** Pleurotus ostreatus (Jacq. ex Fr.) Quélet, formes et espèces affines. (Aus: Revue de Mycologie. 39 (1974/75) S. 3-42. Mit 8 Taf., 12 Tab. und 2 Textabb.) (1931)

1061 **Machol, Robert E. und Rolf Singer.** Bayesian Analysis of generic relations in Agaricales. (Aus: Nova Hedwigia. 21 (1971) S. 753-787. Mit 4 Tab. und 3 Abb.) (1885)

1062 **Machura, Lothar und Hildegard Tezner.** Pilze sammeln leicht gemacht. (Wien: Niederösterreichisches Landesmus.) o.J. (um 1960.) 8 Bl. Mit 48 Abb. von Pilzarten und 2 Skizzen. 8° (1006)

1063 —. (Neue Aufl.) Wien 1970. 18 Bl. Mit 49 farb. Abb. 8° (1091)

—. Pilzfibel. 1947. s. **Cernohorsky**, Thomas.

1064 **McKenny, Margaret.** The savory wild Mushroom. A Pacific northwest guide. With the collab. of Daniel Elliot Stuntz. Seattle: Univ. of Washington Pr. 1962. XIV, 133 S. Mit 48 farb. Abb. auf 24 Taf. und 38 (gez. 33) Textabb. 8° (462)

   Rez.: ZfP 40, 139-140: A. Bresinsky (Ausg. 1972)

1065 **Mackû, Johann und Al. Kaspar.** Praktischer Pilzsammler. Olmütz: Promberger 1915. 205 S. Mit 162 farb. und 20 s.-w. Abb. auf 48 Taf. 8° (1056)

   Krieger/Kelly, S. 136.-
   Biogr.: ČM 18, 183-184 (m. Portr.): K. Kříž; ZfP 27, 26-27: E.H. Benedix

1066 —. Praktischer Pilzsammler. Dt. Bearb. von Gilbert Japp. 2., verm. und verb. Aufl. Olmütz: Promberger 1925. 264 S., 2 Bl. Mit 39 s.-w. und 259 farb. Abb. auf 80 Taf. 8° (463)

   Rez.: ZfP 5, 213-214: Stejskal

Madelin, Michael Francis. s. The **Fungus Spore.** 1966.

1067 **Magnus, Paul.** Vierter Beitrag zur Pilzflora von Franken. (Aus: Abh. der Naturhistorischen Ges. Nürnberg. 16. 1906. 105 S. Mit 1 Taf.) (1166)

   Krieger/Kelly, S. 137.-

1068 —. Puccinia Rübsaameni P. Magn. n.sp., eine einen einjährigen Hexenbesen bildende Art. (Aus: Berichte der Dt. Botanischen Ges. 22 (1904) S. 344-347. Mit 1 lithogr. Taf.) (1152)

1069 —. Erstes Verzeichnis der ihm aus dem Canton Graubünden bekannt gewordenen Pilze. (Aus: Jahresberichte der Naturforschenden Ges. Graubündens. N.F. 34. 1891. 73, II S.) (464)

   Krieger/Kelly, S. 137.-

1070 **Magnus, Werner.** Über die Formbildung der Hutpilze. (Aus: Archiv für Biontologie. 1 (1906) S. 86-161. Mit 6 Taf.) (465)

Maire, L. Les Bolets. Um 1924. s. **Sartory**, Auguste.

—. Les Champignons vénéneux. 1921. s. **Sartory**, Auguste.

—. Compendium Hymenomycetum. 1922. s. **Sartory**, Auguste.

—. Synopsis du genre Inocybe Fr. 1923. s. **Sartory**, Auguste.

Maire, René. s. L'**Amateur** de champignons.

    Biogr.: SZP 28, 63-65 (m. Portr.): J. Favre

1071 —. La Biologie des Urédinales. (Aus: Progressus Rei Botanicae. 4 (1911) S. 109-162.) (1254)

1072 **Malençon, G.** Les Truffes européennes. Historique, morphogénie, organographie, classification, culture. Repr. xérogr. = Revue de Mycologie. T. 3 <N.S.>. Mémoire hors-série. 1. Paris: Laboratoire de Cryptogamie du Mus. Nat. d'Hist. Natur. (1970.) 92 S. Mit 2 Taf. i.T. und 10 Textabb. 8°. (1255)

Malenkov, G.G. Affinity of antamanide for sodium ions. 1970. s. **Wieland**, Theodor.

1073 **Manget, Charles.** Tableaux synoptiques des champignons comestibles et vénéneux. Paris: Baillière 1903. 128 S. Mit 20 farb. Abb. auf 6 Taf. und 23 s.-w. Textabb. 8° (466)

    Krieger/Kelly, S. 141/142.-

Mannes, Karl. Über die Giftstoffe des grünen Knollenblätterpilzes. 15. 1958. s. **Wieland**, Theodor.

Mansell, Ernest C. The observer's Book of common fungi. 1964. s. **Wakefield**, Elsie Maud.

1074 **Mansfeld, Rudolf.** Die Technik der wissenschaftlichen Pflanzenbenennung. Einführung in die intern. Regeln der botanischen Nomenklatur. Berlin: Akad.-Verl. 1949. 2 Bl., 116 S., 2 Bl. 8° (467)

1075 **Manz, Walter.** Untersuchungen über die Kultur und den Lebenszyklus von Leucoagaricus naucinus (Fr.) Sing. und Macrolepiota procera (Scop. ex Fr.) Sing. (Dissertation Zürich.) Zürich 1971. 91 S. Mit 36 Abb. 8° (1494)

1076 **Marah, Adriana Enda, Dietrich Merten und Fritz Szaffranietz.** Zum 90 Strontium-Gehalt einiger Pilzarten. (Aus: Medizin und Ernährung. 3 (1962) S. 253.) (939)

1077 **Marchand, André.** Champignons du nord et du midi. 1-3. Perpignan: Soc. Mycologique des Pyrénées Méditerranéennes (1971-
1975.) (1: 1971) 264 S., 1 Bl. Mit 100 farb. Taf. i. T.; (2: 1973)
273 S. Mit 100 farb. Taf. i.T. und 100 Skizzen; (3: Bolétales et
Aphyllophorales. 1975) 275 S., 1 Bl. Mit 100 farb. Taf. i.T. und
100 Skizzen. 8° (1256)

> Rez.: BSMF 88, 39: Ch. Zambettakis; MOeMG 129, 1975: M.
> Moser; SZP 50, 28: R. Hotz; 51, 142:-; 53, 93-94: R. Hotz;
> WP 8, 195-196: H. Jahn; Sonderausg. Nov. 1975, 7: H. Jahn;
> ZfP 38, 186-187: R. Singer; 41, 114-115: M. Moser

1078 **Marchand, Léon und Z. Roussin.** Champignons. Um 1874.
vgl. Aufn. zu: **Boudier**, Emile: Des champignons au point de vue
de leur caractères usuels, chimiques et toxicologiques. 1866.
(Beibd 3.)

Marcou, Denise. Podospora Bibliography. 1971. s. **Esser**, Karl.

1079 **Marquardt, Fritz.** Die Dünenstinkmorchel <Phallus hadriani
(Vent.) Pers.> (Aus: Hessische Floristische Briefe. 9 (1960) S. 20.
Mit 3 Abb.) (469)

> Rez.: WP 2, 103: H. Jahn

1080 **Marsigli, Luigi Fernando.** Dissertatio de Generatione fungorum.
Cui acc. (Joannis Mariae Lancisii) responsio una cum dissertatione de Plinianae villae ruderibus atque Ostiensis litoris incremento. Rom: Gonzaga 1714. 40 S.; XLVII S., 3 Bl. (Index), 1 Bl.
(leer.) Mit Titelvign. und 32 (gez. 28, 1 gefalt.) Kupfertaf. Fol.
(470)

> Brunet III, 1475.- Graesse IV, 417-418.- Ebert 13203.- Pritzel
> 5836.- Nissen 1280.- Nouv. biogr. gén. XXXIII, 976-979.-
> Lütjeharms, S. 93.- Krieger/Kelly, S. 143.-

1081 **Martin, Charles-Edouard.** Le 'Boletus subtomentosus' de la région
Genevoise. = Matériaux pour la Flore Cryptogamique Suisse. 2,1.
Bern: Wyss 1903. IX, 39 S. Mit 18 Farbtaf. 8° (471)

> Krieger/Kelly, S. 143.-

1082 **Martin, Felix.** Der Pilzsammler. 3. Aufl. = Illustr. Taschenbücher
für die Jugend. 39. Stuttgart, Berlin, Leipzig: Union Dt. Verl.ges.
o.J. (um 1920.) 119 S. Mit 18 farb. Abb. auf 2 Taf. 8° (472)

> Rez.: PuK 4, 54-55: F. Kallenbach

1083 **Martius, Karl Friedrich Philipp von.** Flora cryptogamica Er-
langensis sistens vegetabilia e classe ultima Linn. in agro Erlan-
gensi hucusque detecta. Nürnberg: Schrag 1817. LXXVIII S., 1 Bl.,

508 S. Mit 6 (davon 4 gefalt., 2 kolor.) Kupfertaf. 8° (1010)

Pritzel 5883.- Nissen 1285.- ADB XX, 517-527. Nouv. biogr. gén. XXXIV, 100-102.- Raab 51, 58.-

1084 **Massee, George Edward.** British Fungi, with a chapter on lichens. London: Routledge; New York: Dutton (1911). VIII, 551 S. Mit 40 Farbtaf. und 21 Textabb. Die Illustr. von Ivy Massee. 8° (473)

Nissen, Suppl. 1300 n.- Krieger/Kelly, S. 144.-

1085 **— und Charles Crossland.** New and rare British Fungi. 1906. vgl. Aufn. zu: **Massee**, George: The Fungus Flora of Yorkshire. 1905. (Beibd 1.)

1086 **—.** British Fungus-Flora. Vol. 1-4. London, New York: Bell 1892-1895. (1: 1892) XII, 432 S. Mit 111 Abb.; (2: 1893) VII, 469 S. Mit 39 Abb.; (3: 1893) VIII, 512 S. Mit 157 Abb.; (4: 1895) VIII, 522 S. Mit 112 Abb. 8° (474)

Krieger/Kelly, S. 144.-

1087 **—.** European Fungus Flora: Agaricaceae. London: Duckworth 1902. 1 Bl., VI, 274 S. 8° (475)

Krieger/Kelly, S. 144.-

1088 **— und Charles Crossland.** The Fungus Flora of Yorkshire. A complete account of the known fungi of the county. = Botanical Transactions of the Yorkshire Naturalists' Union. 4. London, Hull, York: Brown 1905. 2 Bl., 400 (false 396) S. 8° (476)

Angeb.: **Massee/Crossland**: New and rare British Fungi. (Aus: The Naturalist. 1906. S. 6-10. Mit 1 Abb.)

2. **Crossland**, Ch.: New and critical British Fungi found in West Yorkshire. (Aus: The Naturalist. 1900. S. 5-9. Mit meist farb. Abb.)

Krieger/Kelly, S. 144/145 und 145 (Beibd 1).- Die S. 5-8 im Hauptbd zweimal gez.

Massee, Ivy. British Fungi, with a chapter on lichens. 1911. s. **Massee**, George Edward.

1089 **Masson, Michèle.** La France des champignons. (Aus: Sciences & Avenir. No 332 (1974) S. 942-959. Mit Abb.) (1468)

Matruchot, Louis. Sur la Culture du champignon comestible dit "pied bleu" <Tricholoma>. 1901. s. **Costantin**, Julien Noël.

1090 **Mattfeld, Johann.** Anweisung zur Ausführung der pflanzen-geographischen Kartierung Deutschlands. Berlin: Botanisches Mus. 1927. 22 S., 1 Bl. 8° (477)

1091 Mattioli, Pietro Andrea. Les Commentaires sur les six livres de Pedacius Dioscoride. Trad. de latin en françois par Antoine du Pinet. Dernière éd. Lyon: Prost 1655. (2 Bl. (Titelei), S. 411-412 und 568 in Form von Photokopien.) (478)

> Nouv. biogr. gén. XXXIV, 325-327.- Lütjeharms, S. 64.- Krieger/Kelly, S. 145 (Ausg. 1680).-
> Biogr.: SZP, 20, 58-60 und 77-79: G.A. Matt

1092 Mattirolo, Oreste. Catalogo ragionato dei funghi ipogei raccolti nel canton Ticino e nelle provincie italiane confinanti. = Contributi per lo Studio della Flora Crittogama Svizzera. 8,2. Zürich: Fretz 1935. 2 Bl., 53 S., 1 Bl. Mit 2 farb. Taf. 8° (479)

—. s. **L'Opera botanica del prof. Caro Massalongo**. 1929.

Mau, Ilse. Keine Angst vor Pilzen. 1967 u.ö. s. **Vogel**, Herbert.

Maublanc, André. Les Agaricales. 1948-1952. s. **Konrad**, Paul.

> Biogr.: SZP 36, 94: A. Demarta; ZfP 24, 96-97: G. Malençon

1093 —. Les Champignons de France. 5e éd., rev. et corr. par G. Viennot-Bourgin. T. 1.2. = Encyclopédie Pratique du Naturaliste. 22.23. Paris: Lechevalier 1959. Titel, IV, 308 S. Mit Portr. (Maublanc), 16 Taf. und 59 Textabb.; 2 Bl., 283 S. Mit 224 farb. Taf. (davon 221 nach Aquarellen von J. Boully, F. Porchet und A. Bertaux.) 8° (480)

> Rez.: MyM 5, 21-22: H.H. Handke; WP 2, 62-63: H. Jahn

—. Icones selectae fungorum. 1924-1937. s. **Konrad**, Paul.

—. Révision des Hyménomycètes de France et des pays limitrophes. 1924-1937. s. **Konrad**, Paul.

1094 Mauch, Hans und Konrad Lauber. Unsere Pilze. 147 Arten in Farbe. = Hallwag Taschenbuch. 10. Botanik. Bern, Stuttgart: Hallwag (1974). 186 S. Mit 147 farb. Abb. auf Taf. i.T. 8° (1822)

> Rez.: SZP 53, 60: R. Hotz

Maushart, R. Erhöhter Cs-137-Gehalt im menschlichen Körper nach Pilzgenuß. 1965. s. **Kiefer**, H.

1095 Mayer, Johann Christoph Andreas. Einheimische Giftgewächse, welche für Menschen am schädlichsten sind. H. 1.2 (nebst) Anh.: Vorzügliche einheimische eßbare Schwämme in 1 Bd. Berlin: Decker 1798-1801. (1: 1798) 2 Bl., 18 S.; (2: 1800) 4 Bl., 22 S.; (Anh.: 1801) Titel, 20 S. Mit insgesamt 14 kolor. Kupfertaf. 8° (4°)

> Pritzel 6020-6021.- Nissen, Suppl. 1317 n.- Nouv. biogr. gén. XXXIV, 540-541.-

1096 **Mazelajtis, I.** Vysšie basidial'nye Griby Litovskoj SSR. Higher Basidiomycetes of the Lithuanian S.S.R. (Aus: Botaanilised Uurimused. Scripta Botanica. 2 (1962) S. 188-192.) (482)

1097 **Medicus, Friedrich Kasimir.** Pflanzen-physiologische Abhandlungen. Bd 1-3. Leipzig: Gräff 1803. XII, 287 S.; 244 S.; 215 S., 6 Bl. (Reg.) 8° (483)

Pritzel 6042.- Nouv. biogr. gén. XXXIV, 699-700.- Lütjeharms, S. 119.-

1098 **Meihlac, M., C. Kedinger, P. Chambon, Heinz Faulstich, M. V. Govindan und Theodor Wieland.** Amanitin binding to calf thymus RNA polymerase B. (Aus: FEBS Letters. 9 (1970) S. 258-260. Mit 3 Abb.) (1606)

1099 **Meixner, Axel.** Chemische Farbreaktionen von Pilzen. Vaduz: Cramer 1975. 3 Bl., 286 S. Mit Tab. 8° (1857)

Rez.: SPRd 12, 24-25: A. Bollmann; WP Sonderausg. Nov. 1975, 5-7: H. Jahn; ZfP 41, 203: M. Moser

1100 **Melin, Elias.** Der Einfluß von Waldstreuextrakten auf das Wachstum von Bodenpilzen, mit besonderer Berücksichtigung der Wurzelpilze von Bäumen. = Symbolae Botanicae Upsalienses. 8,3. Uppsala: Lundequist (1946). 116 S. Mit 49 Tab. und 40 schemat. Darst. i.T. 8° (184)

1101 —. Untersuchungen über die Bedeutung der Baummykorrhiza. Eine ökologisch-physiologische Studie. Jena: G. Fischer 1925. VI, 152 S. Mit 48 Abb. und 45 Tab. 8° (1223)

Rez.: ZfP 6, 28-31: B. Hennig

1102 **Menzel, Friedhelm.** Die Verbreitung der Röhrlinge, Blätter- und Bauchpilze in Südtondern. = Mitteilungen der Arbeitsgem. für Floristik in Schleswig-Holstein und Hamburg. 8. Kiel 1959. Titel, 17 S. Mit 1 Abb. 8° (485)

Rez.: WP 2, 61-62: W. Neuhoff

1103 **Mérite, Pierre.** L'Indicateur des champignons. Paris: Dunod (1947). 160 S. Mit Abb. 8° (486)

1104 **Merkl, Michael.** Ich kenne die Pilze. = Fackelbücherei. 57.58. (München: Hernberger;) Olten, Stuttgart, Salzburg: Fackelverl. (in Komm.) o.J. (um 1962.) 142 S., 1 Bl. Mit 119 farb. Abb. (von Claus Caspari und Hugo Hartmann) auf 63 Taf. i.T. (487)

Rez.: SZP 40, 179: J. Peter; 43, 175: J. Peter; WP 3, 128: H. Jahn; ZfP 28, 115-116: H. Haas

1105 —. Kleine Pilzkunde. H. 1-8 in 2 Bdn. (München: Brunnwieser;
5-8: Hekage 1960-1962.) Je H. 15 S. mit je 8 Farbtaf. nach Orig.
von Claus Caspari und Hugo Hartmann i.T. 8° (488.881)

   Rez.: SZP 40, 193: J. Peter; WP 2, 136: H. Jahn

Merten, Dietrich. Zum 90 Strontium-Gehalt einiger Pilzarten.
1962. s. **Marah**, Adriana Enda.

Merz, Hans. Über das Vorkommen von Bufotenin im gelben
Knollenblätterpilz. 1953. s. **Wieland**, Theodor.

1106 **Métrod, Georges.** Les Mycènes de Madagascar <Mycena, Corru-
garia, Petrospora>. = Prodrome à une Flore Mycologique de Madagascar et Dépendances. 3. Paris: Laboratoire de Cryptogamie du
Mus. Nat. d'Hist. Natur. 1949. 146 S., 1 Bl. Mit 1 Kt. i.T. und
87 Textfig. 4°

   Biogr.: BSMF 87, 5-8 (m. Portr. und Auswahlbibl.): A. Bride;
   RM 27, 175-176 (m. Portr.): R. Heim; SZP 39, 93-94: R. Haller;
   95 (m. Portr.): A. Bride

1107 **Metzner, R.** Botanisch-gärtnerisches Taschenwörterbuch. Leitfaden zur richtigen Benennung und Aussprache lateinischer Pflanzennamen. 2., verm. und verb. Aufl. Mit e. Anh. enthaltend die
bildliche Darstellung der verschiedenen Formen und Zusammen-
setzungen aller Pflanzen-Organe. Tl 1-3 in 1 Bd. Berlin: Parey
1907. VIII, 322 S.; 44 S. Mit Abb. 8° (490)

1108 **Meyer, E.H.** Der Spargelbau nach Braunschweiger Methode. 1894.
Vgl. Aufn. zu: **Wendisch**, Ernst: Die Champignons-Cultur in
ihrem ganzen Umfange. 1892. (Beibd 3.)

Meyer, Jürgen. Waldgräser. 1959. s. **Hesmer**, Herbert.

1109 **Mez, Carl.** Der Hausschwamm und die übrigen holzzerstörenden
Pilze der menschlichen Wohnungen. Ihre Erkennung, Bedeutung
und Bekämpfung. Dresden: Lincke 1908. VII, 260 S. Mit 1 Farbentaf. und 90 Textfig. 8° (1557)

   Krieger/Kelly, S. 149.

1110 —. Versuch einer Stammesgeschichte des Pilzreiches. = Schriften
der Königsberger Gelehrten Ges. Naturwissenschaftl. Kl. Jahr 6,
H. 1. Halle/Saale: Niemeyer 1929. 2 Bl., 58 S. 8° (1549)

1111 **Michael, Edmund.** Führer für Pilzfreunde. Die am häufigsten vor-
kommenden eßbaren, verdächtigen und giftigen Pilze. Zwickau:
Förster & Borries 1895. X, 26 S., 40 Taf. Mit 47 farb. Abb. von
Albin Schmalfuß und je 1 Bl. erl. Text. 8° (1092)

Erstausgabe.- Das "erste im Dreifarbendruck-Verfahren illustrierte deutsche Buch" ("Pilz- und Kräuterfreund", Jg. 3, H. 1, S. 26).
Biogr. MyM 5, 29-32: O. Albert; ZfP 19, 45-46: Mittelstädt

1112 — —. 7. (2: 2.) Taus. 1.2. Zwickau: Förster & Borries 1903 (2: 1901). XII, 31 S., 1 Bl.; XII S., 1 Bl. Mit insgesamt 176 Pilzgruppen in farb. Abb. auf 129 Taf. 8° (863)

1113 — —. 8. (2: 4.; 3: 1.) Taus. 1-3. Zwickau: Förster & Borries 1903-1905. (1: 1903) XII, 31 S., 1 Bl., 57 Taf. mit farb. Abb. von 69 Pilzgruppen; (2: 1905) XII S., 1 Bl. 72 Taf. mit farb. Abb. von 107 Pilzgruppen; (3: 1905) X S., 2 Bl., 80 Taf. mit farb. Abb. von 131 Pilzgruppen. 8° (1057)

1114 — —. 10. (2: 6.; 3: 3.-5.) Taus. 1-3. Zwickau: Förster & Borris (1909) (2.3: 1907-1908) XII, 29 S., 1 Bl., 69 farb. Abb. auf 58 Taf.; XII S., 1 Bl., 107 farb. Abb. auf 72 Taf.; XII S., 2 Bl., 131 farb. Abb. auf 80 Taf. 8° (1379)

1115 — **und Roman Schulz.** Führer für Pilzfreunde. Begr. von E. Michael. Systematisch geordnet und gänzlich neu bearb. von R. Schulz. Bd 1. Die wichtigsten und häufigsten Pilze. 29.-36. Taus. Leipzig: Quelle & Meyer (1927). 120 S. (mit 5 Textfig.), 48 Taf. mit 113 farb. Abb. und je 1 Bl. erkl. Text 8° (865)

1116 — — —. Bd 3. Pilzarten aus allen Pilzgruppen mit Ausnahme der Blätterpilze. Mit erkl. Text von Br. Hennig. 20.-25. Taus. Leipzig: Quelle & Meyer (1927). 12 S., Abb. 266-386 auf 79 Taf. mit je 1 S. erkl. Text, 8 Bl. (Reg.) 8° (498)

1117 —. Führer für Pilzfreunde. Ausg. B. 21.-28. (2: 15.-22.; 3: 13.-19.) Taus. 1-3. Zwickau: Förster & Borries 1918 (3: 1919). 81; 10; 10 S. Mit insgesamt 346 farb. Abb. auf 240 Taf. mit je 1 Bl. erkl. Text. 8° (491)

Rez.: PuK 3, 262:-; 4, 292-293:-; 5, 101: Mühlreiter

1118 — **und Roman Schulz.** Führer für Pilzfreunde. Begr. von E. Michael. Systematisch geordnet und gänzlich neu bearb. von R. Schulz. Ausgabe B. 23.-28. Taus. Bd 2. Zwickau: Förster & Borries 1926. 12 S., Abb. 114-265 auf 116 Taf. mit je 1 S. erkl. Text. 8° (497)

Rez.: ZfP 6, 68-77: J. Schäffer

1119 —. Volksausgabe des Führer für Pilzfreunde. Zwickau: Förster & Borries 1896. VII, 18 S., 1 Bl., 24 Taf. Mit farb. Abb. von 29 Pilzgruppen. 8° (1055)

1120 —. Führer für Pilzfreunde. Volksausgabe. 22.-30. Taus. Zwickau: Förster & Borries (1909). VIII, 20 S., 1 Bl. Mit farb. Abb. von 34 Arten auf 28 Taf. 8° (905)

TRAITÉ
SUR LA
MYCITOLOGIE

OU

DISCOURS HISTORIQUE

SUR LES

CHAMPIGNONS

EN GÉNÉRAL,

dans lequel on démontre leur véritable origine &
leur génération; d'où dépendent les effets pernicieux & funestes de ceux que l'on
mange, avec les moyens de les eviter,

OPUSCULE AVEC FIGURES
PAR

NATALIS JOSEPH de NECKER,

Botaniste de S. A. S. l'Electeur Palatin Duc de Baviere, Hi-
storiographe du Palatinat du Rhin & des Duchés de Berg
& Juliers, Membre ordinaire de l'Académie Electorale des
Sciences de Mannheim, & Associé etranger à diverses Aca-
démies des Sciences de l'Europe.

à Mannheim,

CHEZ MATHIAS FONTAINE,

Libraire Privilégié de S. A. S. Electorale Palatine.

1783.

System der Pilze und Schwämme.

von

Dr. C. G. Nees von Esenbeck.

Würzburg in der Stahelschen Buchhandlung. 1817.

Zu Nr. 1226

1121 — —. 31.-40. Taus. Zwickau: Förster & Borries (1914). VIII, 20 S., 1 Bl. Mit 38 farb. Abb. auf 32 Taf. 8° (492)

1122 — —. (81.-100. Taus. Zwickau: Förster & Borries (1918).) 23 (statt 25) S. Mit 40 farb. Abb. auf 32 Taf. mit je 1 S. Text. 8° (493). Titelblatt fehlt.

1123 — —. 111.-140. Taus. Zwickau: Förster & Borries 1919. 25 S. Mit 42 farb. Abb. auf 34 Taf. (Dazu 18 farb. Pilzabb. auf Innendeckel und Rückseite des letzten Bl. eingeklebt.)

Angeb.: **Lohwag**, Heinrich: Wie werde ich Pilzkenner? Neutitschein, Wien, Leipzig: Enders, o.J. (um 1940.) 29 S. Mit 40 Abb. 8° (494)

1124 — **und Roman Schulz.** Führer für Pilzfreunde. Volksausgabe. 151.-160. Taus. Leipzig: Quelle & Meyer (1927). 25 S. Mit 44 farb. Abb. auf 36 Taf. 8° (499)

1125 — **und Bruno Hennig.** Führer für Pilzfreunde. Volksausgabe. 171.-180. Taus. Leipzig: Quelle & Meyer (1939). 80 S. Mit 58 farb. Abb. auf 37 Taf. und 2 Textabb. 8° (1082)

1126 — — —. 181.-200. Taus. Leipzig: Quelle & Meyer (1941). 86 S. Mit 72 farb. Abb. auf 70 Taf. und 2 Textabb. 8° (1077)

1127 — — —. 201.-215. Taus. Heidelberg: Quelle & Meyer 1949. 70 S. Mit 90 farb. Abb. auf 40 Taf. 8° (495)

Rez.: ZfP 21, Nr 5, 28-29: E.H. Benedix

1128 — — **und Hanns Kreisel.** Handbuch für Pilzfreunde. Begr. von Edmund Michael. Hrsg. und neu bearb. von Bruno Hennig. (6: Hrsg. von Hanns Kreisel.) Bd 1-6. Jena: G. Fischer 1958-1975. (1: Die wichtigsten und häufigsten Pilze. 43.-52. Taus. 1958) VIII, 260 S. Mit 200 farb. Abb. auf 120 Taf., 1 Farbwerttaf. und 17 Textabb.; (2: Nichtblätterpilze. 26.-31. Taus. 1960) VI, 328 S. Mit 300 farb. Abb. auf 120 Taf., 1 Sporentaf. und 26 Taf. mit s.-w. Abb.; (3: Hellblättler und Leistlinge. 29.-36. Taus. 1964) 3 Bl., 286 S. Mit 295 farb. Abb. auf 120 Taf. und 13 Taf. mit s.-w. Abb.; (4: Blätterpilze. Dunkelblättler. 1967) 3 Bl., 326 S. Lose beiliegend 3 Bl. Corrigenda Bd 1-3. Mit 313 farb. Abb. auf 120 Taf. und 22 s.-w. Abb. auf 7 Taf.; (5: Milchlinge <Lactarii> und Täublinge <Russulae>. 1970) 391 S. Mit farb. Abb. auf 164 Pilzarten auf 107 Taf., 5 Taf. von Tieren an Pilzen, 1 Taf. mit Sporenstaubfarben i.T. und 42 s.-w. Abb. (z. Tl auf Taf.); (6: Die Gattungen der Großpilze Europas. Bestimmungsschlüssel und Gesamtreg. der Bde 1-5. 1975) 291 S. Mit Portr. (Hennig), 32 photogr. Abb. und 5 Textzeichnungen. 8° (496)

Rez.: BSMF 83, 1047: H. Romagnesi; 87, 121-122: Ch. Zambettakis; 91, 596: Ch. Zambettakis; ČM 19, 131: A. Pilát; 25, 102: A. Pilát; MOeMG 104, 1968: Lohwag; 108, 1969: Loh-

wag; 115, 1971: I. Lohwag; MyM 2, 28: M. Herrmann; 5, 78:
M. Herrmann; 8, 99-100: M. Herrmann; 12, 96-97: M. Herrmann; 15, 40-41: M. Herrmann; SPRd 7, H. 1, 17-18:
H. Steinmann; Sy 15. 322-324: F. Petrak; 18, 400-401: F.
Petrak; 20, 373-374: F. Petrak; 24, 354-355: F. Petrak; SZP 39,
46: R. Haller; 40, 144-145: W. Eschler; 43, 44-45: R. Hotz;
49, 32: KP und HS; 53, 159: A. Nyffenegger; WP 1, 79-80:
H. Jahn; 2, 136: H. Jahn; 5, 45-46: H. Jahn; 7, 15-16: H. Jahn;
9, 21-23: H. Jahn; Sonderausg. Nov. 1975, 4-5: H. Jahn; ZfP
24, 99-101: H. Schwöbel; 27, 29-31: H. Schwöbel und E.H.
Benedix; 31, 74-77: H. Schwöbel; 34, 192: H. Schwöbel; 37,
242-243: E.H. Benedix

1129 — — — —. Bd 6. Die Gattungen der Großpilze Europas. Bestimmungsschlüssel und Gesamtreg. der Bde 1-5. (Lizenzausg.)
Heidelberg: Quelle & Meyer 1975. 291 S. Mit Portr. (Hennig), 32
photogr. Abb. und 5 Textzeichnungen. 8° (2019)

1130 — —. Handbuch für Pilzfreunde. (2. Aufl.) 53.-67. (2: 32-44.)
Taus. Bd 1.2. (von 6 Bdn.) Jena: G. Fischer 1968-1971. 308 S. Mit
farb. Abb. von 200 Pilzarten auf 120 Taf. und 17 s.-w. Textabb.;
467 S. Mit farb. Abb. von 300 Pilzarten auf 120 Taf. i.T. und 31
(davon 14 auf Taf. außerhalb d.T.) s.-w. Abb. 8° (988)

Michels, Elfriede. Speisepilze in Farben. 1973. s. **Persson**, Olle.

1131 **Micheli, Pietro Antonio.** Nova plantarum Genera iuxa Tourne-
fortii methodum disposita. Florenz: Paperinius 1729. 12 Bl., 234
S. Mit gest. Titelvign., mehreren gest. Initialen, Kopf- und
Schlußstücken sowie 108 Kupfertaf. 4° (500)

Brunet III, 1707.- Graesse IV, 518.- Ebert 14013a.- Pritzel
6202.- Nissen 1363.- Nouv. biogr. gén. XXXV, 432-434.- Lütjeharms, S. 104.- Krieger/Kelly, S. 149.-

Michler, Ilona. Pilzpigmente. 22. 1974. s. **Besl**, Helmut.

1132 **Migliardi, V. und G.B. Traverso.** I Funghi finora osservati nella
provincia di Venezia. (Aus: Atti del Reale Ist. Veneto di Scienze,
Lettere ed Arti. 73 (1913-1914) S. 1297-1369. Mit 11 Abb. auf 3
Taf.) (501)

1133 **Migula, Walter.** Kryptogamenflora von Deutschland, Deutsch-
Österreich und der Schweiz. = Thomé's Flora von Deutschland,
Österreich und der Schweiz in Wort und Bild. Bd 8-11, Abt. 1.
Kryptogamenflora... Bd 3. Pilze. Tl 1-4, Abt. 1. Gera: von
Zezschwitz (4, 1: Berlin: Bermühler) 1910-1921. (1: Myxomycetes,
Phycomycetes, Basidiomycetes <Ordn. Ustilagineae und Uredi-
neae>. 1910) 2 Bl., 510 S. Mit 99 (davon 16 farb.) Taf.; (2, Abt.
1: Basidiomycetes. 1912) 2 Bl., 400 S. Mit 185 (davon 155 farb.)
Taf.; (2, Abt. 2: Basidiomycetes <Schluß>. 1912) 2 Bl., S. 401-

814. Mit 119 (davon 113 farb.) Taf.; (3, Abt. 1: Ascomycetes: Hemiasci, Saccharomycetineae, Protodiscineae, Plectascineae, Pyrenomycetes <Perisporiales und Sphaeriales>. 1913) 2 Bl., 683 S. Mit 100 (davon 10 farb.) Taf.; (3, Abt.: 2: Ascomycetes: Dothideales, Hypocreales, Hysteriales, Discomycetes, Laboulbeniaceae. 1913) 2 Bl., S. 685-1404. Mit 100 (davon 20 farb.) Taf.; (4, Abt. 1: Fungi imperfecti: Sphaeropsidales, Melanconiales. 1921) 2 Bl., 614 S. Mit 90 (davon 10 kolor.) Taf. 8° (503-507 und 1387)

Nissen, Suppl. 1947 ne.- Krieger/Kelly, S. 149 (Tl 1 und 2, Abt. 1).-

1134 —. Allgemeine Pilzkunde. = Naturwissenschaftl. Wegweiser. Serie A, Bd 8. Stuttgart: Strecker & Schröder (1908). VI S., 1 Bl., 104 S. Mit 5 farb. Taf. und 26 Textabb. 8° (502)

Krieger/Kelly, S. 149.-

1135 —. Praktisches Pilz-Taschenbuch. = Naturwissenschaftl. Wegweiser. Serie A, Bd 20/21. Stuttgart: Strecker & Schröder (1910). 4 Bl., 145 S. Mit 39 farb. Abb. auf 15 Taf. 8° (508)

Rez.: PuK 3, 70:-; 3, 94:-

1136 — —. 9. Taus. = Naturwissenschaftl. Wegweiser. Ser. A, Bd 20/21. Stuttgart: Strecker & Schröder o.J. (um 1915.) 4 Bl., 145 S. Mit 39 farb. Abb. auf 15 Taf. 8° (509)

Krieger/Kelly, S. 149 (Ausg. 1919).-

1137 **Mikalajkevičjus, V.** Nekotorye Dannye o vzaimootnošenii gnilej, vyzvannych Phellinus tremulae (Bond.) Bond. et Boriss. i Phellinus igniarius f. betulae Bond. emend. Boriss., i sravnitel ' noe issledovanie sporuljacij etich gribov. Einige Angaben über die wechselseitigen Beziehungen zwischen den durch Phellinus tremulae (Bond.) Bond. et Boriss. und Phellinus igniarius f. betulae Bond. emend. Boriss. hervorgerufenen Fäulnisprozessen sowie eine vergleichende Untersuchung der Sporenzerstreuung bei den genannten Pilzen. (Aus: Botaanilised Uurimused. Scripta Botanica. 2 (1962) S. 201-210. Mit 4 - davon 3 auf 1 Taf. - Abb.) (510)

1138 **Mikola, Peitsa und Veikko Hintikka.** The Development of a microbial population in decomposing forest litter. = Metsäntutkimuslaitoksen Julkaisuja. 46, 5. Helsinki 1956. 13 S., 1 Bl. Mit 9 Tab. und 3 Abb. 8° (1931)

1139 —. Mycorrhizal Fungi of exotic forest plantations. (Aus: Karstenia. 10 (1969) S. 169-176.) (1071)

1140 **Miller, Julian Howell.** A Monograph of the world species of Hypoxylon. Athens: Univ. of Georgia Pr. (1961.) XII, 158 S. Mit 76 (gez. 75) Taf. 8° (511)

Rez.: ČM 17, 213: K. Cejp; Sy 16, 389-390: F. Petrak

Minuth, Walter. Abnormal Cell Wall Structure in rhythmically growing mycelia of Podospora anserina. 1972. s. **Esser**, Karl.

—. The Phenoloxidases of the Ascomycete Podospora anserina. 6. 1970 und 9. 1971. s. **Esser**, Karl.

Mitchel, D.H. Colorado Mushrooms. 1966. s. **Wells**, Mary Hallock.

1141 **Mitchell, Alan.** Die Wald- und Parkbäume Europas. Ein Bestimmungsbuch für Dendrologen und Naturfreunde. Übers. und bearb. von Gerd Krüssmann. Mit farb. Abb. auf Taf. von Preben Dahlstrøm und Ebbe Sunesen und Textzeichn. von Christine Darter. Hamburg, Berlin: Parey (1975). 419 S. Mit 380 farb. Abb. auf Taf. und 718 s.-w. Textabb. 8° (1824)

Mitteilung. s. **Österreichische Mykologische Gesellschaft.**

1142 **Mitteilungen der Österreichischen Mykologischen Gesellschaft.** Jg. 1 Nov. 1936/Dez. 1937 - Jg. 6 (N.F.) 1944. Wien 1936-1944. Geb. in 3 Bde. 8° (1414)
2. 1938 u.d.T.: Österreichische Zeitschrift für Pilzkunde. Mitteilungen der Österreichischen Mykologischen Ges.
3. Jg. 1 (N.F.) 1939 u.d.T.: Deutsche Blätter für Pilzkunde. Mitteilungen der Deutschen Mykologischen Ges.

Moberg, Sven Vilhelm. Grunddragen af Aristotelis vextlära. 2. 1842. Resp. s. **Fries**, Elias.

1143 **Modess, Oskar.** Zur Kenntnis der Mykorrhizabildner von Kiefer und Fichte. = Symbolae Botanicae Upsalienses. 5,1. Uppsala: Lundequist (1941). 146 S., 1 Bl. Mit 3 Taf., 17 Tab. und 27 Textabb. 8° (513)

1144 **Möbius, M.** Kryptogamen. Algen, Pilze, Flechten, Moose und Farnpflanzen. = Wissenschaft und Bildung. 47. Leipzig: Quelle & Meyer 1908. IV, 164 S. Mit 68 Abb. 8° (1292)

Mödl, A. Zur Beurteilung von Pfifferlingskonserven aus frischer bzw. vorgesalzener Rohware mit Hilfe des Natrium/Kalium-Verhältnisses. 1970. s. **Bosch**, H.

Möhle, W. Affinity of antamanide for sodium ions. 1970. s. **Wieland**, Theodor.

1145 **Möller, Alfred.** Brasilische Pilzblumen. = Botanische Mittheilungen aus den Tropen. 7. Jena: G. Fischer 1895. VII, 152 S. Mit 8 (davon 1 farb.) Taf. 8° (514)

Krieger/Kelly, S. 150.-

1146 —. Protobasidiomyceten. Untersuchungen aus Brasilien. = Botanische Mittheilungen aus den Tropen. 8. Jena: G. Fischer 1895. XIV, 179 S. Mit 6 (davon 2 doppels.) Taf. 8° (515)

1147 **Möller, F. H.** Fungi of the Faeröes. 1: Basidiomycetes. Kopenhagen: Munksgaard 1945. 294 S., 2 Bl. Mit 1 Faltkt. (Faeröes), 3 farb. Taf. mit Abb. von 24 Arten und 134 Textabb. 8° (516)
   Rez.: MOeMG 111, 1969: K. Lohwag

1148 **Moffatt, Will Sayer.** The higher Fungi of the Chicago region. P. 1.2. = Natural History Survey. Bulletin No 7, p. 1.2. Chicago: The Chicago Acad. of Sciences 1909-1923. (1: Hymenomycetes) 156 S. Mit 24 Taf.; (2: Gastromycetes) 24 S. Mit 26 Taf. 8° (1298)

1149 **Molisch, Hans.** Botanische Versuche und Beobachtungen ohne Apparate. 4., umgearb. und erg. Aufl. von Richard Biebl. Stuttgart: G. Fischer 1965. XVI, 203 S. Mit 67 Abb. 8° (517)

1150 **Molitoris, H. Peter, James L. van Etten und David Gottlieb.** Altersbedingte Änderungen der Zusammensetzung und des Stoffwechsels bei Pilzen. (Aus: Mushroom Science. 7 (1969) S. 59-67. Mit 7 Tab.) (1477)

   Rez.: BSMF 86, 300: Ch. Zambettakis

1151 —. Genetic Aspects of structure and function of the multiple laccases of the Ascomycete Podospora anserina. (Aus: Genetics. 74 (1973). S. 184-185.) (1906)

1152 —. Bestimmung der Agaricus-campestris-Stämme NRRL 2334-2336 als Beauveria tenella (Delacroix, Siemenon). (Aus: Mushroom. 5 (1962) S. 217-230. Mit 7 Abb. und 2 Tab.) (1476)

—. Changes in fungi with age. 3. 1968. s. **Gottlieb**, David.

1153 — und **B. Reinhammar.** Elektronenspinresonanz- und Absorptionsspektren der Laccasen des Ascomyceten Podospora anserina. (Aus: Hoppe-Seylers Zeitschrift für Physiologische Chemie. 354 (1973) S. 219-220.) (1908)

1154 —. Identification of purported Agaricus campestris strains <NRRL 2334-2336> as Beauveria tenella (Delacroix Siem.). (Aus: Nature. 194 (1962) S. 316.) (1487)

1155 — und **Karl Esser.** Die Phenoloxydasen des Ascomyceten Podospora anserina. 5. Eigenschaften der Laccase I nach weiterer Reinigung. (Aus: Archiv für Mikrobiologie. 72 (1970) S. 267-296. Mit 5 Tab. und 5 Abb.) (1845)

1156 — —. The Phenoloxidases of the Ascomycete Podospora anserina. 7. Quantitative changes in the spectrum of phenoloxidases during growth in submerged culture. (Aus: Archiv für Mikrobiologie. 77 (1971) S. 99-110. Mit 1 Tab. und 3 Abb.) (1858)

1157 **—. J.F.L. van Breemen, E.F.J. van Bruggen und Karl Esser.** The Phenoloxidases of the Ascomycete Podospora anserina. 10. Electron microscopic studies on the structure of laccases I, II and III. (Aus: Biochimica et Biophysica Acta. 271 (1972) S. 286-291. Mit 1 Tab. und 4 Abb.) (1852)

1158 **— und B. Reinhammar.** The Phenoloxydases of the Ascomycete Podospora anserina. 11. The state of copper of laccases I, II and III. (Aus: Biochimica et Biophysica Acta. 386 (1975) S. 493-502. Mit 3 Tab. und 4 Abb.) (2005)

1159 **—.** Zur Struktur der Laccasen des Ascomyceten Podospora anserina. (Aus: Hoppe-Seylers Zeitschrift für Physiologische Chemie. 353 (1972) S. 736.) (1907)

1160 **—.** Untersuchungen an Beauveria tenella <NRRL 2334-2336, bisher Agaricus campestris.> 1-3. (Aus: Archiv für Mikrobiologie. 47 (1963) S. 57-114. Mit 7 Tab. und 34 Abb.) (1489)

1161 **Monceaux, René Henri.** La Vie mystérieuse des champignons sauvages. = Les Livres de Nature. 9. (Paris:) Stock (1966). 251 S., 2 Bl. Mit 56 Farbphotos von Maurice Chassain auf 8 Taf. 8° (518)

1162 **Montarnal, Pierre.** Champignons. Espèces européennes. = Le Petit Guide Hachette. 122. Genf, Paris: Hachette 1964. 159 S. Mit Abb. von Michelle Saint-Aubin. 8° (519)

    Biogr.: RM 37, 111-116: R. Heim

1163 **—.** Pilze. Europäische Arten. Bilder von Michelle Saint-Aubin. Übers. und bearb. von Heinz Reichenbach. = Bunte Delphin-Bücherei. Nr 12. (Stuttgart, Zürich:) Delphin-Verl. (1964.) 160 S. Mit über 120 farb. Abb. 8° (549)

Monthoux, Olivier. Les Champignons. 1973. s. **Tosco**, Uberto.

1164 **Moore, Walter Cecil.** British parasitic Fungi. A host-parasite index and a guide to British literature on the fungus diseases of cultivated plants. Cambridge: Univ. Pr. 1959. XVI, 429 S. Mit 1 Kt. i.T. 8° (520)

1165 **Moreau, Claude.** Les genres Sordaria et Pleurage. Leurs affinités systématiques. = Encyclopédie Mycologique. 25. Paris: Lechevalier 1953. 330 S., 1 Bl. Mit 79 Abb. 8° (521)

1166 **Morel, Louis-François.** Traité des champignons au point de vue botanique, alimentaire et toxicologique. Paris: Germer-Baillière

1865. 2 Bl., LXII S., S. 67-301. Mit über 100 Abb. auf 18 Taf. 8° (522)

> Pritzel 6423 (mit etw. abweichender Umfangsangabe, hat das Werk aber nicht selbst gesehen).- Krieger/Kelly, S. 153.-

1167 **Morgenthal, Julius.** Die Nadelgehölze. 4., unveränd. Aufl. der "Wildwachsenden und angebauten Nadelgehölze Deutschlands" Stuttgart: G. Fischer 1964. 4 Bl., 337 S. Mit 456 Abb. 8° (1009)

1168 **Mori, Kisaku.** Mushrooms as health foods. (Tokyo:) Japan Publ. (1974.) 88 S. Mit Abb. 8° (1322)

1169 —. Utility of 'Shii-ta-ke', Japanese forest mushroom. O.O.u.J. (um 1970.) 2 Bl. 8° (1895)

1170 **Moser, Meinhard.** Die Arten um Rhodophyllus dysthales (Peck) Romagn. (Aus: Persoonia. 7 (1973) S. 281-288. Mit 3 Abb.) (1315)

1171 —. Ascomyceten <Schlauchpilze>. = Kleine Kryptogamenflora. 2 a. Stuttgart: G. Fischer 1963. 4 Bl., 147 S. Mit 207 Abb. auf 7 Taf. i.T. 8° (523)

> ČM 18, 127: A. Pilát; Fr 7, 381-382: N.F. Buchwald; Sy 17, 335-336: F. Petrak; SZP 42, 12-13: R. Hotz; WP 5, 47: H. Jahn; ZfP 29, 60-61: E.H. Benedix

1172 — —. Durchschossenes Exemplar mit hs. Notizen. (524)

1173 —. Beiträge zur Kenntnis der Gattung Hebeloma. (Aus: Zeitschrift für Pilzkunde. 36 (1970) S. 61-75. Mit 9 Abb.) (1294)

1174 —. Über einige kritische oder neue Cortinarien aus der Untergattung Myxacium Fr. aus Småland und Halland. (Aus: Friesia. 9 (1969) S. 142-150. Mit 2 Abb.) (1269)

1175 —. Cortinarien-Studien 1. Phlegmacium. (Aus: Sydowia. 5 (1951) S. 488-544 und 6 (1952) S. 17-161.) (1044)

> Rez.: SZP 30, 138: A. Flury und F. Lörtscher; ZfP 21, Nr 12, 17: Greiner

1176 —. Cortinarius Fr., Untergattung Leprocybe subgen. nov., Die Rauhköpfe. Vorstudie zu einer Monographie. (Aus: Zeitschrift für Pilzkunde. 35 (1969) S. 213-248. Mit 2 Taf. i.T. und 15 Textabb.; 36 (1970) S. 19-39. Mit 9 Abb.) (2021)

> Rez.: BSMF 88, 251: Ch. Zambettakis

1177 —. Cortinarius <Phlegmacium> Kuehneri nov. sp., eine neue subalpine Phlegmacium Art aus subalpinen Grünerlenbeständen. (Aus: Travaux Mycologiques dédiés à R. Kühner. = Bulletin de la Soc. Linnéenne de Lyon. Fébr. 1974. No spécial. S. 285-290. Mit 3 Abb.) (1751)

1178 —. Neue oder kritische Cortinarius-Arten aus der Untergattung Telamonia (Fr.) Loud. (Aus: Nova Hedwigia. 14 (1967) S. 483-518. Mit 8 Taf. und 1 Textabb.) (1887)

1179 —. Die Gattung Dermocybe (Fr.) Wünsche <Die Hautköpfe>. (Aus: Schweizerische Zeitschrift für Pilzkunde. 50 (1972) S. 153-167. Mit 1 Tab.; 51 (1973) S. 129-142. Mit 1 farb. Taf. und 5 Textabb.; 52 (1974) S. 97-108 und S. 129-142. Mit 2 farb. Taf. und 12 Textabb.) (2020)

1180 —. Dermocybe and Cortinarius Collections of R.W.G. Dennis from the Blue Mountains, Jamaica. (Aus: Kew Bulletin. 22 (1968) S. 87-92. Mit 4 Abb.) (1752)

1181 —. Neuere Erkenntnisse über Pilzgifte und Giftpilze. (Aus: Zeitschrift für Pilzkunde. 37 (1971) S. 41-56. Mit 10 Abb.) (1335)

1182 —. Die ektotrophe Ernährungsweise an der Waldgrenze. (Aus: Mitteilungen der Forstl. Bundesversuchsanst. Wien. H. 75 (1967) S. 357-380. Mit 3 Abb.) (1753)

—. Fungi Austroamericani. 8 und 12. 1965. s. **Horak**, Egon.

1183 —. Die künstliche Mykorrhizaimpfung an Forstpflanzen. (1.) (Aus: Forstwissenschaftl. Zentralblatt. 77 (1958) S. 32-40. Mit 3 Abb.) (1865)

Rez.: WP 2, 47: H. Jahn

1184 — —. 2. Die Torfstreukultur von Mykorrhizapilzen. (Aus: Forstwissenschaftl. Zentralblatt. 77 (1958) S. 273-278. Mit 2 Abb.) (1866)

1185 — —. 3. Die Impfmethodik im Forstgarten. (Aus: Forstwissenschaftl. Zentralblatt. 78 (1959) S. 193-202. Mit 5 Abb.) (1867)

1186 —. Die Gattung Phlegmacium <Schleimköpfe>. Bd 1.2 = Die Pilze Mitteleuropas. 4. Bad Heilbrunn: Klinkhardt 1960. 440 S. Mit 6 (davon 1 farb.) Taf. und Textabb.; 2 Bl. (alphab. Verz. der Arten), 32 Farbtaf. 8° bzw. Fol. (525)

Rez.: Fr 6, 394-396: F.H. Møller; Sy 15, 324-325: F. Petrak; SZP 38, 182: J. Peter; 39, 181-182: W. Eschler; WP 3, 14-15: H. Jahn; ZfP 26, 122-123: R. Singer

—. Pilze. 1967. s. **Lange**, Jakob Emmanuel.

—. 600 Pilze in Farben. 1962 u.ö. s. **Lange**, Jakob Emmanuel.

1187 —. Einige interessante Pilzfunde aus dem Gebiet von Gotschuchen. (Aus: Carinthia II. Jg. 156 (1966) S. 28-33. Mit 3 Abb.)

1188 —. Adalbert Ricken und die Cortinarien-Forschung. (Aus: Zeitschrift für Pilzkunde. 37 (1971) S. 13-18.) (1270)

1189 —. Die Röhrlinge, Blätter- und Bauchpilze <Agaricales und Gastromycetales>. 2., völlig umgearb. Aufl. = Kleine Kryptogamenflora. 2 b/2. Stuttgart: G. Fischer 1955. IX, 327 S. Mit 17 Abb. 8° (526)

Rez.: SZP 33, 129:-; WP 1, 20-21: H. Jahn; ZfP 21, Nr 19, 25-26: E.H. Benedix

1190 — —. Durchschossenes Exemplar mit hs. Notizen. (527)

1191 — —. 3., völlig umgearb. Aufl. = Kleine Kryptogamenflora. 2 b/2. Stuttgart: G. Fischer 1967. XII, 443 S. Mit 1 Farbtaf. und 429 Abb. auf 13 Taf. i.T. 8° (879)

Rez.: Fr 9, 445: N.F. Buchwald; RM 35, 150: R.G. Werner; Sy 20, 382: F. Petrak; SZP 45, 111: J. Peter; WP 6, 141-142: H. Jahn; ZfP 34, 113-114: E.H. Benedix

1192 —. Das System der Agaricales im Lichte neuerer Forschung. (Aus: Berichte der Dt. Botanischen Ges. 77 (1964) Sondernr 1, S. 101-109. Mit 1 Abb.) (1755)

1193 —. Die Verbreitung der Gattung Cortinarius Fr. in der Weltflora und ihre Beziehung zu bestimmten Phanerogamen. (Aus: Acta Mycologica. 4 (1968) S. 199-203. Mit 1 Abb.) (1756)

Mossberg, Bo. Matsvampar i färg. 1971. s. **Persson**, Olle.

—. Speisepilze in Farben. 1973. s. **Persson**, Olle.

Motzel, Werner. Über das Vorkommen von Bufotenin im gelben Knollenblätterpilz. 1953. s. **Wieland**, Theodor.

1194 **Moyen, Jean.** Les Champignons. Traité élémentaire et pratique de mycologie. Avec une introd. par Jules de Seynes. Paris: Rothschild (1889). XXXV, 772 S., 1 Bl. Mit 20 farb. Taf. mit je 1 Bl. Text, 32 Vignetten und 302 Textabb. 8° (528)

Krieger/Kelly, S. 155.-

1195 **Moynier.** De la Truffe. Traité complet de ce tubercule, suivi d'une 4ième partie contenant les meilleurs moyens d'employer les truffes en apprêts culinaires. Paris: Barba; Legrand et Bergougnioux 1836. 404 S. 8° (1996)

Vicaire, Sp. 613.-

1196 **Müller, Albert Lucien.** Neues Schweizerisches Pilzkochbuch. 5. Aufl. Thun: Krebser (1944). 48 S. 8° (529)

Rez.: SZP 44, 164:- (6. Aufl.)

1197 **Müller, Emil und Wolfgang Löffler.** Mykologie. Grundriß für Naturwissenschaftler und Mediziner. Stuttgart: Thieme 1968. VI, 302 S. Mit 170 Abb. 8° (1008)

Rez.: MOeMG 108, 1969: Lohwag; Sy 21, 330-331: F. Petrak; SZP 46, 171-172: J. Peter; 48, 116: R. Hotz; ZfP 34, 189-190: M. Moser

1198 — — —. Grundriß der Pilzkunde. 2., überarb. und erw. Aufl. = DTV. Wissenschaftl. R. 4067. Stuttgart: Thieme; (München:) Dt. Taschenbuch Verl. (in Komm.) 1971 VII, 340 S. Mit 182 Abb. und 17 Tab. 8° (1372)

Rez.: BSMF 90, 76: Ch. Zambettakis; MOeMG 120, 1972: M. Moser; SZP 50, 27-28: Furrer-Ziogas; ZfP 38, 187: M. Moser

1199 **Müller, G.** Ascomyceten im nördlichen Rheinland. (Aus: Jahresberichte des Naturwissenschaftl. Vereins in Wuppertal. H. 24 (1971) S. 10-13. Mit 6 farb. Abb.) (1354)

1200 **— und Hermann Jahn.** Der Eschen-Baumschwamm, Fomitopsis cytisina, im Rheinland gefunden. (Aus: Westfälische Pilzbriefe. 6 (1966) S. 13-17. Mit 1 Abb.) (1105)

Müller, G. Pilztafeln. Um 1965. S. **Stangl**, Johann.

1201 **Müller, Otto und Gustav Pabst.** Cryptogamenflora enthaltend die Abbildung und Beschreibung der vorzüglichsten Cryptogamen Deutschlands. Tl 1-3 in 1 Bd. Gera: Griesbach 1874-1877. (1: Flechten. 1874) Titel, XXVIII S., 12 lithogr. Taf. mit 520 Abb.; (2: Pilze. 1875) 2 Bl., 98 S. Mit 21 Textholzschn. und 25 (gez. 23) farb. lithogr. Taf.; (3: Moose. Abt. 1. Die Lebermoose. 1877) 3 Bl., 36 S. Mit 9 (davon 8 farb.) lithogr. Taf. 4° (530)

Nissen 1427.- Krieger/Kelly, S. 165 (ohne die 'Moose').-

1202 **Müller, Otto Fridrich.** Efterretning og erfaring om svampe i saer rör-svampens velsmagende pilse. Kopenhagen: Möller 1763. 70 S., 1 Bl. (leer.) Mit 2 kolor. Kupfertaf. 4° (531)

Pritzel 6535.- Nouv. biogr. gén. XXXVI, 893-895.- Lütjeharms, S. 195.-
Biogr.: Fr 10, 52-56 (m. Portr.): N.F. Buchwald

1203 **Müller, Siegfried.** Böden unserer Heimat. Ein Leitfaden zur Bodenbeurteilung im Gelände für Praktiker, Planer, Natur- und Gartenfreunde. = Kosmos-Naturführer. Stuttgart: Franckh (1969). 174 S. Mit 19 (davon 3 gefalt. und 8 farb.) Taf. und 21 Textabb. 8° (1258)

1204 **Munjal, R.L., J.N. Kapoor und Nita Bahl.** Mushrooms Cultivation. (Aus: Advances in Mycology and Plant Pathology. 1974 (?). 7 S.) (2003)

1205 **Mundt, C.** Danmarks spiselige Svampe. Kopenhagen: Reitzel 1887. 2 Bl., 41 S., 1 Bl. (Inhaltsverz.) Mit 6 Chromolithos. 8° (947)

1206 **Munkert, J.C.** Beitrag zur Augsburger Pilzflora. (Aus: Bericht des Naturhistorischen Vereins in Augsburg. 20 (1869) S. 87-122.) (532)

1207 **Muséum National d'Histoire Naturelle.** Chaire de Cryptogamie. Catalogue de la mycothèque. 1. Micromycètes. Macromycètes. P. 1. = Revue de Mycologie. Mémoire hors-série. No 8. Paris 1966. 67 S. 8° (1204)

1208 **Mushrooms and toadstools.** How to find and identify them. With an introd. by Uberto Tosco and Annalaura Fanelli. (Transl. from the Italian.) = Color Treasury. (New York:) Crescent Books (usw.) (1972). 80 S. Mit 133 farb. Abb. 8° (1574)

1209 **Mushroom Science I.** The proceedings of the First International Conference on Scientific Aspects of Mushroom Growing held at Peterborough, Northamptonshire, England, 3rd to 11th May, 1950. (2nd repr.) (Leeds 1968.) 111 S. Mit Tab. und Abb. 8° (1308)

1210 **Mushroom Science II.** Comptes rendus de la Deuxième Conférence Internationale sur la Biologie et la Culture des Champignons tenue du 16 au 20 juin (1955 à l'Inst. Agronomique de Gembloux, Belgique. (Repr.) (Leeds 1965.) 183 S. Mit Tab. und Abb. 8° (1342)

1211 **Mushroom Science III.** Compte rendu de la Troisième Conférence Internationale sur la Biologie et la Culture des Champignons tenue du 14 au 20 juin 1956 au Mus. d'Histoire Natur. à Paris. (Paris 1957.) 317 S., 1 Bl. Mit Tab. und Abb. 8° (1266)

1212 **Mushroom Science IV.** The proceedings of the Fourth International Conference on Scientific Aspects of Mushroom Growing 18th-26th July, 1959 held at the Royal Veterinary and Agricultural College, Copenhagen. Odense: Andelsbogtr. o.J. (um 1959.) 572 S. Mit Tab. und Abb. 8° (1890)

1213 **Mushroom Science VII.** Proceedings of the Second Scientific Symposium and the Seventh International Congress on Mushroom Science Hamburg, May 3 to 9, 1968. Wageningen: Centre for Agricultural Publ. and Document. 1969. 614 S. Mit Abb. 8° (1028)

    Rez.: Pe 6, 167-168: R.A. Maas Geesteranus; ZfP 36, 206: M. Moser

1214 **Mushroom Science VIII.** Proceedings of the Eighth International Congress on Mushroom Science. Ed. by Ronald L. Edwards. London: The Mushroom Growers' Assoc. 1972. XVI, 894 S. Mit Abb. 8° (1573)

Mycologia Helvetica. s. **Verband Schweizerischer Vereine für Pilzkunde Bern.** Bibliothek.

1215 **Mycotaxon.** An international journal designed to expedite publi-
cation of research on taxonomy and nomenclature of fungi and
lichens. Vol. 1. Ithaca, N.Y. 1974 (1445). In laufendem Bezug.

1216 **MYKOFARM Gesellschaft für Pilzkultur.** Austernpilz <Pleurotus
ostreatus>. Rezepte für die Zubereitung. (Hamburg 1973.) 6 gez.
Bl. (1526)

1217 —. Die Kultivierung des Austernpilzes <Pleurotus ostreatus> auf
künstlichem Nährsubstrat. (2. Aufl. A. Allg. Tl. B. Spezieller Tl.
Hamburg (Jan.) 1974. 1 Bl., XIV, 47 S. Mit 1 Skizze. 8° (1578)

1218 — —. 3. verb. Aufl. Hamburg (Febr.) 1974. 1 Bl., XIV, 47 S. Mit
1 Skizze. 8° (1579)

1219 —. Kurze Kulturanleitung für den Anbau des Riesenträuschlings
<Stropharia rugosoannulata> auf Strohsubstrat im Freiland.
(Hamburg) 1975. 2 Bl. 8° (1757)

1220 —. Kurze Kulturanleitung für den Freiland-Anbau von einigen
holzbewohnenden Pilzen auf Holzabschnitten. Hamburg 1975. 2
Bl. 8°

1221 **Mykologisches Mitteilungsblatt.** Hrsg. im Auftrage des Rates des
Bezirkes Halle, Abt. Gesundheits- und Sozialwesen - Bezirks-
hygieneinspektion. Halle. In laufendem Bezug ab Jg. 1, 1957

1222 **Mykorrhiza.** Internationales Mykorrhizasymposium. 25.-30. April
1960 in Weimar. Hrsg. von der Biolog. Ges. in der DDR. Jena:
G. Fischer 1963. X, 482 S. Mit 43 Taf. sowie 174 Abb. und 31
Tab. i.T. 4°

    Rez.: ČM 18, 127-128: V. Šašek; MOeMG 87, 1963: K. Loh-
    wag; RM 29, 328-332: Ch. Zambettakis; Sy 17, 338-340: F.
    Petrak; ZfP 29, 59: E.H. Benedix

Näykki, Ossi. Notes on the effects of the fungus Hydnellum ferrugineum (Fr.) Karst. on forest soil and vegetation. 1967. s. **Hintikka**, Veikko.

Nannfeldt, John Axel. The genus Sarcodon in Sweden in the light
of recent investigations. 1969. s. **Maas** Geesteranus, R.A.

1223 —. Studien über die Morphologie und Systematik der nicht-
lichenisierten inoperculaten Discomyceten. = Nova Acta Regiae
Soc. Scientiarum Upsaliensis. Ser. 4, vol. 8, no. 2. Uppsala: Almqvist & Wiksell 1932. 368 S. Mit 20 photograph. Taf. und 47
Textabb. 4° (535)

1224 **Nardi, Raymond.** Atlas photographique des champignons. Avant-
propos de Roger Heim. Paris: Sedes 1966. 299 S., 1 Bl. Errata.
Mit 500 Abb. 8° (536)

> Rez.: BSMF 82, 627: H. Romagnesi; MOeMG 100, 1966: K.
> Lohwag

1225 **Necker, Natalis Joseph von.** Traité sur la mycitologie ou discours
historique sur les champignons en général. Mannheim: Fontaine
1783. Titel, 4 Bl., 133 S., 2 Bl. Mit 1 gefalt. Kupfertaf. 8° (1011)

> Pritzel 6635.- Nouv. biogr. gén. XXXVII, 574/75.-

Nees von Esenbeck, Christian Gottfried. Geschichte der merckwürdigsten Pilze. 4. 1820. s. **Bolton**, Jacob.

> ADB XXIII, 368-376.- Nouv. biogr. gén. XXXVII, 609-610.-

1226 —. Das System der Pilze und Schwämme. Ein Versuch. Text- und
Tafelbd. Würzburg: Stahel (1816-1822). XXXVIII (false XXXVI)
S., 1 Bl., 336 (false 234) S., 1 Bl., 86 S., 2 Bl. Mit 2 Falttab.;
Gest. Titel, 46 (gez. 44) kolor. Kupfertaf., 1 Bl. Die Kupfer von
Jacob Sturm gezeichnet und gestochen. 4° (1260)

> Brunet IV, 31.- Graesse IV, 655.- Ebert II, 14683.- Pritzel
> 6643.- Nissen 1438 (hat alle Fehler der Zählung übernom-
> men!).- Krieger/Kelly, S. 160.-

Nees von Esenbeck, Theodor Friedrich Ludwig. Geschichte der
merckwürdigsten Pilze. 4. 1820. s. **Bolton**, Jacob.

> ADB XXIII, 376-380. Nouv. biogr. gén. XXXVII, 610.-

1227 — **und Aimé Henry.** Das System der Pilze. Durch Beschreibungen
und Abb. erl. Abt. 1. Bonn: Henry, Cohen 1837. 3 Bl., VI, 74 S.
Mit 12 (davon 11 kolor.) lithogr. Taf. 8° (1001)

> Pritzel 6666.- Nissen 1444.- Krieger/Kelly, S. 160.-

Nennes, Magnus. Monographia Lepiotarum Sueciae. 1854. Resp.
s. **Fries**, Elias.

Nespiak, A. Pilzsoziologische Untersuchungen in Buchenwäldern
<Carici-Fagetum, Melico-Fagetum und Luzulo-Fagetum> des
Wesergebirges. 1967. s. **Jahn**, Hermann.

1228 **Neuhoff, Walther und Bernhard Knauth.** Die Gallertpilze <Tre-
mellineae>. Von Walther Neuhoff. Die Milchlinge <Lactarii>.
Von B. Knauth und W. Neuhoff. = Die Pilze Mitteleuropas. 2 a.
b. Leipzig: Klinkhardt 1934-1937. 56 S. Mit 13 (davon 9 farb.)
Taf.; 68 S. Mit 15 (davon 14 farb.) Taf. Fol. (544)

> Biogr.: MyM 16, 56-57 (m. Portr.): M. Herrmann; SPRd 7, H.

1, 3-4 (m. Portr.): H. Steinmann; SZP 49, 40-41:-; WP 2, 121: F. Koppe; 8, 177-179 (m. Portr.): H. und M. Jahn; ZfP 27, 1-2: H. Haas 31, 81:-; 37, 236-241 (m. Portr. und Bibl.): H. Haas
Rez.: DBP N.F. 3, 21-22: Swoboda; MOeMG 1, 84: Swoboda; ÖZP 2, 64: Swoboda

1229 —. Der Knick in der südholsteinischen Geest und seine Pilze. (Aus: Botanischer Verein zu Hamburg e.V. Jahresbericht 1962. S. 32-36.) (538)

1230 —. Die Milchlinge <Lactarii>. Bd 1.2. = Die Pilze Mitteleuropas. 2 b. Bad Heilbrunn: Klinkhardt 1956. 248 S.; 1 Bl. (Alphab. Verz. der Arten), 20 (davon 16 farb.) Taf. 8° bzw. Fol. (539)

MyM 1, H. 2, 23-24: H.H. Handke; SZP 34, 69-70: R. Haller; 40, 28: W. Eschler; WP 1, 36-37: H. Jahn; ZfP 22, 27-29: H. Haas

1231 —. Milchlinge als Speisepilze. (Aus: Dt. Blätter für Pilzkunde. (N.F.) 4 (1942) S. 23-29.) (540)

1232 —. Die Milchlingsarten Deutschlands. (Aus: Dt. Blätter für Pilzkunde. (N.F.) 4 (1942) S. 13-23.) (541)

1233 —. Pilze Deutschlands. Bd 1. 100 leicht kenntliche Pilzarten. Hamburg: Nölke 1946. 112 S. Mit 100 farb. Abb. auf 40 Taf. 8° (542)

Rez.: WP 1, 17-18: H. Jahn

1234 —. Zur Verbreitung der Schleierpilzgattung Phlegmacium in Holstein. (Aus: Botanischer Verein zu Hamburg e.V. Jahresbericht 1961. S. 2-7.) (543)

Rez.: WP 3, 88: H. Jahn

1235 **Neuner, A.** Pilzkalender 1966. (München: Deukula 1965.) 12 Bl. mit farb. Pilzabb. (Texterkl. auf der Rückseite.) 8° (545)

1236 —. Pilzkalender 1967. (München: Deukula 1966.) 13 (statt 12) Bl. (das Juni-Bl. versehentlich zweimal eingeb.) mit farb. Pilzabb. (Texterkl. auf der Rückseite.) 8° (546)

Rez.: MOeMG 101, 1967: Lohwag; MyM 18, 38-39: M. Herrmann; SPRd 10, H. 1, 21: D. Knoch

1237 —. Pilzkalender 1968. (München: Deukula 1967.) 12 Bl. mit farb. Pilzabb. (Texterkl. auf der Rückseite.) 8° (864)

1238 —. Pilzkalender 1969. (München: Deukula 1968.) 12 Bl. mit farb. Pilzabb. (Texterkl. auf der Rückseite.) 8° (976)

1239 —. Pilzkalender 1970. (München: Deukula 1969.) 12 Bl. mit farb. Pilzabb. (Texterkl. auf der Rückseite.) 8° (1050)

1240 —. Pilzkalender 1971. (München: Deukula 1970.) 12 Bl. mit farb. Pilzabb. (Texterkl. auf der Rückseite.) 8° (1078)

TRAITÉ

DES

CHAMPIGNONS,

Ouvrage dans lequel on trouve, après l'histoire analytique & chronologique des découvertes & des travaux sur ces plantes, suivie de leur synonimie botanique & des tables nécessaires, la description détaillée, les qualités, les effets, les différens usages non - seulement des champignons proprement dits, mais des truffes, des agarics, des morilles & autres productions de cette nature, avec une suite d'expériences tentées sur les animaux, l'examen des principes pernicieux de certaines espèces, & les moyens de prévenir leurs effets ou d'y remédier.

Le tout enrichi de plus de deux cents planches où ils sont représentés avec leurs couleurs & en général leur grandeur naturelles, & distribués suivant une nouvelle méthode.

Par M. PAULET, Médecin des Facultés de Paris & de Montpellier, de l'Académie médicale de Madrid, &c.

TOME PREMIER.

A PARIS,

DE L'IMPRIMERIE ROYALE.

M. DCC. LXXXX.

Zu Nr. 1319

COMMENTARIVS

D. IAC. CHRIST. SCHAEFFERI
QVONDAM ECCLES. EVANGEL. RATISBON. PASTORIS ET SVPERINTENDENTIS

FVNGORVM BAVARIAE INDIGENORVM
ICONES PICTAS

DIFFERENTIIS SPECIFICIS, SYNONYMIS ET OBSERVATIONIBVS SELECTIS
ILLVSTRANS.

AVCTORE

D. C. H. PERSOON
PLVRIMVM SOCIETATVM SOCIO.

ERLANGAE
APVD IOAN. IAC. PALM.
MDCCC.

Zu Nr. 1330

1241 —. Pilzkalender 1972. (München: Deukula 1971.) 12 Bl. mit farb. Pilzabb. (Texterkl. auf der Rückseite.) 8° (1261)

1242 —. Pilzkalender 1973. (München: Deukula 1973.) 12 Bl. mit farb. Pilzabb. (Texterkl. auf der Rückseite.) 8° (1381)

1243 —. Pilzkalender 1974. (München: Deukula 1974.) 12 Bl. mit farb. Pilzabb. (Texterkl. auf der Rückseite.) 8° (1582)

1244 —. Pilzkalender 1975. (München: Deukula 1975.) 12 Bl. mit farb. Pilzabb. (Texterkl. auf der Rückseite.) 8° (1435)

1245 —. Pilzkalender 1976. (München: Deukula 1976.) 12 Bl. mit farb. Pilzabb. (Texterkl. auf der Rückseite.) 8° (1999)

Rez.: SZP 53, 159: A. Nyffenegger; ZfP 41, 209: A. Bresinsky

1246 **Nichols, Susie Percival.** The Nature and origin of the binucleated cells in some Basidiomycetes. (Aus: Transactions of the Wisconsin Acad. of Science, Arts, and Letters. 15 (1905) S. 30-70. Mit 3 Taf.) (547)

Krieger/Kelly, S. 161.-

1247 **Niemitz, Johann Ludwig.** Über die Giftschwämme. (Dissertation.) Wien: Ueberreuter 1841. 36 (statt 38) S., 1 Bl. Wahrscheinlich fehlt nach dem Titel ein Dedikationstitel, die Zählung beginnt nach dem ersten Bl. mit S. 6. 8° (548)

Nier, Erich. Die Pilzverwertung und ihre Zukunftsaufgaben. 1940 u.ö. s. **Bötticher**, Werner.

1248 **Niethammer, Anneliese.** Technische Mykologie. Hefen und Schimmelpilze. Stuttgart: Enke 1947. 4 Bl., 267 S. Mit 16 Textfig. 8° (867)

1249 **Niolle, Paul.** Contribution à l'étude des problèmes: Russula luteo-viridans Martin et Russula Romellii R. Maire. Paris 1951. 8 Bl. 4° (942)

1250 —. Contribution au problème Russula rubra. (Aus: Revue de Mycologie. N.S. T. 4 (1939) S. 81-86.) (941)

1251 —. Contributions à l'étude des mycologues. Lyon 1952-1968. 2, 122 S. 8° (958)

1252 —. Révision des Russules d'après Konrad et Maublanc dans leur ouvrage "Les Agaricales", t. 2. (Aus: Bulletin de la Soc. Mycologique de France. 74 (1958) S. 111-122.) (931)

1253 —. Russula puellaris Fries dans la littérature. (Aus: Bulletin de la Soc. Mycologique de France. 65 (1949) S. 85-92.) (940)

1254 —. Les Russules. (Nebst) Suite (1.2.). (Aus: Bulletin Mensuel de la
Soc. Linnéenne de Lyon. 9 (1940) S. 46-48; S. 51-56 und S. 113-
119.) (943)

1255 **Nippon no kinoko.** (Mushrooms of Japan.) Hrsg. von Rokuya
Imazeki. = Yamakei Color Guide. 64. Tokio 1975. 199 S. Mit
139 farb. Abb. auf Taf. i.T. 8° (2042). Text in Japanisch

1256 **Nissen, Claus.** Die botanische Buchillustration. Ihre Geschichte
und Bibliographie. Bd 1.2. (nebst) Suppl. Stuttgart: Hiersemann
1951-1966. (1: 1951) VII, 264 S.; (2: 1951) 4 Bl., 324 S. ; (Suppl.:
1966) VII, 97 S. 4° (550)

1257 **Nitzschke, Hans und Hermann Jahn.** Höhere Pilze. Entwicklung.
= R 170. München: Inst. für Film und Bild in Wissenschaft und
Unterricht o.J. (um 1960.) 6 S. Mit 11 Abb. auf 2 Taf. und 2
Textabb. 8° (906)

1258 **— und Grete Dircksen-Arendt.** Höhere Pilze. Formen. = R 754.
München: Inst. für Film und Bild in Wissenschaft und Unterricht
(1967). 11 S. Mit 18 Abb. 8° (907)

1259 **— und Hermann Jahn.** Speise- und Giftpilze. = Bildreihe R 201.
München: Inst. für Film und Bild in Wissenschaft und Unterricht
(1960). 6 S., 1 Bl. Mit 20 Textabb. 8° (908)

1260 **Nomina conservanda proposita.** (Aus: Taxon. 16 (1967) S. 240-
251.) (1871)

Nordensköld, Birgitta. Vår Svampbok. 1962. s. **Suber**, Nils.

1261 **Nordin, Ingvar.** Fnösktickans <Fomes fomentarius (L. ex Fr.)
Kickx> värdväxtval i Sverige. (Aus Friesie. 8 (1967) S. 32-50. Mit
4 Taf.) (993)

    Rez.: MyM 12, 69: H. Kreisel

Nordmark, Hans von der. (Pseud.) s. **Colmorgen**, H.

Noréus, Frans Theodor. Spicilegium plantarum neglectarum. Dec.
1. 1836. Resp. s. **Fries**, Elias.

1262 **Norrman, Jonas und Nils Fries.** The Growth of Pestalotia rhododendri Guba in relation to volatile metabolites. (Aus: Archiv für
Mikrobiologie. 56 (1967) S. 330-343. Mit 2 Tab. und 4 Abb.)
(1759)

1263 **Nüesch, Emil.** Allerlei interessante Beobachtungen. 3., verb. und verm. Aufl. Frauenfeld: Huber 1912. XII, 184 S. Mit 4 Abb. 8° (552)

> Biogr.: SZP 20, 65:-; 25, 129: A.; 37, 20-21 (m. Portr.): A.E. Alder; ZfP 25, 31-32: H. Haas

1264 —. Die schwarzsporigen Blätterpilze der Kantone St. Gallen und Appenzell. (Aus: Jahrbuch der St. Gallischen Naturwissenschaftl. Ges. Bd 57, Tl 2 (1921) S. 141-169.) (1046)

1265 —. Calvatia saccata (Vahl) Morgan. (Aus: Berichte der Schweizerischen Botanischen Ges. 43 (1934) S. 132-137.) (1607)

1266 —. Die Gruppe Difformes-Caespitosae der Agariceen-Gattungen Tricholoma, Clitocybe, Collybia als neue Gattung Caesposus, Rasling. (Aus: Jahrbuch der St. Gallischen Naturwissenschaftl. Ges. 68. 1935/1936. 19 S.) (1608)

1267 —. Die weißsporigen Hygrophoreen <Pilzgattungen Limacium, Hygrophorus, Nyctalis>. Bestimmungsschlüssel und Beschreibung der weißsporigen Hygrophoreen Mitteleuropas. Heilbronn: Rembold (1922). 66 S. 8° (557)

> Rez.: ZfP 1, 76: Gramberg; 2, 68:-

1268 —. Die hausbewohnenden Hymenomyceten der Stadt St. Gallen. 83 Pilzarten. Bau, Lebensweise, Bedeutung als Holzzerstörer und Bekämpfung. St. Gallen: Fehr 1919. V, 204 S. Mit Bestimmungstab., 1 Farbendr.taf. und Textabb. 8° (1609)

> Krieger/Kelly, S. 161.-

1269 —. Ist die Gasteromyceten-Gattung Calvatia Fries <Summa Veget. Scand., pag. 442> emendiert von Morgan <North Americ. Fungi Journ. Cincinnati Soc. of Nat. Hist. Vol. XII, 1890, pag. 165> gerechtfertigt, und welche Arten gehören dazu? (Aus: Schweizerische Zeitschrift für Pilzkunde. 20 (1942) S. 97-101.) (1610)

1270 —. Die Milchlinge <Pilzgattung Lactarius>. Bestimmungsschlüssel und Beschreibung der Milchlinge Mitteleuropas. St. Gallen: Selbstverl. (1921.) 50 S. 8° (554)

> Rez.: PuK 5, 22-23: Spilger; 5, 23: E. Gramberg

1271 —. Die braunsporigen Normalblätterpilze. <Phaeosporae der Agariceae> der Kantone St. Gallen und Appenzell. (Aus: Jahrbuch der St. Gallischen Naturwissenschaftl. Ges. 55 (1918) S. 177-322.) (1033)

1272 —. Die gefährlichsten holzzerstörenden Pilze der Häuser. Ausz. aus des Verf. im gleichen Verl. ersch. Schrift: Die hausbewohnenden Hymenomyceten der Stadt St. Gallen. St. Gallen: Fehr 1919. V, 90 S. Mit 1 Farbtaf. und 16 Abb. 8° (553)

1273 —. Die Ritterlinge. Monographie der Agariceen-Gattung Tricholoma mit Bestimmungsschlüssel. Heilbronn: Rembold 1923. 188 S. Mit 1 Taf. 8° (1100)

    Rez.: ZfP 2, 239: E. Gramberg

1274 —. Die Röhrlinge <Pilzgattung Boletus>. Bestimmungsschlüssel und Beschreibung aller Röhrlinge Mitteleuropas. Frauenfeld: Huber 1920. 2 Bl., 43 S. 8° (555)

    Rez.: PuK 5, 23: E. Gramberg

1275 —. Die Trichterlinge. Monographie der Agariceen-Gattung Clitocybe mit Bestimmungsschlüssel. St. Gallen: Schwald 1926. 279 S. Mit 8 Farbtaf. 8° (556)

    Rez.: ZfP 6, 46: E. Gramberg

1276 —. Die Variabilität von Lycoperdon umbrinum Pers. (Aus: Jahrbuch der St. Gallischen Naturwissenschaftl. Ges. 65 (1929/1930) S. 123-130.) (1611)

1277 **Nultsch, Wilhelm.** Allgemeine Botanik. Kurzes Lehrbuch für Mediziner und Naturwissenschaftler. 3. überarb. Aufl. Stuttgart: Thieme 1968. XI, 399 S. Mit 200 Abb. von K.-H. Seeber. 8° (909)

1278 **— und Annelise Grahle.** Mikroskopisch-botanisches Praktikum für Anfänger. 2., überarb. Aufl. Stuttgart: Thieme 1971. VIII, 188 S. Mit 96 Abb. 8° (1202)

Nyman, Carl Moritz. Adami Afzelii Fungi Guineenses. 1837. Resp. s. **Fries**, Elias.

1279 **Obermeyer, Wilhelm.** Pilz-Büchlein. 1. Unsere wichtigsten eßbaren Pilze in Wort und Bild. 2. Aufl. Stuttgart: Lutz o.J. (um 1920.) 160 S., 25 Farbtaf. 8° (1093)

1280 —. Pilzbüchlein. 2. Unsere wichtigsten giftigen und ungenießbaren Pilze in Wort und Bild. 25.-30. Taus. Stuttgart: Franckh o.J. (um 1920.) 104 S., 1 Bl. Mit 1 Textabb. und 25 farb. Taf. 8° (1094)

1281 —. Unsere wichtigsten Pilze in Wort und Bild. Stuttgart: Franckh o.J. (um 1920.) 36 S. Mit 43 farb. Abb. auf 24 Taf. 4° (559)

    Krieger/Kelly, S. 162.-

1282 —. Die wichtigsten eßbaren und giftigen Pilze Deutschlands. Mit e. Vorw. von H. Wattenberg. Kassel: Hausen o.J. (um 1918.) 2 Bl., 36 S. mit je 1 farb. Abb. 8° (560)

Oberwinkler, Franz. Niedere Basidiomyceten aus Südbayern. 2. 1962. s. **Poelt**, Josef.

Odell, Walter Silas. Mushrooms and toadstools. 1927. s. **Güssow,** Hans Theodor.

1283 **Oefelein, Hans.** Beiträge zu einer Pilzflora des Hochrheingebietes. 1. (Aus: Mitteilungen der Naturforschenden Ges. Schaffhausen. 29. 1968-1970. 58 S. Mit 1 Tab. und 3 Abb.) (1072)

    Rez.: SZP 48, 156: R. Hotz; WP 8, 38: H. Jahn

1284 **Oersted, Anders Sandøe.** System der Pilze, Lichenen und Algen. Aus dem Dän. Dt. verm. Ausg. von A. Grisebach und J. Reinke. Leipzig: Engelmann 1873. VIII, 194 S. Mit 93 Holzschn. 8° (561)

Östberg, Jakob. Anteckningar öfver de i Sverige växande ätliga svampar. 5. 1836. Resp. s. **Fries,** Elias.

1285 **Österreichische Mykologische Gesellschaft. Mitteilung.** Wien. In laufendem Bezug ab Nr 80, 6. Nov. 1961. (1760)

Österreichische Zeitschrift für Pilzkunde. s. **Mitteilungen** der Österreichischen Mykologischen Gesellschaft. Jg. 2. 1938.

1286 **Oetker Pilzkochbuch.** Bielefeld: Ceres o.J. (um 1950.) 63 S. Mit 45 farb. Pilzabb. auf 24 Taf. i.T. und Textabb. 8° (562)

1287 —. Bearb. von der Versuchsküche der Firma August Oetker, Bielefeld. (2. völlig neu bearb. Aufl. Text für den pilzkundl. Tl. von Hermann Jahn.) Bielefeld: Ceres (1963). 96 S. Mit 8 Farbtaf. sowie 10 Zeichnungen und 80 farb. Pilzabb. auf 40 Taf. i.T. 8° (563)

1288 **Oettli, Max.** Versuche mit lebenden Bakterien. Stuttgart: Franckh 1919. 128 S. Mit 33 Abb. 8° (1554)

1289 **Offner, Jules.** Les Spores des champignons au point de vue médico-légal. Paris: Klincksieck 1904. 2 Bl., 67 S., 1 Bl. (Index.) Mit 79 Abb. auf 2 Taf. 8° (564)

    Krieger/Kelly, S. 162 (Ausg. Grenoble 1905).-

1290 **Oken, Lorenz.** Abbildungen zu Oken's allgemeiner Naturgeschichte für alle Stände. Stuttgart: Hoffmann 1843. 28 Bl. (davon 3 Bl. Pilze); 43 (davon 39 kolor.) Taf. (davon 4 mit Abb. von Pilzen.) 4° (565)

    BrunetVI, 4485.- Graesse V, 16.- ADB XXIV, 216-226.- Nouv. biogr. gén. XXXVIII, 577-578.-

1291 —. Allgemeine Naturgeschichte für alle Stände. Bd 3, Abth. 1. = Botanik. Bd 2, Abth. 1. Mark- und Schaftpflanzen. Stuttgart:

Hoffmann 1841. 1 Bl., 702 S. (Pilze: S. 32-176.) 8° (566)

Brunet VI, 4485.- Graesse V, 16.-

1292 **Ola'h, György Miklǿs.** Le genre Panaeolus. Essai taxonomique et physiologique. Textbd und Tasche mit Lochkt. = Révue de Mycologie. Mémoire hors-série. No 10. Paris: Laboratoire de Cryptogamie du Mus. Nat. d'Hist. Natur. 1969-1970. VII, S. (8)-273. Mit 20 Taf. (davon 4 farb. außerhalb d.T.), 15 Textabb. und 25 Tab. (davon 3 gefalt. außerhalb d.T.); 20 Lochkt. 8° (1263)

Rez.: ČM 24, 183-184: A. Pilát; MOeMG 129, 1975: M. Moser; RM 34, 385-387: H. Romagnesi; ZfP 39, 262-263: M. Moser

1293 **O-Nils, Birgitta und Ingemar Pettersson.** ICA Svampkarta. 72 svampar i färg med plockråd, konservering och svamprätter. (Västerås: ICA-förl. 1964.) 72 farb. Pilzabb. mit erl. Text auf 8-gliedriger Leporello-Taf. 8° (558)

Ono, Tadayoshi. Studies on the chages (!) of vitamin D in the Shii-ta-ke mushroom <Lentinus edodes> on the cooking. Um 1970. s. **Arimoto**, Kunitaro.

1294 —. Studies on the thiamine protective factor in Shii-ta-ke mushroom <Lentinus edodes>. Osaka: Agricultural Reserch (!) Center o.J. (um 1970.) 1 Bl. Mit 2 Tab. 8° (1897)

1295 **L'Opera botanica del prof. Caro Massalongo.** Von O. Mattirolo, G. Gola, A. Trotter und A. Forti. Verona: 'La Tipografica Veronose' 1929. 3 Bl., 72 S. Mit Portr. Massalongo's und 25 (z. Tl kolor.) Taf. mit je 1 Bl. erkl. Text. Fol. (961)

1296 **Opiz, Philipp Maximilian.** Deutschlands cryptogamische Gewächse nach ihren natürlichen Standorten geordnet. Ein Anh. zur Flora Deutschlands von Joh. Christ. Röhling. Prag: Scholl 1816. 166 S., 1 Bl. (leer.) 8° (1264)

Pritzel 6839.- ADB XXIV, 378-380.-

Ordonie, Edewaert van. Theatrum fungorum oft het tooneel der Campernoelien. 1675. s. **Sterbeeck**, Franciscus van.

Orendi, P. Chromatographische Analyse von Farbmerkmalen der Boletales und anderer Makromyzeten auf Dünnschichten. 1970. s. **Bresinsky**, Andreas.

1297 **Orfila, Mathieu Jacques Bonaventure.** Leçons faisant partie du cours de médicine légale. Paris 1823. 26 Kupfertaf. (gez. 21, 6 mit kolor. Abb. von Pilzen.) 8° (1378)

Nouv. biogr. gén. XXXVIII, 780-783.- Ohne die 3 Textbde.

Orr, Dorothy B. Mushrooms and other common fungi of the San Francisco Bay region. 1962. s. **Orr,** Robert Thomas.

1298 **Orr, Robert Thomas and Dorothy B. Orr.** Mushrooms and other common fungi of the San Francisco Bay region. = California Natural History Guides. 8. Berkeley, Los Angeles: Univ. of Calif. Pr. 1962. 71 S. Mit 8 farb. Taf. i.T. und Textabb. 8° (567)

1299 **Ortleb, Alexander und G. Ortleb.** Die einheimischen Giftpflanzen nebst Angabe der Gegenmittel bei Vergiftungen durch dieselben. Um 1903. vgl. Aufn. zu: **Ortleb,** A.: Das Herbarium nebst Samen- und Holz-Sammlung. (Beibd 2.)

1300 — —. Das Herbarium nebst Samen- und Holz-Sammlung. = Der Emsige Naturforscher und Sammler. 13. Berlin: Mode (1903). 51 S. Mit 15 Abb. auf 2 Taf. 8° (568)

Angeb.: **Ortleb,** A. und G. **Ortleb:** Die nützlichen und schädlichen Pilze oder Schwämme Deutschlands <Mycetologie>. = Der Emsige Naturforscher und Sammler. 14. Berlin: Mode o.J. (um 1903.) 83 S. mit 37 Abb. auf 3 Taf.

2. **Ortleb,** A. und G. **Ortleb:** Die einheimischen Giftpflanzen nebst Angabe der Gegenmittel bei Vergiftungen durch dieselben. = Der Emsige Naturforscher und Sammler. 15. Berlin: Mode o.J. (um 1903.) 68 S. Mit 18 Abb. auf 4 Taf.

3. **Ortleb,** A. und G. **Ortleb:** Der Mineralien- und Petrefakten-Sammler. = Der Emsige Naturforscher und Sammler. 16. Berlin: Mode (1903). 63 S. Mit 34 Abb. auf 2 Taf.

1301 — —. Der Mineralien- und Petrefakten-Sammler. (1903). vgl. Aufn. zu: **Ortleb,** A.: Das Herbarium nebst Samen- und Holz-Sammlung. (Beibd 3.)

1302 — —. Die nützlichen und schädlichen Pilze oder Schwämme Deutschlands <Mycetologie>. Um 1903. vgl. Aufn. zu: **Ortleb,** A.: Das Herbarium nebst Samen- und Holz-Sammlung. (Beibd 1.)

Ortleb, G. Die einheimischen Giftpflanzen nebst Angabe der Gegenmittel bei Vergiftungen durch dieselben. Um 1903. vgl. Aufn. zu: **Ortleb,** Alexander: Das Herbarium nebst Samen- und Holzsammlung. (Beibd 2.)

—. Das Herbarium nebst Samen- und Holz-Sammlung. 1903. s. **Ortleb,** Alexander.

—. Der Mineralien- und Petrefakten-Sammler. (1903). vgl. Aufn. zu **Ortleb,** Alexander: Das Herbarium nebst Samen- und Holz-Sammlung. (Beibd 3.)

—. Die nützlichen und schädlichen Pilze oder Schwämme Deutschlands <Mycetologie>. Um 1903. vgl. Aufn. zu: **Ortleb,**

Alexander: Das Herbarium nebst Samen- und Holz-Sammlung. (Beibd 1.)

Orton, P.D. New Check List of British Agarics and Boleti. 1960. s. **Dennis**, Richard William George.

—. British Fungus Flora. Agarics and Boleti: Introduction. 1969. s. **Henderson**, Douglas Mackay.

Os, J.H. van. Die terrestrischen Stachelpilze Europas. 1975. s. **Maas Geesteranus**, Rudolf Arnold.

Ottenheym, Henricus. The Discovery, isolation, elucidation of structure, and synthesis of antamanide. 1968. s. **Wieland**, Theodor.

—. Isolierung und Charakterisierung eines antitoxischen Cyclopeptids, Antamanid, aus der lipophilen Extraktfraktion von Amanita phalloides. 1969. s. **Wieland**, Theodor.

Otting, W. Affinity of antamanide for sodium ions. 1970. s. **Wieland**, Theodor.

1303 **Oudemans, Cornelis Anton Jan Abraham.** Révision des champignons tant supérieurs qu'inférieurs trouvés jusqu'à ce jour dans les Pays-Bas. = Verhandelingen der K. Akad. van Wetenschappen te Amsterdam. 2,2. Amsterdam: Müller 1892. 638 S. 8° (569)

 Krieger/Kelly, S. 164 (2bdige Ausg. 1893-1897).-

Ovčinnikov, Ju. A. Affinity of antamanide for sodium ions. 1970. s. **Wieland**, Theodor.

1304 **Overholts, Lee Oras.** The Polyporaceae of the United States, Alaska and Canada. Prepared for publ. by Josiah L. Lowe. = Univ. of Michigan Studies. Scientific Ser. 19. Ann Arbor: Univ. of Michigan Pr.; London: Oxford Univ. Pr. 1953. XIV, 466 S. Mit Portr. des Verf. und 132 Taf. 8° (570)

Pabst, Gustav. Cryptogamen-Flora. 1874-1877. s. **Müller**, Otto.

1305 —. Die Pilze, enthaltend die Abbildung und Beschreibung der vorzüglichsten Pilze Deutschlands und der angrenzenden Länder... Gera: Griesbach 1875. 2 Bl., 98 S. Mit 19 Textholzschnitten und 25 (gez. 23) farb. Taf. 4° (571)

 Krieger/Kelly, S. 165.-

1306 **Pagnol, Jean.** La Truffe. Préf. de Sylvain Floirat. (Avignon:) Aubanel (1973). 184 S., 2 Bl. Mit Tab. und Abb. 4° (1830)

1307 **Pahlow, Mannfried und Siegfried Eichinger.** Pilze und Beeren. Sicherheit für Anfänger, Interessantes für Fortgeschrittene. München: Lehmanns Verl. (1975.) 111 S. Mit 83 meist farb. Abb. 8° (1614)

Rez.: SPRd 12, H. 1, 25: A. Müller

1308 **Palm, Björn.** Svamp-Katekes. Med förord av G. Lagerheim. Stockholm: Aftonbladet 1916. 22 S. Mit 13 Abb. 8° (572)

1309 — —. Ny uppl., granskad och genomgången av E. Ingelström. (Med förord av G. Lagerheim.) Stockholm: Kungsholmens Bokh. 1936. 24 S. Mit 13 Abb. 8° (573)

Pannwitz, Paul. Die Pilzverwertung und ihre Zukunftsaufgaben. 1940 u.ö. s. **Bötticher**, Werner.

1310 **Pantidou, Maria E.** Cultural Studies of Boletaceae: Carpophores of Xerocomus badius and Xerocomus illudens in culture. (Aus: Canadian Journal of Botany. 42 (1964) S. 1147-1149. Mit 8 Abb. auf 1 Taf.) (574)

Rez.: ZfP 30, 63: H. Kühlwein

Parkinson, Donald. s. **Ecology, The, of soil fungi.** 1960.

1311 **Parmasto, E.** Obzor roda Merulius v Estonskoj SSR. A survey of the genus Merulius in the Estonian S.S.R. (Aus: Botaanilised Uurimused. Scripta Botanica. 2 (1962) S. 211-214.) (576)

1312 **Parrot, Aimé G.** Amanites du sud-ouest de la France. Biarritz: Centre d'Études et de Recherches Scientifiques 1960. 168 S., 3 Bl. Mit mehr als 60 Abb. 8° (577)

Rez.: WP 3, 16: H. Jahn

1313 **Passecker, Friedrich.** Moderne Champignonkultur. Mit einem Anhang über die Kultur des japanischen Shiitake und anderer Speisepilze. 2. Aufl. = Scholle-Bücherei. 47. Wien, Leipzig: Scholle o.J. (um 1940.) 38 S., 1 Bl. Mit 18 Abb. auf 6 Taf. und 3 Textabb. 8° (578)

1314 **Pastac, Isaac A.** Les Matières colorantes des champignons. = Revue de Mycologie. Mémoire hors-sér. 2. Paris: Laboratoire de Cryptogamie du Mus. Nat. d'Hist. Natur. 1942. IV, 88 S. Mit schemat. Darst. 8° (579)

1315 **Patouillard, Narcisse.** Contribution à l'étude des champignons de Madagascar. = Mémoires de l'Acad. Malgache. 6. Tananarive: Pitot 1927. 49 S. Mit 2 Taf. 4° (580)

Biogr.: **RM** 36, fasc. **2**, I-XV (**m. Portr.**): R. Heim

1316 —. Les Hyménomycètes d'Europe. Anatomie générale et classification des champignons supérieurs. = Matériaux pour l'Histoire
des Champignons. 1. Paris: Klincksieck 1887. XI S., 1 Bl., 166 S.,
1 Bl. Mit 4 Taf. 8° (581)

Krieger/Kelly, S. 167.-

1317 **Paulet, Jean Jacques.** 8 ankolor. Bleistiftzeichnungen der Taf. 142
(teilw.), 149, 184/185 und 190 (zweimal) seines "Traité des champignons", 1790-1835. Dazu eine Bleistiftskizze von Paulet und ein
hs. Verz. von Pilzarten. Paris um 1850. Fol. (1388)

1318 —. Prospectus du Traité historique, graphique, culinaire et médical des champignons. 1808. vgl. Aufn. zu: **Paulet**: Traité des
champignons. 1790-1793.

1319 —. Traité des champignons. T. 1.2. Paris: Impr. Royale (2: Impr.
Nat.) 1790-1793. 2 Bl., XXXVI, 629 S.; 2 Bl., VIII, 476 S., 2 Bl.
(letztes leer.) 4° (582)

Angeb.: **Paulet**: Prospectus du Traité historique, graphique,
culinaire et médical des champignons. Paris: Huzard & Tessier
1808. Titel, 88 S.

Brunet IV, 444.- Graesse V, 170.- Ebert 15994.- Pritzel 6986.-
Nissen 1496.- Nouv. biogr. gén. XXXIX, 398.- Lütjeharms,
S. 10-11.- Krieger/Kelly, S. 170 (ohne die Taf.).- Es fehlt der
Tafelbd.

1320 **Payer, Jean Baptiste.** Botanique cryptogamique ou histoire des
familles naturelles des plantes inférieures. Paris: Masson 1850. 2
Bl. Mit 1105 Textholzschnitten. 4° (1267)

Brunet VI, Nr 5347.- Graesse V, 179.- Pritzel 7011.- Nouv.
biogr. gén. XXXIX, 430-431.- Krieger/Kelly, S. 170.-

1321 **Pearson, Arthur Anselm.** Cape Agarics and Boleti. (Aus: Transactions of the British Mycological Soc. 33 (1950) S. 276-316. Mit 7 -
davon 6 farb. - Taf.) (583)

Biogr.: SZP 33, 47-49: W. Schärer-Bider; ZfP 21, Nr 16, 27:
M. Moser

1322 —. The Genus Lactarius. (Aus: The Naturalist. 1950. 20 S. Mit 1
Taf.) (584)

Rez.: ZfP 21, Nr 10, 31-32: Greiner

1323 **— und Richard William George Dennis.** Revised List of British
Agarics and Boleti. (Aus: Transactions of the British Mycological
Soc. 31 (1948) S. 145-190. (586)

1324 —. The genus Russula. 2nd rev. ed. (Aus: The Naturalist. 1948. 24 S. Mit 1 Taf.) (585)

Rez.: ZfP 21, Nr 8, 21-22: Greiner

Pébeyre, Monique. Trüffel-Rezepte <Périgord-Trüffeln>. 1974. s. **Schliemann**, Eva.

1325 **Peklo, Jaroslav.** Neue Beiträge zur Lösung des Mykorrhizaproblems. (Aus: Zeitschrift für Gärungsphysiologie. 2 (1913) S. 246-289.) (1336)

Peringer, Maria. Zur Anatomie der Boletaceae. 1937. s. **Lohwag**, Heinrich.

Biogr.: Sy 26, 297-299 (m. Bibl.): M. Findeis

1326 **— und Thomas Cernohorsky.** Beiträge zur Pilzflora von Wien und Umgebung unter Berücksichtigung der Bodenverhältnisse. (Aus: Sydowia. 13 (1959). S. 246-265.) (587)

1327 —. Johann Raab. 1898-1971. (Aus: Sydowia. 24 (1970) S. 21-23. Mit 1 Portr.) (1268)

1328 **Persiel, Friedegunde.** Die Wirkung von Bakterien auf das Myzelwachstum von Agaricus bisporus (Lge.) Sing. (Aus: Die Gartenbauwissenschaft. 33 (1968) S. 57-65. Mit 3 Abb. und 5 Tab.) (910)

Persoon, Christian Hendrik. Abbildungen der Schwämme. 1790-1791. s. **Hoffmann**, Georg Franz.

Nouv. biogr. gén. XXXIX, 667.-
Biogr.: ZfP 4, 92-96: S. Killermann; 12, 54-60: O. Schmid

1329 —. Abhandlung über die eßbaren Schwämme. Mit Angabe der schädlichen Arten und einer Einleitung in die Geschichte der Schwämme. A. d. Frz. übers. und mit einigen Anm. begleitet von J.H. Dierbach. Heidelberg: Groos 1822. XII, 180 S. Mit 4 Kupfertaf. 8° (979)

Pritzel 7063.- Lütjeharms, S. 216.- Krieger/Kelly, S. 63.-

1330 —. Commentarius D. Jacobi Christiani Schaefferi Fungorum Bavariae indigenorum icones pictas differentiis specificis, synonymis et observationibus selectis illustrans. Erlangen: Palm 1800. 11 Bl., 130 S., 4 Bl. Mit gest. Titelvign. 4° (588)

Pritzel 7059.-

1331 —. Mycologia Europaea seu completa omnium fungorum in variis Europaeae regionibus detectorum enumeratio. Sect. 1-3, 1 in 3 Bdn. (Mehr nicht ersch.) Erlangen: Palm 1822-1828. (1: 1822) Titel, 356 S., 1 Bl.; (2: 1825) Titel, 214 S., 1 Bl.; (3: 1828) 2 Bl., 282 S. Mit insgesamt 30 kolor. Kupfertaf. 8° (975)

MNE II, 109.- Brunet IV, 523.- Graesse V, 216.- Pritzel 7064.-
Nissen 1513.- Krieger/Kelly, S. 174.-

1332 —. Observationes mycologicae seu descriptiones tam novorum
quam notabilium fungorum. P. 1.2. Leipzig: Wolf (2: Leipzig,
Luzern: Gessner, Uster, Wolf) 1796-1799. 2 Bl., 115 S.; 1 Bl., XII,
106 S., 1 Bl. (Corrigenda.) Mit 12 kolor. Kupfertaf. 8°

    Ebert 16 313.- Pritzel 7055.- Nissen 1514.-
    Rez.: Fr 9, 443-444: N.F. Buchwald (Repr. 1967)

1333 —. Tentamen dispositionis methodicae fungorum in classes, ordines, genera et familias. Cum supplemento adjecto. Leipzig: Wolf
1797. 2 Bl., 76 S. Mit 4 Kupfertaf. 8° (978)

    Ebert 16 313.- Pritzel 7057.-

1334 —. Traité sur les champignons comestibles, contenant l'indication
des espèces nuisibles. Précédé d'une introd. à l'histoire des champignons. (Réimpr.) Paris: Belin-Leprieur 1819. 10 S., 1 Bl., 276 S.,
1 Bl. (Corrigenda, Addenda.) Mit 4 kolor. Kupfertaf. 8° (589)

    Brunet VI, 5367; Pritzel 7063 (beide nur eine Ausg. von 1818).-
    Krieger/Kelly, S. 174.-

1335 **Persoonia.** A mycological journal. Publ. by the Rijksherbarium.
Leiden. In laufendem Bezug ab Vol. 1, 1959/1961.

1336 **Persson, Olle.** Matsvampar i färg. Illustr. av Bo Mossberg. Stockholm: Almqvist & Wiksell (1971). 142 S. Mit farb. Abb. 8° (1368)

    Rez.: MOeMG 120, 1972: M. Moser; WP 8, 195: H. Jahn;
    ZfP 38, 187-188: M. Moser

1337 **— und Heinrich Karl Prinz.** Speisepilze in Farben. Ein Handbuch
der 50 bekanntesten Speisepilze, ihrer Standorte und Doppel-
gänger. Farbtaf. von Bo Mossberg. Zeichnungen von Elfriede
Michels. = Ravensburger Naturbücher in Farben. Ravensburg:
Maier (1973). 143 S. Mit Textzeichnungen und farb. Abb. auf 64
Taf. i.T. 8° (1363)

    Rez.: SPRd 9, H. 2, 17: H. Steinmann; SZP 51, 143: ma

1338 **Peter, Julius.** Pilzbuch der Büchergilde. Zürich: Büchergilde
Gutenberg 1960. 452 S. Mit Abb. von 376 Arten, 20 Sporenfarben
und 40 Fruchtkörperfarben auf 48 Farbtaf. i.T. 8° (592)

    Biogr.: ČM 25, 124: A. Pilát; SZP 49, 6-8 (m. Portr.): R. Hotz;
    ZfP 36, 283: M. Moser
    Rez.: ČM 23, 208: A. Pilát (2. Aufl. 1968)

1339 —. Das große Pilzbuch. Eine Pilzkunde Mitteleuropas. Berlin:
Safari (1964). 449 S. Mit Abb. von 376 Arten, 20 Sporenfarben
und 40 Fruchtkörperfarben auf 48 Farbtaf. i.T. 8° (591)

    Rez.: WP 5, 46: H. Jahn

1340 **Petersen, Ronald H.** Specific and infraspecific Names for fungi used in 1821. 1.2. (Aus: Mycotaxon. 1 (Jan.-March 1975) S. 149-188. Mit 1 Tab.; 2 (April-June 1975) S. 151-165.) (2039)

1341 **Petersen, Severin.** Danske Agaricaceer. H. (1.)2 in 1 Bd. Kopenhagen: Gad 1907-1911. 208 S., 2 Bl. (Titelei), S. 209-460. 8° (593)

> Krieger/Kelly, S. 174.-

Peterson, Axel. Monographia Clitocybarum Sueciae. P. 2. 1854. Resp. s. **Fries**, Elias.

1342 **Petkovšek, Viktor.** "Historia fungorum" und Clusius' Kodex im Lichte neuerer Untersuchungen. (Aus: Schweizerische Zeitschrift für Pilzkunde. 46 (1968) S. 173-182.) (944)

1343 **Petrak, Franz und Irmgard Lohwag.** Beiträge zur österreichischen Pilzflora. (Aus: Sydowia. 25 (1971) S. 77-88.) (1405)

> Biogr.: ČM 21, 48-49 (m. Portr.): A. Pilát; 28, 60-61: A. Pilát; MyM 18, 78: M. Herrmann; Sy 19, Bl. 1-2: F. Berger und K. Lohwag; 26, XIX-XXVIII: K.H. Rechinger; 26, XXIX-XXXII: H. Riedl; SZP 44, 160: E.M.; ZfP 23, 59-60: K. Lohwag

1344 —. Kurt Lohwag. 1913-1970. (Aus: Sydowia. 24. 1970. 16 S. Mit 1 Portr.) (1115). S. 7-16 Bibliographie der Schriften Lohwags, zs. gest. von Irmgard Lohwag.

1345 —. Pilze aus Ekuador. (Aus: Sydowia. 2 (1948) S. 317-386.) 8° (594)

Pettersson, Ingemar. ICA Svampkarta. 1964. s. **O-Nils**, Birgitta.

1346 **Peyrot, Alberto und Bengt Cortin.** Funghi. Tavole a colori di Edgar Hahnewald. Turin: Editrice S.A.I.E. o.J. (um 1961.) 156 S. Mit 343 farb. Abb. auf 96 Taf. i.T. und 5 s.-w. Textabb. 8° (595)

Pfaff, K. Über eine bislang nicht benannte Art der Gattung Squamanita <Agaricales>. 1969. s. **Bresinsky**, Andreas.

Pfeiffer, Johann. Dissertatio botanico-medica, in qua fungus melitensis proponitur. 1755. Resp. s. **Linné**, Karl.

1347 **Philipps, William.** A Manual of the British Discomycetes with descriptions of all the species of fungi hitherto found in Britain, included in the family and illustrations of the genera. 2. ed. = The International Scientific Ser. 61. London: Paul, Trench, Trübner & Co. 1893. XII, 462 S., 1 Bl. (leer.) Mit 12 lithogr. Taf. 8° (596)

> Krieger/Kelly, S. 176 (1. Ausg. 1887).-

Phoebus, Philipp. Abbildung und Beschreibung der in Deutschland wild wachsenden und in Gärten im Freien ausdauernden Giftgewächse. 1838. s. **Brandt**, Johann Friedrich von.

ADB XXVI, 89-91.-

1348 **Physiology, ecology and cultivation of edible fungi.** International Symposium. May 13-18, 1974. Czech Agricultural Acad. Section of Mushroom Growers. Czechoslovak Mycological Soc. Prague (1974). Titel, III, 59 gez. Bl. 8° (1436)

1349 **Picco, Vittorio.** Melethemata inauguralia. Turin: Briolus (1788). 2 Bl., 283 S. Mit 2 gefalt. kolor Kupfertaf. 8° (597)

Angeb.: **Dardana**, Giuseppe Antonio: In Agaricum campestrem veneno et patria infamem acta ad Victorium Picum. Turin: Briolus 1788. 32 S.

Die 'Melethemata' tragen folgende Titel:
1.) Ex physica de fungorum generatione (S. 1-103)
2.) Ex materia medica de fungis (S. 105-167)
3.) Ex anatome deglutitionis organa (S. 169-205)
4.) Ex physiologia deglutitio (S. 207-235)
5.) Ex theorica de symptomatibus quae fungorum venenatorum esum consequi solent (S. 237-264)
6.) Ex praxi de ratione medendi iis qui a fungis veneficis male habent (S. 265-283)

Pritzel 7136 bzw. 2047.-

1350 **Piérart, Pierre.** Initiation à la mycologie. 2. éd. augm. et mise à jour. Brüssel: Les Naturalistes Belges 1964. 106 S. Mit 1 Farbtaf., 22 photogr. Abb. i.T. und 22 Textfig. 8° (994)

Pilar Jordan de Urries, Maria. Über die Inhaltsstoffe des grünen Knollenblätterpilzes. 45. 1974. s. **Wieland**, Theodor.

1351 **Pilarczyk, Wolfgang.** Das Mutterkorn. (Aus: Kosmos. 49 (1953) S. 534-538. Mit 8 Abb.) (1480)

1352 **Pilát, Albert.** České Druhy žampionů <Agaricus>. The Bohemien species of the genus Agaricus. = Acta Mus. Nat. Pragae. 7 B. 1. Botanica. 1. Prag 1951. 142 S., 1 Bl. Mit 17 (davon 3 farb.) Taf. und 74 Textabb. 8° (600)

Biogr.: ČM 17, 169-173 (m. Portr. und Bibl.): K. Cejp; 22, 241-246 (m. Bibl.): M. Svrček; 27, 193-200 (m. Bibl.): J. Herink; 28, 193-194: K. Cejp; SPRd 11, H. 1, 20 (m. Portr.): H. Steinmann; SZP 32, 6: R. Haller; WP 9, 136: H. Jahn; ZfP 29, 52-54 (m. Portr.): E.H. Benedix; 40, 238-239: M. Moser

MYCOLOGIA EUROPAEA

SEU

COMPLETA OMNIUM FUNGORUM IN VARIIS EUROPAEAE REGIONIBUS DETECTORUM ENUMERATIO,

METHODO NATURALI DISPOSITA;

DESCRIPTIONE SUCCINCTA, SYNONYMIA SELECTA ET OBSERVATIONIBUS CRITICIS ADDITIS.

ELABORATA

A

C. H. PERSOON.

SECTIO PRIMA.

CUM TABULIS XII COLORATIS.

ERLANGAE

IMPENSIBUS IOANNI IACOBI PALMII.

cIↃ IↃ CCCXXII.

Zu Nr. 1331

Der Sichtschwamm

mit grünschleimigem Hute

beschrieben
und
mit fünf Kupfertafeln ausgemahlter Abbildungen erläutert

von

Jacob Christian Schäffer,

Evangel. Prediger zu Regensburg;

Sr. Königl. Maj. zu Dännemark Nortwegen Rathe und der Weltweisheit Professore honorario auf dem Gymnasio academico zu Altona; der Kayserl. Academie der Naturforscher, Kayserl. Königl. Academie zu Roveredo, Königl. Preußischen Academie zu Berlin, und Churfürstl. Bayerischen Academie zu München; der Königl. Gesellschaft der Wissenschaften zu Duisburg und Königl. deutschen Gesellschaft zu Göttingen; wie auch der freyen Künste zu Leipzig Mitgliede.

Regensburg, verlegts Johann Leopold Montag. 1760.

Zu Nr. 1547

1353 —. Evropské Druhy houževnatců Lentinus Fr. = Atlas hub evropskych. 5. Prag 1946. 44 S., 1 Bl. Mit 31 Taf. 8° (601)

1354 —. Gasteromycetes. Houby-břichatky. (Unter Mitarb. von K. Cejp, Z. Moravec u.a.) = Flora ČSR. B. Řada Mykologicko-Lichenologická. 1. Prag: Českosl. Akad. 1958. 862 S., 1 Bl. Mit 256 (davon 48 auf 40 Taf.) Abb. 8° (602)

Rez.: MyM 3, 37-38: H.H. Handke; ZfP 25, 33: E.H. Benedix

1355 — **und Otto Ušák.** A Handbook of mushrooms. Transl. by Helen Watney-Kaczérová. London: Spring Books (1959). 90 S., 1 Bl. Mit Abb. von 94 Arten auf 80 Farbtaf. 8° (607)

Rez.: MyM 6, 46-47: M. Herrmann

1356 —. Houby československa ve svém životním prostředí. Prag: Akad. 1969. 267 S., 1 Bl. Mit 40 Textabb., 16 farb. Abb. auf 8 Taf. und 176 s.-w. Abb. auf 90 Taf. 8° (1096)

Rez.: ČM 24, 118: M. Svrček; MyM 15, 43-44: M. Herrmann; WP 8, 39: H. Jahn; ZfP 35, 324-325: M. Moser

1357 — **und Otto Ušak.** Naše Houby. (1.) (Prag:) Brázda (1952). 335 S. Mit 120 Farbtaf. i.T. und Textabb. 4° (610)

1358 — — —. 2. Kritické druhy našich hub. Prag: Nakladatelství Československé Akad. VĚD 1959. 345 S., 1 Bl. Mit 160 Farbtaf. i.T. 4° (611)

Rez.: MyM 3, 13: M. Herrmann; Pe 1, 171: R.A. Maas Geesteranus; ZfP 25, 33-34: E.H. Benedix

1359 — **und Aurel Dermek.** Hríbovité Huby. Československé hríbovité a sliziakovité huby. <Boletaceae - Gomphidiaceae.> Bratislava: Slov. Akad. Vied 1974. 207 S., 1 Bl. Mit 104 Taf. mit farb. und 8 mit s.-w. Abb. 8° (1500)

Rez.: ČM 28, 191: M. Svrček; WP 9, 135: H. Jahn

1360 —. Klíč kurčování našich hub hřibovitých a bedlovitých. Agaricales. Agaricalium Europaeorum clavis dichotomica. Prag: Brázda 1951. 719 S., 2 Bl. Mit 661 Abb. auf 240 Taf. i.T. 4° (1361)

Rez.: SZP 30, 136-138: M. Moser; ZfP 21, Nr 11, 28-29: M. Moser

1361 —. Monographie des espèces européennes du genre Crepidotus Fr. = Atlas des Champignons de L'Europe. 6. Prag: Verf. 1948. 84 S. Mit 24 Taf. und 26 Textabb. 8° (604)

Rez.: SZP 27, 176: W. Schärer

1362 —. Monographie des espèces européennes du genre Lentinus Fr. = Atlas des Champignons de l'Europe. 5. Prag: Verf. 1946. 46 S., 1 Bl. Mit 31 Taf. 8° (603)

Rez.: SZP 25, 131:-

1363 —. Mushrooms. London: Spring Books o.J. (um 1955.) 339 S. Mit 120 Farbtaf. (nach Orig. von Otto Ušák) i.T. und Textabb. 8° (609)

1364 —. Mushrooms and other Fungi. Illustr. by Otto Ušák. (Transl. by Helen Watney.) London: Nevill (1961). 6 Bl., 160 S. Mit 160 Farbtaf. 4° (608)

    Rez.: MyM 6, 46-47: M. Herrmann

1365 —. Pilztaschenatlas. Farbtaf. nach Aquarellen von Otto Ušák. (Prag:) Artia (1959). 107 S. Mit farb. Abb. von 94 Arten auf 80 Taf. 8° (612)

    Rez.: MyM 4, 22: M. Herrmann

1366 — —. (4. Aufl.) Hanau: Dausien (1968). 117 S., 1 Bl., 40 Bl. mit farb. Abb. von 94 Pilzarten. 8° (911)

1367 —. Pleurotus Fries. = Atlas des Champignons de l'Europe. 2. Prag: Verf. 1935. 193 S. Mit 80 Taf. und 114 Textabb. 8° (598)

1368 —. Polyporaceae. 2. (Lief. 20-48.) = Atlas des Champignons de l'Europe. 3, 2. Prag: Verf. (1936-) 1942. 2 Bl. (Titelei), S. 257-624, 2 Bl. (Index.) Mit Taf. 177-374 und Textabb. 98-276. 8° (599)

—. Poznávajme huby. 1974. s. **Dermek**, Aurel.

1369 —. Přehled evropských Auriculariales a Tremellales se zvláštnim zřetelem k československým druhům. Übersicht der europäischen Auriculariales und Tremellales unter besonderer Berücksichtigung der tschechoslowakischen Arten. = Acta Mus. Nat. Pragae. 13 B, 4. Prag 1957. S. 115-210. Mit 26 Taf. und 12 Textabb. 8° (605)

    Rez.: MyM 2, 29: M. Herrmann; WP 2, 45-46: H. Jahn; ZfP 23, 143: E.H. Benedix

1370 —. Přehled hub kyjankovitých Clavariaceae se zvláštnim zřetelem k československým druhům. Übersicht der europäischen Clavariaceen unter besonderer Berücksichtigung der tschechoslowakischen Arten. = Acta Mus. Nat. Pragae. 14 B, 3/4. Prag 1958. S. 129-255. Mit 64 Taf. und 29 Textabb. 8° (606)

    Rez.: MyM 3, 14: F. Gröger; WP 2, 63: H. Jahn

Pile, P. Champignons de Provence. 1972. s. **Riousset**, L.

1371 **Pilzauszüge zur Krebsbehandlung?** (Aus: Hippokrates 10 (1959) S. 652-653.) (1271)

1372 **Pilzberatungsstellen, Die, im Bundesgebiet.** (Aus: Das Sichere Haus. 12 (1967) S. 118-121.) (912)

1373 —. (Aus: Das Sichere Haus. 15 (1970) S. 140-144.) (1114)

1374 —. (Aus: Das Sichere Haus. 16 (1971) S. 88-93.) (1272)

Pilzberatungsstellen in der Bundesrepublik Deutschland. Anschriftenverzeichnis. s. **Landeszentrale für Gesundheitsförderung Baden-Württemberg** e.V. Anschriftenverz.

1375 **Pilzblatt.** Hrsg. vom Verein der Pilzfreunde Stuttgart. In laufendem Bezug ab Nr 1, 1974. (2032)

Pilze muß man kennen. s. **Becker**, Hildeg.

1376 **Pilzfreund, Der.** Illustr. populäre Monatsschrift über eßbare und giftige Pilze. Hrsg. von Julius Rothmayr. Jg. 1. (Mehr nicht ersch.) Luzern, Haag 1910-1911. 8° (957)

    Krieger/Kelly, S. 246.-

1377 **Pilz- und Kräuterfreund, Der.** Illustr. Monatsschrift für praktische und wissenschaftl. Pilz- und Kräuterkunde. Jg. 1-5. Heilbronn Juli 1917-Mai/Juni 1922. 8° (614.1163) Fortges. als: Zeitschrift für Pilzkunde. Vgl. Nr 1947

Pilzmerkblatt. Um 1910 u.ö. s. **Kaiserliches Gesundheitsamt.**

—. 1928. s. **Reichsgesundheitsamt.**

1378 **Pilzvergiftungen.** Richtlinien der Arzneimittelkommission der Dt. Ärzteschaft. (Aus: Dt. Ärzteblatt. 43 (1958) S. 805-808.) (512)

1379 **Pinkerton, Matthew Hamilton.** Commercial Mushroom Growing. London: Benn (1954). 223 S. Mit 20 Taf. und 25 Textabb. 8° (615)

1380 **Pirk, Walter.** Holzbewohnende Pilze an Bäumen des Stadtparkes Gelsenkirchen im Dezember 1954. (Aus: Mitteilungen der Floristisch-Soziologischen Arbeitsgem. N.F. H. 5 (1955) S. 58.) (616)

Planches Suisses de Champignons. s. **Verband Schweizerischer Vereine für Pilzkunde Bern.**

1381 **Planung eines Instituts für Pilzforschung.** (Aus: Der Champignon. Nr 164 (April 1975) S. 8-9. Mit 1 Plan.) (1761)

Podlech, Dieter. Wildpflanzen. 1966. s. **Ursing**, Björn.

1382 **Poelt, Josef.** Niedere Basidiomyceten in Südbayern. (2: von Josef Poelt und Franz Oberwinkler.) 1.2. (Aus: Berichte der Bayerischen Botanischen Ges. 33 (1960) S. 94-97 und 35 (1962) S. 89-95. Mit 14 Abb.) (671 und 619)

    Rez.: WP 3, 16: H. Jahn

—. Mykologische Notizen aus Südbayern. 1960. s. **Angerer**, Jakob.

1383 — **und Hermann Jahn.** Mitteleuropäische Pilze. = Sammlung
Naturkundl. Taf. Hrsg. von Erich Cramer. 6. Hamburg: Kronen
1963-1965. 45 S. Mit 47 Abb.; 28 S. (Inhalts- und Namenverz.)
Mit 180 farb. Taf. (nach Orig. von Claus Caspari.) 8° (618)

> Rez.: MOeMG 92, 1964: Lohwag; 96, 1966: Lohwag; MyM 8,
> 58-59: H. Kreisel; 10, 30-31: H. Kreisel; WP 5, 102-103: E.H.
> Benedix; ZfP 32, H. 1/2, 55: W. Neuhoff

1384 **Politis, Jean Ch.** Contribution à l'étude des champignons de
l'Attique. = Pragmateiai tes Akad. Athenon. T. 3, 4. Athen:
Akad. 1935. 2 Bl., 44 S. 4° (984)

1385 **Pomerleau, René.** Mushrooms of eastern Canada and the United
States. (In coop. with H.A.C. Jackson.) Montreal: Chantecler
1951. 302 S., 1 Bl. Mit 12 (davon 5 farb.) Taf. sowie Abb. von 127
Arten auf 58 Taf. i.T. 8° (620)

Ponten, Samuel Benjamin. Monographia Cortinariorum Sueciae.
1851. Resp. s. **Fries**, Elias.

Porchet, Frédéric. Les Champignons de France. 1959. s. **Maublanc**, André.

1386 —. Guide de l'amateur de champignons. Préf. de A. Maublanc. 2.
éd., corr. Paris: Lechevalier 1956. 8 S., 1 Bl. Mit farb. Abb. 8°
(621)

1387 **Portevin, Gaston.** Ce qu'il faut savoir pour manger les bons
champignons. Nouv. tirage. = Savoir en Hist. Natur. 6. Paris:
Lechevalier 1947. 93 S. Mit 8 farb. Abb. auf 2 Taf. und 24
Textabb. 8° (623)

1388 —. Ce qu'il faut savoir sur les champignons bons et mauvais. 3.
éd. = Savoir en Hist. Natur. 1. Paris: Lechevalier 1957. 115 S. Mit
107 farb. Abb. auf 20 Taf. und 17 Textabb. 8° (622)

Post, Lennart O.A. von. Floran i färg. 1950. s. **Bolin**, Lorentz.

Potter, Beatrix. Wayside and woodland Fungi. 1967. s. **Findlay**,
Walter Philip Kenneth.

Pouzar, Zdeněk. Přehled československých hub. 1972. s. **Veselý**,
Rudolf.

1389 **Pradal, Émile.** Catalogue des plantes cryptogames recueillies dans
le département de la Loire-Inférieure. Nantes: Mellinet 1858. 254
S. 8° (624)

> Pritzel 7294.-

Prantl, Karl Anton Eugen. Die natürlichen Pflanzenfamilien. 1900-1959. s. **Engler**, Adolf.

ADB LIII, 106-107.-

Preuss, C.G. Deutschlands Flora in Abbildungen nach der Natur mit Beschreibungen. Abth. 3. Die Pilze Deutschlands. H. 25/26. 29/30.35/36. s. **Sturm**, Jacob.

Preuss, Regina. Pilzpigmente. 22. 1974. s. **Besl**, Helmut.

1390 **Price, Sarah.** Illustrations of the fungi of our fields and woods. Drawn from natural specimens by Sarah Price. Vol. 1.2. (London:) Lovell Reeve & Co. 1864-1865. XI S., 10 lithogr. Taf. mit kolor. Abb. und je 1 Bl. Text; XI S., Taf. 11-20 mit kolor. Abb. und je 1 Bl. Text. 4° (1103)

Nissen, Suppl. 1568 n.- Krieger/Kelly, S. 179.-

Prillinger, Hansjörg. A new Technique for using spermatia in the production of mutants in Podospora. 1972. s. **Esser**, Karl.

Prinz, Heinrich Karl. Speisepilze in Farben. 1973. s. **Persson**, Olle.

1391 **Pritzel, Georg August.** Thesaurus literaturae botanicae omnium gentium. (Nachdr. der Ausg.: Leipzig 1872.) Mailand: Görlich (1950). 3 Bl., 576 S., 1 Bl. 4 ° (625)

Krieger/Kelly, S. 182 (Ausg. 1872).-

Proceedings of the 18th symposium of the Colston Research Soc. held in the Univ. of Bristol March 28th to April 1st, 1966. s. **Fungus Spore**, The.

1392 **Proceedings of the First International Mycological Congress.** (Aus: Transactions of the British Mycological Soc. 58. 1971. Suppl., S. 1-40. Mit 3 Taf. und 6 Abb.) (1490)

Proceedings of the Third International Conference on Fomes annosus. 1970. s. **Fomes annosus.**

1393. **Programme.** First International Mycological Congress. (Exeter:) Univ. of Exeter 1971. 42 Bl. 8° (1492)

1394 **Promberger, Franz.** Geotropismus bei Pilzen. (Aus: Kosmos. 50 (1954) S. 172. Mit 1 Abb.) (1481)

Prox, Axel. The Discovery, isolation, elucidation of structure, and synthesis of antamanide. 1968. s. **Wieland**, Theodor.

—. Zur Struktur der Grevilline, neuartiger Pigmente aus dem Goldröhrling, Suillus Grevillei <Boletaceae>. 1972. s. **Steglich**, Wolfgang.

1395 **Puchinger, H. und Theodor Wieland.** Suche nach einem Metaboliten bei Vergiftung mit Desmethylphalloin (DMP). (Aus: European Journal of Biochemistry. 11 (1969) S. 1-6. Mit 2 Tab. und 4 Abb.) (1616)

1396 **Puharich, Andrija.** The sacred Mushroom. Key to the door of eternity. Garden City, N.Y.: Doubleday (1959). 262 S. Mit Abb. 8° (626)

Pump, Gerda. Ein Beitrag zur Domestikation von Wildpilzen. 1973. s. **Zadražil**, František.

—. Ein Beitrag zur Kulturtechnik von Flammulina velutipes. 1973. s. **Zadražil**, František.

Purkayastha, R.P. A Method for in vitro production of fruitbody of an edible mushroom <Collybia velutipes (W. Curt. ex Fr.) Kummer>. 1972. s. **Chandra**, Aindrila.

1397 **— und Aindrila Chandra.** New Species of edible mushroom from India. (Aus: Transactions of the British Mycological Soc. 62 (1974) S. 415-418. Mit 1 Abb.) (1762)

1398 — —. Termitomyces eurhizus, a new Indian edible mushroom. (Aus: Transactions of the British Mycological Soc. 64 (1975) S. 168-170. Mit 1 Abb.) (1763)

1399 **Quartier, Archibald.** BLV Bestimmungsbuch Bäume + Sträucher. Die europäischen Bäume und Sträucher erkennen an Blüte, Blatt, Frucht und Rinde. Dazu Umrißzeichnungen und Verbreitungskt. Text und Verbreitungskt.: Archibald Quartier. Illustr.: Pierrete Bauer-Bovet. (Übers.: Inge von Werden.) = BLV Bestimmungsbuch. 11. München, Bern, Wien: BLV Verl.ges. (1974.) 259 S. Mit farb. Abb. 8° (1592)

1400 **Quélet, Lucien.** Aperçu des qualités utiles ou nuisibles des champignons. (Aus: Mémoires de la Soc. des Sciences Physiques et Natur. de Bordeaux. Sér. 3, t. 2, cah. 1. 22 S.) (925)

Krieger/Kelly, S. 183.-
Biogr.: ZfP 11, 19-23: S. Killermann

1401 —. Les Champignons du Jura et des Vosges. (Aus: Mémoires de la Soc. d'Émulation de Montbéliard.) P. 1-3 in 2 Bdn. (Montbéliard: Barbier;) Paris: Baillière (1872-)1875. 424, 128 S., 3 Bl. (Titelei und Tafelverz.) Mit insgesamt 33 kolor. lithogr. Taf. 8° (955)

Nissen 1573 (gibt für p. 1-3 nur 32 Taf. an!).- Krieger/Kelly, S. 183.-

1402 — —. Réimpr. (Mit bibliogr. Notiz von M.A. Donk. Hauptwerk
und Suppl. 1-22.) Amsterdam: Asher 1964. 4 Bl., S. 43-556. Mit
33 (davon 1 gefalt.) Taf. (Enthält Suppl. 1-3.); (4:) S. 324-332. Mit
2 Taf.; (5:) S. 317-332. Mit 2 Taf.; (6:) S. 287-292. Mit 1 Taf.; (7:)
S. 45-54.; (8:) S. 228-236; (8a:) S. 37-38; (8b:) S. 115-117. Mit 1
Taf.; (9:) S. 151-184, 1 Bl. Mit 3 Taf.; (10:) S. 661-675. Mit 2 (davon 1 gefalt.) Taf.; (11:) S. 387-412. Mit 2 (davon 1 gefalt.) Taf.;
(12:) S. 498-512. Mit 2 (davon 1 gefalt.) Taf.; (13:) S. 277-286. Mit
1 gefalt. Taf.; (14:) S. 444-453. Mit 1 gefalt. Taf.; (15:) S. 484-490.
Mit 1 gefalt. Taf.; (16:) S. 587-592. Mit 1 gefalt. Taf.; (17:) S. 508-
514. Mit 1 gefalt Taf.; (18:) S. 464-471. Mit 2 (davon 1 gefalt.)
Taf.; (19:) S. 484-490. Mit 1 gefalt. Taf.; (20:) S. 616-622. Mit 1
gefalt. Taf.; (21:) S. 446-453. Mit 1 gefalt. Taf.; (22:) S. 494-497.
Mit 1 gefalt. Taf. 8° (1825)

1403 —. Champignons récemment observés en Normandie, aux environs
de Paris et de la Rochelle, en Alsace, en Suisse et dans les mon-
tagnes du Jura et des Vosges. Contributions à la flore mycologique de la Seine-Inférieure. Par André Le Breton. = Champignons du Jura et des Vosges. Suppl. 9. (Aus: Bulletin de la Soc. des
Amis des Sciences Natur. de Rouen. 1879. 46 S., 1 Bl. Mit 3 kolor.
lithogr. Taf.) (956)

   Nissen 1573.- Krieger/Kelly, S. 183.-

1404 —. Diagnoses nouvelles de quelques espèces critiques de champignons. = Les Champignons du Jura et des Vosges. Suppl. 7.8. (Aus:
Bulletin de la Soc. Botanique de France. 26 (1879) S. 45-54 und
228-236.) (1276.1277)

   Nissen 1573.- Krieger/Kelly, S. 183.-

1405 —. Enchiridion fungorum in Europa media et praesertim in
Gallia vigentium. Paris: Doin 1886. VI S., 1 Bl., 352 S. 8° (627)

   Krieger/Kelly, S. 184.-

1406 —. Quelques Espèces de champignons nouvellement observées
dans le Jura, dans les Vosges et aux environs de Paris. = Les
Champignons du Jura et des Vosges. Suppl. 5. (Aus: Bulletin de
la Soc. Botanique de France. 24 (1877) S. 317-332. Mit 2 lithogr.
Taf.) (1274)

   Nissen 1573.- Krieger/Kelly, S. 183.-

1407 —. Quelques Espèces critiques ou nouvelles de la flore mycologique de France. = Les Champignons du Jura et des Vosges.
Suppl. 11.16 -18.20.21. (Aus: Comptes Rendus de l'Assoc. Française pour l'Avancement des Sciences. (11:) 1882. S. 387-412. Mit
2 lithogr. Taf.; (16:) 1887. S. 587-592. Mit 1 gefalt. lithogr. Taf.;
(17:) 1889. S. 508-514. Mit 1 gefalt. lithogr. Taf.; (18:) 1891. S.
464-471. Mit 2 (davon 1 gefalt.) lithogr. Taf.; (20:) 1895. S. 616-
623. Mit 1 gefalt. lithogr. Taf.; (21:) 1897. S. 446-453. Mit 1 ge-

falt. lithogr. Taf.) (1278.924.1148.923.1279.1149.)

Nissen 1573.- Krieger/Kelly, S. 183-184.

1408 —. Quelques Espèces nouvelles de champignons. = Les Champignons du Jura et des Vosges. Suppl. 6. (Aus: Bulletin de la Soc. Botanique de France. 25 (1878) S. 287-292. Mit 1 lithogr. Taf.) (1275)

Nissen 1573.- Krieger/Kelly, S. 183.-

1409 —. De quelques nouvelles Espèces de champignons du Jura et des Vosges. = Les Champignons du Jura et des Vosges. Suppl. 4. (Aus: Bulletin de la Soc. Botanique de France. 23 (1876) S. 324-332. Mit 2 lithogr. Taf.) (1273)

Nissen 1573.- Krieger/Kelly, S. 183.-

1410 —. Flore mycologique de la France et des pays limitrophes. Paris: Doin 1888. 2 Bl., XVIII S., 2 Bl., 492 S. Mit 2 (davon 1 gefalt.) Tab. 8° (628)

Krieger/Kelly, S. 184.-

1411 **Quintanilha, A.** Le Problème de la sexualité chez les champignons. Recherches sur le genre 'Coprinus'. (Aus: Boletim da Soc. Broteriana. Sér. 2, vol. 8. 1933. 4 Bl., 100 S. Mit 6 Fig. und 42 Tab.) (629)

1412 **Raab, H.** Fünfzig Jahre Österreichische Mykologische Gesellschaft in Wien. (Aus: Sydowia. 22 (1968) S. 323-332.) (1042)

—. Russula-Flora Österreichs mit besonderer Berücksichtigung der Umgebung Wiens. 1955. s. **Cernohorsky**, Thomas.

1413 **Raabe, A.** Parasitische Pilze der Umgebung von Tübingen. (Aus: Hedwigia. 78. 1938. 106 S. Mit 1 Taf. und 7 Textabb.) (1327)

1414 **Rabenhorst Ludwig.** Deutschlands Kryptogamenflora oder Handbuch zur Bestimmung der kryptogamischen Gewächse Deutschlands, der Schweiz, des Lombardisch-Venetianischen Königreichs und Istriens. Bd 1. Pilze. Leipzig: Kummer 1844. XXII, 613 S. 8° (974)

Pritzel 7383.- ADB XXVII, 89-92.- Raab 54, 9.-

—. Mycologia Europaea. 1869. s. **Gonnermann**, Wilhelm.

1415 **Radais, Maxime und Paul Dumée.** Champignons qui tuent. Paris: Lechevalier, Klincksieck o.J. (um 1925.) Wandtaf. (55×72 cm) mit farb. Abb. von 8 Arten (in 24 Fig.) nach Aquarellen von A. Bessin. (630)

1416 **Rajtvijr, A.** Zameški k Geoglossaceae. Some notes on the Geoglossaceae. (Aus: Botaanilised Uurimused. Scripta Botanica. 2
(1962) S. 238-248. Mit 1 Kt. und 7 Abb. i.T.) (631)

1417 **Ramain, Paul.** Mycogastronomie. Préf. de Roger Heim. Paris: Les
Bibliophiles Gastronomes (1954). 109 S. Mit 8 Taf. 8° (1992)

1418 **Ramsbottom, John.** Edible Fungi. With colour plates by Rose
Ellenby. London, New York: Penguin 1943. 2 Bl., 35 S. Mit 16
Taf. mit farb. Abb. und 5 Textabb. 8° (1280)

Nissen 1584 (gibt den Umfang mit 45 S. und 24 Taf. an. Pa-
rallelausg.?).-

1419 —. Poisonous Fungi. London, New York: Penguin 1945. 31 S. Mit
16 Farbtaf. und 3 Textabb. 8° (634)

Nissen 1585.-

1420 —. A Handbook of the larger British fungi. (6. repr.) London:
Brit. Mus. (1961.) IV, 222 S. Mit 141 Abb. 8° (632)

Krieger/Kelly, S. 186 (Ausg. 1923).-

1421 —. Mushrooms and toadstools. A study of the activities of fungi.
(3. impr.) London: Collins (1959). XIV, 306 S. Mit farb. Frontispiz, 84 farb. Abb. auf 46 Taf. und 58 s.-w. Abb. auf 24 Taf.
8° (633). Die Abb. von Paul L. de Laszlo u.a.

Rez.: WP 5, 104: H. Jahn (4. Aufl. 1963)

1422 **Raris, Fernando und Tina Raris.** I Funghi, cercarli, conoscerli,
cucinarli. (Mailand:) Fabbri (1973). 2 Bl., 224 S., 6 Bl. Mit farb.
Abb. 8° Dazu: Abbildungsmappe **I Funghi** (Mailand:) Fabbri
o.J. (um 1973.) 80 Bl. mit farb. Abb. und erl. Text auf der Rückseite. 8° (1580)

Rez.: BSMF 91, 445: J. Nicot; RM 38, 147: J. Nicot (frz. Ausg.
1974)

Raris, Tina. I Funghi, cercarli, conoscerli, cucinarli, 1973. s.
Raris, Fernando.

1423 **Raschke.** Eßbare Pilze. 1. = Graser's Naturwissenschaftl. und
Landwirtschaftl. Taf. 1 a. München: Graser (1927). 1 mehrfach
gefalt. Taf. mit 31 farb. Abb. in natürlicher Größe mit Beschreibung. 8° (913)

1424 —. Tafel giftiger und verdächtiger Pilze. = Graser's Naturwissenschaftl. und Landwirtschafl. Taf. 2. Annaberg: Graser o.J. (um
1916.) Wandtaf. (80 × 53 cm) mit farb. Abb. von 16 Arten und
ihrer Beschreibung. (635)

Ratschko, Manfred. Flüchtige Terpene in Pilzen. 1975. s. **Sprecher**, Ewald.

Ratzeburg, Julius Theodor Christian. Abbildung und Beschreibung der in Deutschland wild wachsenden und in Gärten im Freien ausdauernden Giftgewächse. 1838. s. **Brandt**, Johann Friedrich von.

ADB XXVII, 371-372.

1425 **Rauh, Werner.** Unsere Pilze. 5., völlig neu gest. Aufl. = Winters Naturwissenschaftl. Taschenbücher. 1. Heidelberg: Winter (1959). 179 S. Mit 135 farb. Darst., 8 Taf. und 20 Textfig. 8° (835)

Rez.: WP 1, 17: H. Jahn; ZfP 21, Nr 11, 29-30: E.H. Benedix (4. Aufl. 1951)

1426 —. Speisepilz? Giftpilz? (Die Neubearb. für diese leicht gekürzte Taschenbuchausg. besorgte Karl-Heinz Willer. Farbtaf.: Irmgard Daxwanger.) = Humboldt Taschenbuch. 256. (München:) Humboldt-Taschenbuchverl. (1975.) 160 S. Mit 64 Farbtaf., 20 s.-w. Textabb. und 7 Bestimmungstab. 8° (1823)

—. Mykologische Studien. 1951. s. **Troll**, Wilhelm.

1427 **Rea, Carleton.** British Basidiomycetae. A handbook to the larger British fungi. Cambridge: Univ. Pr. 1922. XI, 799 S. 8° (1281)

Krieger/Kelly, S. 188.-
Rez.: ZfP 2, 137-138: E. Pieschel

1428 **Rebière, Jean.** La Truffe du Périgord. Sa culture. = La Vie Rurale Moderne. Périgueux: Fanlac (1967). 103 S. Mit 42 Abb. 8° (1282)

Rez.: BSMF 86, 922: Ch. Zambettakis; RM 32, 326-327: G.B.

1429 **Rehbinder, Dietrich, Georg Löffler, Otto Wieland und Theodor Wieland.** Studien über den Mechanismus der Giftwirkung des Phalloidins mit radioaktiv markierten Giftstoffen. (Aus: Hoppe-Seyler's Zeitschrift für Physiologische Chemie. 331 (1963) S. 132-142. Mit 6 Abb.) (1617)

1430 **Rehm, Hans Jürgen.** Biosynthese von Mykotoxinen. (Aus: Zeitschrift für Lebensmittel-Untersuchung und -Forschung. 151 (1973) S. 260-266. Mit 5 Abb.) (1849)

1431 —. Biotechnologie. (Aus: Ullmanns Encyklopädie der Technischen Chemie. 4., neubearb. und erw. Aufl. Bd 8 (1974) S. 496-526. Mit 8 Tab. und 10 Abb.) (1784)

—. Mykotoxine in Lebensmitteln. 1. 1968 und 2. 1969. s. **Schmidt**, Irmgard.

1432 — —. 6. Aflatoxinbildung verschiedener Pilzarten. (Aus: Zeitschrift für Lebensmittel-Untersuchung und -Forschung. 150 (1972) S. 145-150. Mit 1 Tab.) (1881)

1433 **Rehm, Heinrich.** Ascomyceten in getrockneten Exemplaren. Fasc. 1-11 (von 55). (Augsburg: Naturhistorischer Verein 1881.) 132 S. 8° (637)

    Krieger/Kelly, S. 189 (nicht diese Fasc.).-
Biogr.: ZfP 18, 112-114: S. Killermann

1434 **Rehnelt, Kurt.** Über die Farbstoffe der Pilze. (Aus: Berichte der Naturwissenschaftl. Ges. Bayreuth. 10 (1958/1960) S. 219-223.) (638)

1435 **Reichardt, Heinrich Wilhelm.** Pilze, Leber- und Laubmoose. = Reise Seiner Majestät Fregatte Novara um die Erde. Botanischer Thl 1. Wien: K.-K. Hof- und Staatsdr. 1870. 1 Bl., S. 131-196. Mit 17 Taf. 4° (639)

    ADB LIII, 268-270.- Krieger/Kelly, S. 190.-

Reichenbach, Heinz. Pilze. Europäische Arten. 1964. s. **Montarnal**, Pierre.

1436 **Reichsgesundheitsamt.** Pilzmerkblatt. Berlin: J. Springer 1928. 40 S. Mit 58 (davon 57 farb.) Abb. 8°. Dazu: Taf. mit 32 farb. Abb. (640.1544)

    Rez.: ZfP 8, 129-141: Raebiger und E. Gramberg

1437 **Reichsstelle für Gemüse und Obst.** Wildgemüse und Pilze, ihre Einsammlung und Verwertung. Berlin: Parey (in Komm.) (1917). 4 Bl., 183 S. 8° (641)

1438 **Reid, Derek A.** Coloured Icones of rare and interesting fungi. P. 1-4. = Nova Hedwigia. Suppl. 11.13.15.17. Lehre: Cramer 1966-1969. (1: 11. 1966) 32 S. Mit 8 farb. Taf. und 14 Textabb.; (2: 13. 1967) 32 S. Mit 8 farb. Taf. und 16 Textabb.; (3: 15. 1968) 36 S. Mit 8 farb. Taf. und 15 Textabb.; (4: 17. 1969) 32 S. Mit 8 farb. Taf. und 10 Textabb. 8° (642.869.946.1039). Forts. s. unter: **Schild**, E.

    Rez.: ČM 21, 125: A. Pilát; 23, 252: A. Pilát; Fr 8, 77-78: J. Koch; MOeMG 108, 1969: Lohwag; Pe 4, 353-354: C. Bas; WP 6, 142-143: H. Jahn; 7, 15: H. Jahn; ZfP 32, H. 3/4, 45: M. Moser; 34, 117: M. Moser; 35, 328-329: M. Moser

1439 —. Coloured Illustrations of rare and interesting fungi. 5. = Fungorum Rariorum Icones Coloratae. 6. Lehre: Cramer 1972. 2 Bl., 59 S. Mit farb. Abb. auf 8 Taf. und 23 Textabb. 8° (1382)

Reinhammar, B. Elektronenspinresonanz- und Absorptionsspektren der Laccasen des Ascomyceten Podospora anserina.
1973. s. **Molitoris**, H. Peter.

—. The Phenoloxydases of the Ascomycete Podospora anserina.
11. 1975. s. **Molitoris**, H. Peter.

Reinke, Johannes. System der Pilze, Lichenen und Algen. 1873. s.
Oersted, Anders Sandøe.

1440 **Reitsma, Jacob.** Studien über Armillaria mellea (Vahl) Quél.
(Dissertation.) (Aus: Phytopathologische Zeitschrift. 4 (1932) S.
461-522. Mit 11 Abb.) (644)

1441 **Relhan, Richard.** Flora Cantabrigiensis, exhibens plantas agro
Cantabrigiensi indigenas, secundum systema sexuale digestas.
Cambridge: Merrill 1785. 3 Bl. (statt 8), 490 S. Mit 7 (davon 1
gefalt.) Taf. nach Zeichnungen von James Bolton in Kupfer gest.
von James Sowerby. 8° (1026)

Brunet VI, 5188 (nur die 3. Ausg. von 1820).- Pritzel 7534.-
Nissen 1619.- Krieger/Kelly, S. 190.-

Rempel, Dieter. Über die Inhaltsstoffe des grünen Knollenblätterpilzes. 32. 1967. s. **Wieland**, Theodor.

1442 **Remy, Jules.** Champignons et truffes. Paris: Librairie Agricole
1861. 2 Bl., 173 S., 1 Bl. Mit 12 Chromolithos. 8° (645)

Krieger/Kelly, S. 190.-

1443 **Renault, Bernard.** Sur quelques nouveaux Champignons et
algues fossiles de l'époque houillère. (Paris: Acad. des Sciences
1903.) 3 S. Mit 6 Abb. 8° (1127)

Rennschmid, Arnfried. Pigmentmerkmale, Organisationsstufen
und systematische Gruppen bei Höheren Pilzen. 1971. s. **Bresinsky**, Andreas.

1444 **Revue de mycologie.** Publ. et dirigée par Roger Heim. Paris: Laboratoire de Cryptogamie du Mus. Nat. d'Hist. Natur. In laufendem Bezug ab T. 25, 1960 (646)

1445 **Reijnders, Albert Franciscus Marinus.** Les Problèmes du dévelop-
pement des carpophores des Agaricales et de quelques groupes
voisins. Den Haag: Junk 1963. XV, 412 S. Mit 55 Taf. 8° (643)

Rez.: Fr 7, 383: G. Kovács; SZP 44, 131: J. Peter

Riatsch, Donatella. Les Champignons. 1973. s. **Tosco**, Uberto.

1446 Ricek, E.W. Beiträge zu einer Pilzflora des Attergaues und des Hausruckwaldes. 3. (Aus: Sydowia. 23 (1969) S. 29-45.) (1283)

1447 Richon, Charles und Ernest Roze. Atlas des champignons comestibles et vénéneux de la France et des pays circonvoisins. T. 1.2. Paris: Doin 1888. 2 Bl., XCVIII S., 1 Bl. (leer); XII, 72 farb. lithogr. Taf. 4 ° (648)

Krieger/Kelly, S. 191.-

1448 — —. Catalogue raisonné des champignons qui croissent dans le departement de la Marne. Vitry-le-François: Tavernier 1889. 4 Bl., XIV, 587 S., 1 Bl. (Errata.) Mit 10 Taf. und Textabb. 8°. (647). Aus der Bibliothek von Boudier, sein Namenszug auf dem Vortitel; Brief des Verf. an Boudier eingeb.

Krieger/Kelly, S. 191.-

1449 Richter, Erna. Über den Einfluß des Verschließens von Champignon-Brut-Flaschen mit Polypropylenfolie auf den Stoffwechsel des wachsenden Mycels. (Aus: Die Gartenbauwissenschaft. 32 (1967) S. 331-342. Mit 8 Abb.) (914)

1450 Richter, Oswald. Die Reinkultur und die durch sie erzielten Fortschritte vornehmlich auf botanischem Gebiete. (Aus: Progressus Rei Botanicae. 4 (1913) S. 303-360. Mit 6 Abb.) (649)

Richter, Paul. Bäume und Sträucher des Waldes. 1968. s. **Amann**, Gottfried.

—. Bodenpflanzen des Waldes. 1970. s. **Amann**, Gottfried.

—. Pilze des Waldes. 1962. s. **Amann**, Gottfried.

—. Aus Wald und Feld den Tisch bestellt. 1947. s. **Schönichen**, Walther.

1451 Ricken, Adalbert. Die Blätterpilze <Agaricaceae> Deutschlands und der angrenzenden Länder, besonders Österreichs und der Schweiz. Bd 1.2. Leipzig: Weigel 1910-1915. 2 Bl., XXIV, 480 S.; 2 Bl., VII S., 112 Chromolithos. 8° (650)

Nissen 1637.- Krieger/Kelly, S. 191.-
Biogr.: MyM 16, 30-34: E. Pieschel; PuK 4, 186-187: G. Kropp; 4, 187-189: Spilger; ZfP 37, 1-6: F. Wolfarth, W. Uth, K. Kremer; 37, 7-11: E. Pieschel
Rez.: PuK 1, 63: Klee

1452 —. Vademecum für Pilzfreunde. Leipzig: Quelle & Meyer 1918. 1 Bl., XX, 334 S., 1 Bl. 8° (651)

Rez.: PuK 1, 131-132: Spilger; 2, 3-4: E. Gramberg; 2, 85: Otte; 5, 261-263: Schwitzer

1453 — —. 2., verm. und verb. Aufl. Leipzig: Quelle & Meyer 1920.
XXIV, 352 S. 8° (652)

> Krieger/Kelly, S. 191.-
> Rez.: PuK 3, 261:-; 4, 22-23: Spilger; 5, 261-263: Schwitzer;
> WP 1, 20: H. Jahn (Repr.); ZfP 2, 156-158: E. Soehner

1454 **Riecke, F.** Pilze im Berliner Wald. Kleine Pilzkunde für Schüler
und Erwachsene. Berlin: Schutzgem. Dt. Wald, Landesverband
Berlin o.J. (um 1970.) 11 S. 8° (1868)

Riecke, Viktor Adolf. Giftpflanzen-Buch. 1850. s. **Berge**, Friedrich.

1455 **Riedl, Harald.** Das kleine Pilzbuch. Illustr. von Rotraut Farcher.
Frankfurt/Main: Umschau; Innsbruck; Pinguin (1968). 72 S., 1
Bl. Mit farb. Abb. von 60 Arten auf 30 Taf. i.T. und 3 Textfig.
Quer-8° (915)

> Rez.: MOeMG 108, 1969: Lohwag

1456 **Rimrott, Elisabeth.** Untersuchungen zur Aufnahme und Speiche-
rung von Vitalfarbstoffen durch Basidiomyceten <Fluorescein-
Kalium und Brillantsulfoflavin durch Peniophora gigantea>. (Aus
Oberhessische Naturwissenschaftl. Zeitschrift. 39/40 (1973) S. 43-
62. Mit 7 Tab. und 2 Abb.) (1785)

1457 **Rinaldi, Augusto und Vassili Tyndalo.** L'Atlas des champignons.
Trad.-adapt. de Marie-Claude Duquesne. (Paris:) Nathan (1973).
327 S., 1 Bl. Mit 460 (teilw. farb.) Abb. 8° (1499)

1458 — —. Pilzatlas. (Übers. von Till Reinhard Lohmeyer.) (Bonn-
Röttgen:) Hörnemann (1974). 331 S., 1 Bl. Mit farb. Abb. 4°
(1498)

> Rez.: MOeMG 130, 1975: H. Riedl; SPRd 11, H. 1, 17-18: H.
> Steinmann; SZP 52, 185: A. Nyffenegger

1459 **Riousset, L. und M. Coulon.** Champignons de Provence. Dessins
de P. Pile. (Avignon: Aubanel 1972.) 68 Bl. Mit Abb. 8° (1502)

> Rez.: BSMF 90, 265: Ch. Zambettakis

Rishbeth, J. s. **Fomes annosus.**

Risum, Edith. Svampebogen vejledning til at kende og samle
svampe samt anvisning til champignondyrkning. 1927. s. **Risum**,
J.N.

1460 **Risum, J.N.** Svampebogen, vejledning til at kende og samle
svampe samt anvisning til champignondyrkning. Med opskrifter

Jacob Christian Schäffers,

Der Weltweisheit Doctors und Evangel. Predigers zu Regensburg,

Sr. Königl. Maj. zu Dännemark Norwegen Rathes und ausserordentl. Lehrers auf dem Gymnas. Academ. zu Altona,

der Academie der Naturforscher, zu Berlin, Roveredo und München,

der Gesellschaft der Wissenschaften zu Duisburg, und deutschen Gesellschaft zu Göttingen und Leipzig Mitgliedes,

und der Academie zu Paris Correspondentens,

natürlich ausgemahlte

Abbildungen

Bayrischer und Pfälzischer

Schwämme,

welche

um Regensburg

wachsen.

Erster Band.

Auf Veranlassung

der Churfürstl. Bayrischen Academie der Wissenschaften zu München.

Regensburg, gedruckt mit Zunkelischen Schriften.

1 7 6 2.

Zu Nr. 1549

CL. V. MARCI AURELII SEVERINI,
IN REGIO NEAPOLITANO GYMNA-
SIO CHIRURGIÆ ET ANATOMES
PUBLICI PROFESSORIS
EPISTOLÆ DUÆ:
ALTERA
DE
LAPIDE FUNGI-FERO:
ALTERA
DE
LAPIDE FUNGI-MAPPA,
PUBLICI JURIS ITERUM FACTÆ
ET ORBI LITERATO CURIOSO EX BIBLIO-
THECA SUA COMMUNICATÆ
à
F. E. BRÜCKMANN, Med. Doct.
ACAD. CÆSAR. NAT. CUR. ET SOC
REG. SCIENT. PRUSS. COLLEG. PRA-
CTICO OLIM BRUNSVICENSI,
NUNC GVELPHERBYT.

Gvelpherbyti, MDCCXXVIII.
Cum figur. æn.

paa svamperetter ved Edith Risum. Kopenhagen: Hage & Clausen 1927. 79 S. Mit 46 farb. Abb. von Henning Scheel. 8° (653)

Robert, Paul Aurèle. Les Champignons dans la nature. 1957. s. **Jaccottet**, John.

—. Unsere wichtigsten Gift- und Speisepilze. 1943. s. **Loosli**, Max.

—. Pilze. 1957. s. **Jaccottet**, John.

—. Die Pilze in der Natur. 1930. s. **Jaccottet**, John.

1461 **Roche, Otto.** Über Porlinge im Kölner Raum. (Aus: Jahresberichte des Naturwissenschaftl. Vereins in Wuppertal. H. 24 (1971) S. 19.) (1358)

1462 **Röll, Julius.** Unsere eßbaren Pilze in natürlicher Größe dargestellt und beschrieben mit Angabe ihrer Zubereitung. 5. Aufl. Tübingen: Laupp (1895). IX, 37 S. Mit farb. Titelbild und 14 Farbtaf. 8° (654)

1463 — —. 7. Aufl. Tübingen: Laupp 1908. VIII, 44 S. Mit 14 Farbtaf. 8° (1083)

Krieger/Kelly, S. 193 (8. Aufl. von 1918)

1464 **Rönn, H.** Die Myxomyceten des nordöstlichen Holsteins. Floristische und biologische Beiträge. (Dissertation.) (Aus: Schriften des Naturwissenschaftl. Vereins für Schleswig-Holstein. 15 (1911) S. 20-76.) (967)

Röse, A. Nützliche, schädliche und verdächtige Schwämme. 1874. s. **Lenz**, Harald Othmar.

1465 **Rohleder, K.** Über die radioaktive Dekontamination von Speisepilzen durch Blanchieren. (Aus: Die Industrielle Obst- und Gemüseverwertung. 52. (1967) S. 64-66. Mit 1 Abb. und 2 Tab.) (935)

1466 —. Zur radioaktiven Kontamination von Speisepilzen. (Aus: Dt. Lebensmittel-Rundschau. 1967. S. 135-138. Mit 1 Abb. und 5 Tab. (936)

1467 **Rolland, Léon.** Adhérence de l'anneau et de la volve dans les Psalliotes, Psalliota arvensis et Psalliota Bernardii. 1905. vgl. Aufn. zu: **Rolland**: De la coloration en bleu... (Beibd 20.)

Krieger/Kelly, S. 194.-

1468 —. Atlas des champignons de France, Suisse et Belgique. Paris: Klincksieck (1906-)1910. 126 S., 1 Bl. Dazu: 120 Farbtaf. mit Abb. von 283 Arten nach Aquarellen von A. Bessin. 8° (655)

Nissen 1670.- Krieger/Kelly, S. 194.-

1469 —. Les Champignons à l'exposition de 1900. 1900. vgl. Aufn. zu: **Rolland**: De la coloration en bleu... (Beibd 12.)

   Krieger/Kelly, S. 193-194.-

1470 —. Champignons du Golfe-Juan. 1901. vgl. Aufn. zu: **Rolland**: De la coloration en bleu... (Beibd 13.)

   Krieger/Kelly, S. 194.-

1471 —. De la Coloration en bleu développée par l'iode sur divers champignons et notamment sur un Agaric. (Aus: Bulletin de la Soc. Mycologique de France. 3 (1887) S. 134-137.) (1618-1637)

   Angeb.: **Rolland**: Cinq semaines à Chamonix. (Aus: Bulletin de la Soc. Mycologique de France. 4 (1888) S. 130-141. Mit 2 Taf.)

   2. **Rolland**: Une nouvelle espèce de bolet. (Aus: Journal de Botanique. 3. 1889. 2 S. Mit 1 Taf.)

   3. **Rolland**: Rapport sur l'exposition mycologique et les herborisations de la session. (Aus: Bulletin de la Soc. Mycologique de France. 6 (1890) S. LXVI-LXXVIII.)

   4. **Rolland**: Excursion à Zermatt <Suisse>. Cinq champignons nouveaux. (Aus: Bulletin de la Soc. Mycologique de France. 5 (1889) S. 164-171. Mit 3 Taf.)

   5. **Rolland**: Une visite au Musée Barla. (Aus: Bulletin de la Soc. Mycologique de France. 7 (1891) S. 66-72.)

   6. **Rolland**: Excursions mycologiques dans les Pyrénées et les Alpes-Maritimes. (Aus: Bulletin de la Soc. Mycologique de France. 7 (1891) S. 84-97. Mit 2 Taf.)

   7.8. **Rolland**: Essai d'un calendrier des champignons comestibles des environs de Paris. (Aus: Bulletin de la Soc. Mycologique de France. 8 (1892) S. 3-13 und 9 (1893) S. 67-75. Mit insgesamt 8 Taf.)

   9. **Rolland**: Excursions à Chamonix été et automne de 1898. (Aus: Bulletin de la Soc. Mycologique de France. 15 (1899) S. 73-78. Mit 1 Taf.)

   10. **Rolland**: Note sur un cas de tératologie du Phallus impudicus et la comestibilité de cette espèce. (Aus: Bulletin de la Soc. Mycologique de France. 15 (1899) S. 79-82. Mit 1 Taf.)

   11. **Rolland**: De l'instruction populaire sur les champignons. (Aus: Congrès Intern. de Botanique à l'Exposition Univ. de 1900. Compte Rendu, S. 405-414.)

   12. **Rolland**: Les champignons à l'exposition de 1900. (Aus: Bulletin de la Soc. Mycologique de France. 16 (1900) S. 211-223.)

   13. **Rolland**: Champignons du Golfe-Juan. (Aus: Bulletin de la Soc. Mycologique de France. 17 (1901) S. 115-120. Mit 2 Taf.)

   14. **Rolland**: Conférence sur les champignons qui tuent. (Aus:

Annales de l'Assoc. des Naturalistes de Levallois-Perret. 7. 1902.
12 S. Mit 1 Taf.)

15. **Rolland**: Un Tricholoma de l'exposition de Besançon. (Aus:
Bulletin de la Soc. Mycologique de France. 18 (1902) S. 26. Mit 1
Taf.)

16. **Rolland**: Photographie des champignons. Procédé par la dé-
coloration et la teinture. Bistrage des clichés. Essais de remplace-
ment dans les révélateurs de la solution alcaline accélératrice par
une décoction de champignons. (Aus: Bulletin de la Soc. Mycologique de France. 18 (1902) S. 27-32. Mit 2 Abb.)

17. **Rolland**: Empoisonnement par les Amanites de 7 ouvriers
italiens, 3 morts. (Aus: Bulletin de la Soc. Mycologique de France.
18 (1902) S. 417-422.)

18. **Rolland**: Note sur l'Inocybe repanda Bull. et l'Inocybe hiulca
Fries. (Aus: Bulletin de la Soc. Mycologique de France. 19 (1903)
S. 333-338. Mit 1 Taf.)

19. **Rolland**: Observations sur quelques espèces critiques. (Aus:
Revue Mycologique. 26 (1904) S. 137-141. Mit 2 Taf.)

20. **Rolland**: Adhérence de l'anneau et de la volve dans les Psalliotes, Psalliota arvensis et Psalliota Bernardii. (Aus: Bulletin de la
Soc. Mycologique de France. 21 (1905) S. 123-125. Mit 1 Taf.)

Krieger/Kelly, S. 193.-

1472 —. Conférence sur les champignons qui tuent. 1902. vgl. Aufn.
zu: **Rolland**: De la coloration en bleu... (Beibd 14.)

Krieger/Kelly, S. 194.-

1473 —. (Dessins originaux.) 75 Aquarelle und Zeichnungen auf Karton
mit Blindprägung LR, etwa 15 × 24 cm, mit Bleistiftnumerie-
rungen zwischen 1 und 244 und Datierungen zwischen Mai 1884
und Juni 1887 sowie mit (teils ausführlichen) hs. Anm. und Sporenzeichnungen; 14 Aquarelle und Zeichnungen auf Karton, etwa
14-15 × 23-24 cm, davon 1 datiert 15.4.1883 mit Blindprägung
LR und hs. Anm., 3 weitere mit hs. Anm. bzw. Sporenzeichnungen; 4 Aquarelle auf Karton mit Blindprägung LR, etwa 17,5
× 25,3 cm, von Pilzfunden aus Chamonix, August 1888, mit (teils
ausführlichen) hs. Anm. und Sporenzeichnungen; 2 Aquarelle auf
Karton, etwa 15,5 × 23,5 cm, undatiert und ohne Anm.; 1 Aquarell auf Karton, etwa 25,5 × 23 cm, mit Abb. von 4 Pilzarten,
datiert 1879, mit hs. Anm.; 1 Abb. (Bleistift, Aquarell, Kreide)
auf Karton, etwa 22,5 × 28 cm, Amanita inaurata, datiert 1882,
mit hs. Anm.; 1 Bleistiftzeichnung auf Karton, etwa 22,5 × 29,2
cm, mit Abb. von Mousseron-Fruchtkörpern in versch. Entwick-
lungsstadien, datiert 30.4.1889, mit kalligraphischer Legende und
Signatur. Dazu: 1 verkleinerte Negativabb. 13 × 16,5 cm auf
Karton 15,6 × 23,6 cm mit 1 photogr. Positivabzug. a.d.Zt; 46

Aquarelle und Zeichnungen auf Karton, etwa 23 × 29 cm, meist
datiert (zwischen Aug. 1889 und Sept. 1894) und mit hs. Anm.
und Sporenzeichnungen. Dazu: 22 zugeordnete Doppelblätter mit
ausführlichen hs. Anm. und Beschreibungen; 4 Doppelblätter mit
hs. Anm. und Beschreibungen sowie 1 Sporenzeichnung; 1 Druck
(Amanita verna) auf Karton, 15,5 × 23,7 cm, mit hs. Anm. auf
der Rückseite; 5 Druckbelege der Taf. Nr 1 und 2 aus 'Bulletin de
la Société Mycologique de France'. T. 21 (davon 3 doppelt); 1
kolor. Bleistiftzeichnung mit versch. Pilzfruchtkörpern und mikroskopischen Merkmalen, auf Karton 16,2 × 25 cm. (1346)

1474 —. Empoisonnement par le Amanites de 7 ouvriers italiens, 3
morts. 1902. vgl. Aufn. zu **Rolland**: De la coloration en bleu…
(Beibd 17.)

    Krieger/Kelly, S. 194.-

1475 —. Une nouvelle Espèce de bolet. 1889. vgl. Aufn. zu: **Rolland**:
De la coloration en bleu… (Beibd 2.)

1476 —. Essai d'un calendrier des champignons comestibles des environs de Paris. 1892-1893. vgl. Aufn. zu **Rolland**: De la coloration en bleu… (Beibd 7.8.)

    Krieger/Kelly, S. 193 (mit den vier ersten hier fehlenden
Folgen).-

1477 —. Excursion à Zermatt. 1889. vgl. Aufn. zu **Rolland**: De la
coloration en bleu… (Beibd 4.)

    Krieger/Kelly, S. 193.-

1478 —. Excursions à Chamonix été et automne de 1898. 1899. **vgl.**
Aufn. zu: **Rolland**: De la coloration en bleu… (Beibd 9.)

    Krieger/Kelly, S. 193.-

1479 —. Excursions mycologiques dans les Pyrénées et les Alpes-
Maritimes. 1891. vgl. Aufn. zu: **Rolland**: De la coloration en
bleu… (Beibd 6.)

1480 —. De l'Instruction populaire sur les champignons. 1900. vgl.
Aufn. zu: **Rolland**: De la coloration en bleu… (Beibd 11.)

    Krieger/Kelly, S. 194.-

1481 —. Note sur un cas de tératologie du Phallus impudicus et la
comestibilité de cette espèce. 1899. vgl. Aufn. zu: **Rolland**: De la
coloration en bleu… (Beibd 10.)

    Krieger/Kelly, S. 193.-

1482 —. Note sur l'Inocybe repanda Bull. et l'Inocybe hiulca Fries.
1903. vgl. Aufn. zu: **Rolland**: De la coloration en bleu… (Beibd 18.)

    Krieger/Kelly, S. 194.-

1483 —. Observations sur quelques espèces critiques. 1904. vgl. Aufn.
zu: **Rolland**: De la coloration en bleu... (Beibd 19.)

Krieger/Kelly, S. 194.-

1484 —. Photographie des champignons. 1902. vgl. Aufn. zu: **Rolland**:
De la coloration en bleu... (Beibd 16.)

Krieger/Kelly, S. 194.-

1485 —. Rapport sur l'exposition mycologique et les herborisations de
la session. 1890. vgl. Aufn. zu: **Rolland**: De la coloration en bleu...
(Beibd 3.)

Krieger/Kelly, S. 193.-

1486 —. Cinq Semaines à Chamonix. 1888. vgl. Aufn. zu: **Rolland**: De
la coloration en bleu... (Beibd 1.)

Krieger/Kelly, S. 193.-

1487 —. Un Tricholoma de l'exposition de Besançon. 1902. vgl. Aufn.
zu: **Rolland**: De la coloration en bleu... (Beibd 15.)

Krieger/Kelly, S. 194.-

1488 —. Une Visite au Musée Barla. 1891. vgl. Aufn. zu: **Rolland**: De
la coloration en bleu... (Beibd 5.)

Krieger/Kelly, S. 193.-

1489 **Romagnesi, Henri.** Nouvel Atlas des champignons. T. 1-4. (Paris:)
Bordas 1956-1967. (1: 1956) 95 S. Mit 79 farb. Taf. mit je 1 S.
erkl. Text und 22 Abb. i.T.; (2: 1958) 201 S., 1 Bl. (Errata zu Bd
1.) Mit 75 farb. Taf. (Nr 80-154) und 24 Abb. i.T.; (3: 1961) 64 S.,
2 Bl. Mit 82 farb. Taf. „hors du texte" (Nr 155-236) und 18 s.-w.
Taf. i.T. sowie 25 Textabb.; (4: 1967) 223 S. Mit 80 farb. (Nr 237-
316) und 21 s.-w. (Nr 19-39) Taf. i.T. 4° (658)

Rez.: ČM 16, 245: A. Pilát; 21, 256-257: A. Pilát; MOeMG
103, 1967: K. Lohwag; SZP 34, 133:-; 40, 40-41: W. Eschler;
WP 1, 59: H. Jahn; 2, 28: H. Jahn; 3, 49-50: H. Jahn; ZfP 22,
57: M. Moser; 26, 31-32: E.H. Benedix; 27, 125: E.H. Benedix

1490 —. Petit Atlas des champignons. T. 1-3. (Paris:) Bordas (1962-
1963). (1: Généralités et planches. 1962) XXXII S., 1 Bl., 348
Farbtaf., 9 Bl.; (2: Descriptions. 1962) 2 Bl., 418 S., 1 Bl. Mit 8
Taf. i.T.; (3: Compléments. 1963) VII, 285 S., 1 Bl. Mit 51 Abb.
8° (659)

Rez.: ČM 18, 64: A. Pilát; MOeMG 96, 1966: Lohwag; MyM
11, 30-31: H.H. Handke; SZP 42, 44:-; WP 5, 65-68: H. Jahn

1491 —. Cueillez des champignons. = Bordas Activités. 11. Paris,
Montréal: Bordas (1972). 127 S. Mit 8 Taf. und Textabb. 8°
(1567)

—. Flore analytique des champignons supérieurs <Agarics, Bolets, Chanterelles>. 1953. s. **Kühner**, Robert.

1492 —. Les Rhodophylles de Madagascar. = Prodrome à une Flore Mycologique de Madagascar et Dépendances. 2. Paris: Laboratoire de Cryptogamie du Mus. Nat. d'Hist. Natur. 1941. 164 S., 1 Bl. Mit 2 Kt. und 2 Tab. i.T. sowie 46 Textfig. 8° (657)

1493 —. Les Russules d'Europe et d'Afrique du Nord. Essai sur la valeur taxonomique et spécifique des caractères morphologiques et microchimiques des spores et des revêtements. Préf. de Roger Heim. (Paris:) Bordas (1967). 998 S., 1 Bl. Mit 1 Farbwerttaf. und 1129 Textfig. 4° (870)

    Rez.: BSMF 83, 359-361: P. Ostoya; ČM 21, 256: A. Pilát; MOeMG 103, 1967: Lohwag; MyM 14, 103-104: F. Gröger; SZP 45, 127-128: J. Peter; WP 6, 168-169: H. Jahn; ZfP 33, 43-44: H. Schwöbel

Romell, Lars. Svampbok. 1901. s. **Lindblad**, Matts Adolf.

    Biogr.: ZfP 7, 20-23: J. Schäffer

1494 **Roon, Adrianus C. de.** International Directory of specialists in plant taxonomy. = Regnum Vegetabile. 13. Utrecht: Intern. Bureau for Plant Taxonomy and Nomenclature 1958. 266 S. 8° (660)

    Rez.: ZfP 25, 65: E.H. Benedix

Roos, Carl Gabr. Monographia Tricholomatum Sueciae. 3. 1854. Resp. s. **Fries**, Elias.

Rorer, Sarah Tyson. Studies of American fungi. 1911. s. **Atkinson**, George Francis.

1495 **Rosenthal, Rudolf.** Zur Chemie der höheren Pilze. 16. Über Pilzlipoide. (Aus: Sitzungsberichte der Akad. der Wissenschaften in Wien. Math.-Nat. Kl. 131 (1922) S. 189-205. Zugl. aus: Monatshefte für Chemie. 43 (1922) S. 237-253. Mit 4 Abb.) (1320)

Roshardt, Pia. Pilz-Atlas. 1974. s. **Stüssi**, B.

Rosman, Oscar. Monographia Cortinariorum Sueciae. 1851. Resp. s. **Fries**, Elias.

1496 **Ross, Hermann.** Über verpilzte Tiergallen. (Aus: Berichte der Dt. Botanischen Ges. 32 (1914) S. 575-597. Mit 7 Abb.) (969)

Rostkovius, Friedrich Wilhelm Theophilus. Deutschlands Flora in Abbildungen nach der Natur mit Beschreibungen. Abth. 3. Die

Pilze Deutschlands. H. 5.10.16.17; 18.21/22.23/24; 27/28. s. **Sturm**, Jacob.

> Biogr.: ZfP 6, 129-140: S. Killermann
> Rez.: PuK 5, 264: Mühlreiter

1497 **Rostrup, Frederik Georg Emil.** Afbildning og beskrivelse af de farligste snyltesvampe i Danmarks skove. Kopenhagen: Philipsen 1889. 2 Bl., 30 S., 1 Bl. Mit 8 handkolor. lithogr. Taf. 4° (951)

—. Norges Hymenomycetes. 1905. s. **Blytt**, Axel.

1498 **Rothmayr, Julius.** Einführung in die volkstümliche Pilzkunde. = Heil- und Nährkräfte aus Wald und Flur. 5. München: Franckh (1939). 61 S. Mit Abb. 8° (661)

—. Pilze. Um 1960 u.ö. s. **Bötticher**, Werner.

1499 —. Eßbare und giftige Pilze des Waldes. 2. Aufl. Luzern: Haag 1910. 76 S., 2 Bl. Mit 40 Farbtaf. mit Abb. von 43 Arten von Georg Troxler (erkl. Text dazu auf der Rückseite der Taf.) 8° (663)

1500 — —. (4. Aufl.) Luzern: Haag 1920. XVI, 131 S., 4 Bl. Mit Portr. von Rothmayr und 80 Farbtaf. mit Abb. von 88 Arten. 8° (662)

1501 —. Pilze sammeln eine Freude. München: Beckstein (1943). VI, 89 S. Mit 16 Farbtaf. und Textabb. 8° (664)

1502 —. Die Pilze des Waldes. Volksausg. zs.gest. von Hans Bachmann. Luzern: Haag 1920. 46 S. Mit 13 Textfig. sowie 17 Taf. mit 40 farb. Abb. und je 1 Bl. erl. Text. 8° (868)

—. s. **Pilzfreund**, Der.

1503 **Rothmayr-Birchler, Jules.** Die Pilzschule. Methodische Einführung in die volkstümliche Pilzkunde und Anleitung zum raschen und sicheren Kennenlernen der eßbaren und giftigen Pilze. Luzern: Haag 1936. 111 S. Mit 190 schematischen Zeichnungen. 8° (1007)

Rottenberg, Max. The Effect of various imidazole compounds on the growth of purine-deficient mutants of Ophiostoma. A preliminary report. 1949. s. **Fries**, Nils.

1504 **Roumeguère, Casimir.** Flore mycologique de département de Tarn-et-Garonne. Agaricinées. Montauban: Forestié 1879-1880. 278 S. Mit 8 Taf. 8° (665)

1505 **Rousseau.** Rapports sur les truffières artificielles. 1866. vgl. Aufn. zu: **Boudier**, Émile: Des champignons au point de vue de leur caractères usuels, chimiques et toxicologiques. 1866. (Beibd 2.)

1506 **Roussel, Ernest.** Des Champignons comestibles et vénéneux qui croissent dans les environs de Paris. 1860. vgl. Aufn. zu: **Boudier**, Émile: Des champignons au point de vue de leur caractères usuels, chimiques et toxicologiques. 1866. (Beibd 1.)

Roussin, Z. Champignons. Um 1874. vgl. Aufn. zu: **Boudier**, Émile: Des champignons au point de vue de leur caractères usuels, chimiques et toxicologiques. 1866. (Beibd 3.)

Roze, Ernest. Atlas des champignons comestibles et vénéneux de la France et des pays circonvoisins. 1888. s. **Richon**, Charles.

   Lütjeharms, S. 8.-

Rühl, Arthur. Unsere Waldblumen und Farngewächse. 1954-1956. s. **Hartmann**, Friedrich-Karl.

1507 **Ruhm, Franz.** Pilzkochrezepte der Wiener Küche. 1947. vgl. Aufn. zu: **Cernohorsky**, Thomas: Pilzfibel. 1947.

1508 **Rumbold, Caroline.** Beiträge zur Kenntnis der Biologie holzzerstörender Pilze. (Dissertation München.) (Aus: Naturwissenschaftl. Zeitschrift für Forst- und Landwirtschaft. 6. 1908. Titel, 60 S., 1 Bl. Mit 1 Taf., 9 Tab. und 26 Abb.) (1430)

1509 **Runge, Annemarie.** Der Anemonen-Becherling. Sclerotinia tuberosa (Hedw.) Fuck. in Westfalen. (Aus: Natur und Heimat. 18 (1958) S. 88-92. Mit 1 Abb.) (669)

   Rez.: WP 2, 101: H. Jahn

1510 —. Wilhelm Brinkmann, ein bedeutender westfälischer Mykologe. (Aus: Natur und Heimat. 30 (1970) S. 88-90.) (1285)

1511 —. Die Herkuleskeule <Clavariadelphus pistillaris (Fr.) Donk 1933> in Westfalen. (Aus: Natur und Heimat. 19 (1959) S. 86-91. Mit 1 Kt. und 1 Abb.) (670)

   Rez.: WP 2, 83: H. Jahn

1512 —. Der Kegelhütige Knollenblätterpilz <Amanita virosa Lam. ex Sec.> in Westfalen. (Aus: Natur und Heimat. 32 (1972) S. 90-93.) (1412)

   Rez.: MyM 17, 111: F. Gröger

1513 —. Der Mäuseschwanz <Baeospora myosura> in Westfalen auch auf Fichtenzapfen. (Aus: Natur und Heimat. 27 (1967) S. 128.) (1131)

1514 —. Die Milchlinge <Lactarii> und ihr Vorkommen in Westfalen. 4. (Aus: Westfälische Pilzbriefe. 7 (1969) S. 107-108.) (1284)

1515 —. Pilzsukzession auf Eichenstümpfen. (Aus: Abhandlungen aus dem Landesmus. für Naturkunde zu Münster in Westfalen. 31 (1969) H. 2, S. 3-10. Mit 6 Tab.) (1129)

1516 —. Stäublings <Lycoperdaceen>-Funde, unter besonderer Berücksichtigung Westfalens. (Aus: Zeitschrift für Pilzkunde. 37 (1971) S. 149-160.) (1408)

    Rez.: BSMF 90, 379: Ch. Zambettakis

1517 —. Pilzökologische und -soziologische Untersuchungen in den Bockholter Bergen bei Münster. = Abhandlungen aus dem Landesmus. für Naturkunde zu Münster in Westfalen. 22,1. Münster 1960. 21 S. 8° (671)

    Rez.: WP 3, 50-51: F. Gröger

1518 —. Zur Verbreitung des Hochgerippten Becherlings in Westfalen. (Aus: Natur und Heimat. 22 (1962) S. 57-60. Mit 1 Abb.) (673)

    Rez.: ZfP 29, 62: W. Neuhoff

1519 —. Die Verbreitung des Buchen-Ringrüblings, Oudemansiella mucida (Schrad. ex Fr.) Bours. in Westfalen. (Aus: Westfälische Pilzbriefe. 6 (1967) S. 152-155. Mit 1 Kt. i.T.) (1133)

1520 —. Zur Verbreitung des Grünen Knollenblätterpilzes <Amanita phalloides (Vaill. ex Fr.) Secr.> in Westfalen. (Aus: Natur und Heimat. 32 (1972) S. 107-110.) (1411)

    Rez.: MyM 17, 111: F. Gröger

1521 —. Die Verbreitung des Kuhröhrlings <Suillus bovinus (L. ex Fr.) Kuntze> in Westfalen. (Aus: Natur und Heimat. 27 (1967) S. 41-44. Mit 1 Kt. i.T.) (1132)

1522 —. Die Verbreitung der Ochsenzunge <Fistulina hepatica Schff. ex Fr.> in Westfalen. (Aus: Natur und Heimat. 26 (1966) S. 118-121.) (1130)

1523 —. Zur Verbreitung des Riesenbovistes in Westfalen. (Aus: Natur und Heimat. 31 (1971) S. 44-47. Mit 1 Kt. i. T.) (1286)

1524 —. Die Verbreitung des Schmarotzer-Röhrlings in Westfalen. (Aus: Natur und Heimat. 23. 1963. 3 Bl. Mit 1 Kt. und 1 Abb. i.T.) (672)

    Rez.: MyM 8, 64: H.H. Handke; ZfP 29, 62: W. Neuhoff

Runstedt, Johan Ulrik. Synopsis Agaricorum Europaeorum. P. 1. 1830. Resp. s. **Fries**, Elias.

1525 **Ruys, Johan.** De Paddenstoelen van Nederland. 's-Gravenhage: Nijhoff 1909. VI S., 2 Bl., 461 S. Mit 126 Abb. 8° (674)

    Krieger/Kelly, S. 201.-

Ryvarden, Leif. The Corticiaceae of North Europe. 1973-1975. s.
Eriksson, John.

1526 —. Flora over kjuker. (Oslo:) Univ. forl. (1968.) 96 S. Mit 19 Abb.
8° (1102)

Rez.: Fr 9, 448-450: I. Nordin; WP 8, 39: H. Jahn

1527 **Saccardo, Pier Andrea.** Chromotaxia seu nomenclator colorum
polyglottus additis speciminibus coloratis ad usum botanicorum et
zoologicorum. Padua: Typis seminarii 1891. 22 S., 2 Taf. mit 50
Farbbestimmungsbeisp. 8° (1377)

Krieger/Kelly, S. 203 (2. Aufl. 1894).-

1528 —. Genera Pyrenomycetum schematice delineata. Illustratio ad-
commodata ad usum Sylloges Pyrenomycetum ejusdem auctoris.
Padua: Fracanzani 1883. 8 (false 6) S. Mit 13 (statt 14) lithogr.
Taf. 8° (1287)

1529 —. Hymeniales. P. 1.2. = Flora Italica Cryptogama. P. 1. Fungi.
Fasc. 14.15. Rocca S. Casciano: Cappelli 1915-1916. (1: Leucosporae et Rhodosporae. 1915) 2 Bl., 576 S. Mit 57 Abb. auf 6 Taf.;
(2: Ceterae Agaricaceae, Polyporaceae, Hydnaceae, Thelophora-
ceae, Tremellaceae.) 1916. 2 Bl., S. 577-1386. Mit Abb. 58-121 auf
Taf. 7-11. 8° (675)

Saint-Aubin, Michelle. Champignons. Espèces européennes. 1964.
s. **Montarnal**, Pierre.

—. Pilze. Europäische Arten. 1964. s. **Montarnal**, Pierre.

1530 **Saito, K.** Untersuchungen über die atmosphärischen Pilzkeime.
1.2. = Journal of the College of Science, Imperial Univ., Tokyo.
18, 5 und 23, 15. Tokio: Botanisches Inst. der Kaiserl. Univ. 1902-
1907. 58 S., 5 Falttaf. mit je 1 Bl. erl. Text; 77 S. Mit 1 Falttab.
und 2 Falttaf. sowie 19 Textabb. 8° (1288 und 676)

1531 **Sandblom, Johannes und Sigrid Jansson.** Våra Matsvampar.
Konsten att hitta de rätta och hur man tillreder dem. Red. av
Walter Nyquist. Stockholm: Lindqvist (1943). 64 S. Mit über 120
farb. Pilzabb. 8° (677)

Sandeberg, Herman. Svampbok. 1901. s. **Lindblad**, Matts Adolf.

Sangl, Irmgard. Über die Giftstoffe des grünen Knollenblätterpilzes. 24. 1964. s. **Wieland**, Theodor.

1532 **Sarauw, Georg F.L.** Rodsymbiose og mykorrhizer saerlig hos
skovtraeerne. (Aus: Botanisk Tidsskrift. 18. 1893. 133 S. Mit 2
Taf.) (968)

1533 **Sartory, Auguste und L. Maire.** Les Bolets. O.O.u.J. (um 1924.) 512 S. Mit 3 kolor. Taf. 8° (1891)

1534 — —. Les Champignons vénéneux. = Collection Scientifique de Strasbourg. Paris: Le François 1921. 251 S. Mit 10 Farbtaf. 8° (680)

    Krieger/Kelly, S. 206.-

1535 — —. Compendium Hymenomycetum. Amanita. = Collection Scientifique de Strasbourg. Paris: Le François 1922. 447 S., 3 **Bl.** (Errata.) Mit 1 s.-w., 23 farb. Taf. und Textabb. 8° (679)

1536 —. Les Empoisonnement par les champignons <été de 1912>. Paris: Lhomme 1912. VI, 53 S. Mit 5 farb. Taf. 8° (678)

    Krieger/Kelly, S. 206.-

1537 **— und L. Maire.** Synopsis du genre Inocybe Fr. O.O. 1923. 246 S. Mit 2 Taf. 8° (681)

Sattler, Peter W. Methoden zur Messung der Wachstumsgeschwindigkeit von Pilzmycelien. 1971. s. **Schwantes**, Hans Otto.

1538 —. Untersuchungen zum temperaturbedingten Wachstum einiger Pilze unterschiedlicher systematischer Stellung bei verschiedenen Stickstoffquellen und -konzentrationen. (Aus: Zentralblatt für Bakteriologie, Parasitenkunde, Infektionskrankheiten und Hygiene. Abt. 2, Bd 129 (1975) S. 691-741. Mit 48 Abb.) (1851)

1539 **Saubinet, aîné.** Notice sur les champignons trouvés aux environs de Reims, avec indication des espèces comestibles ou vénéneux. (Aus: Annales de l'Acad. de Reims. 1.1843. 15 S.) (682)

1540 **Sauer, E.** Probleme und Möglichkeiten großmaßstäblicher Kartierungen. (Aus: Göttinger Floristische Rundbriefe. 8 (1974) S. 6-24.) (1237)

1541 **Savonius, Moira.** All Color Book of mushrooms and fungi. (London:) Octopus Books (1973). 36 Bl. mit farb. Abb. 8° (1575)

1542 **Schaeffer, Jakob Christian.** Abbildung und Beschreibung einer dreyfach nützlichen Sägmaschine zum Holzschneiden in der Wirthschaft zur Leibesbewegung für Gelehrte und Kränkliche und zum Steinschneiden für die Naturaliensammlungen. Regensburg: Montag 1769. 3 Bl. (statt 4?), 16 S. Mit 2 (davon 1 gefalt.) Kupfertaf. 4° (987)

    ADB XXX, 531-532.- Nouv. biogr. gén. XLIII, 481-483.-
    Biogr.: ZfP 3, 49-53: S. Killermann

1543 —. Abbildung und Beschreibung einiger sonderbaren und merkwürdigen Schwämme, womit zugleich von der nunmehrigen Ausgabe der natürlich ausgemahlten Abbildungen bayerischer Schwämme Nachricht ertheilet wird. Regensburg: Bayerische Akad. der Wissenschaften 1761. 16 S. Mit Kopf- und Schlußstück sowie 1 Kupfertaf. mit 6 kolor. Abb. 4° (1123)

Pritzel 8115; Nissen 1746 (beide nur die lat. Ausg.) Lütjeharms, S. 147 und 149.- Krieger/Kelly, S. 207.-

1544 —. Vorläufige Beobachtungen der Schwämme um Regensburg. 1770. vgl. Aufn. zu: **Schaeffer**: Epistola de studii botanici faciliori ac tutiori methodo. 1758. (Beibd 2.)

Pritzel 8112; Krieger/Kelly, S. 207 (beide 1. Aufl. 1759).-

1545 —. Commentarius fungorum Bavariae indigenorum icones pictas differentiis specificis, synonymis et observationibus selectis illustrans. Erlangen: Palm 1800. 11 Bl., 130 S., 4 Bl. Mit **gest.** Titelvign. 8° (4°) (588)

Pritzel 7059.-

1546 —. Epistola de studii botanici faciliori ac tutiori methodo. (Regensburg:) Zunkel (1758). Titel, 14 S., 2 gest. Tab. Mit Kopf- und Schlußstück. 4° (724-727)

Angeb. **Schaeffer**: Der Gichtschwamm mit grünschleimigem Hute. Regensburg: Montag 1760. 4 Bl., 36 S., 2 Bl. Mit Titelvign. (J.M Seligmann) und 5 Kupfertaf. (von Jak. Andr. Friedrich nach Stephan Luibel) mit meist kolor. Abb.-

2. **Schaeffer**: Vorläufige Beobachtungen der Schwämme um Regensburg. 2. Aufl. Regensburg: Keyser 1770. 2 Bl., 62 S., 1 Bl. Mit 4 kolor. Kupfertaf.-

3. **Schaeffer**: Icones et descriptio fungorum quorundam singularium et memorabilium. Regensburg: Weiss 1761. 16 S. Mit Kopf- und Schlußstück sowie 1 kolor. Kupfertaf. 4° (724-727)

Pritzel 8109, 8113 (Gichtschwamm), 8112 (Beobachtungen, 1. Aufl. 1759), 8115 (Icones).- Nissen 1745 (Gichtschwamm) und 1746 (Icones).- Krieger/Kelly, S. 207 (Beibd. 1. 2, 1. Aufl. 1759 und 3).-

1547 —. Der Gichtschwamm mit grünschleimigem Hute. 1760. vgl. Aufn. zu: **Schaeffer**: Epistola de studii botanici faciliori ac tutiori methodo. 1758. (Beibd 1.)

Pritzel 8113.- Nissen 1745.- Krieger/Kelly, S. 207.-

1548 —. Icones et descriptio fungorum quorundam singularium et memorabilium. 1761. vgl. Aufn. zu: **Schaeffer**: Epistola de studii botanici faciliori ac tutiori methodo. 1758. (Beibd 3.)

Pritzel 8115.- Nissen 1746.-

1549 —. Fungorum qui in Bavaria et Palatinatu circa Ratisbonam nascuntur Icones. T. 1-4 in 3. Regensburg: Zunkel 1762-1774. (1:

1762) 13 Bl., 100 kolor. Kupfertaf., 1 Bl.; (2: 1763) 14 Bl., kolor. Kupfertaf. 101-200, 8 Bl.; (3: 1770) Titel, kolor. Kupfertaf. 201-300. Mit je 1 Bl. erl. Text; (4: 1774) Titel, kolor. Kupfertaf. 301-330. Mit je 1 Bl. erl. Text, 1 Bl., 136 S., 4 Bl. 4° (728)

Brunet V, 191.- Graesse VI, Tl 1, 295.- Pritzel 8116.- Nissen 1744.- Krieger/Kelly, S. 207 (ohne Bd 4).-

1550 **Schäffer, Julius.** Der rotstielige Ledertäubling <Russula olivacea>, ein wenig bekannter guter Speisepilz. = Veröffentl. der Staatl. Botanischen Anstalten. 4. Krakau: Agrarverl. 1943. 1 mehrfach gefalt. Tafel mit 10 farb. Abb. 8° (729)

Biogr.: SZP 40, 68-69: A. Flury; ZfP 21, Nr 1, 38: S. Killermann; Nr 2, 1-4: W. Schärer; Nr 2, 4-10: H. Haas; Nr 11, 30-31: A. Silbernagl; 28, 64-66: H. Haas; 33, 49-74 (m. Bibl.): L. Schäffer; 33, 74-77: A. John; 33, 78-79: G. Seehuber

1551 —. Der weißstielige Lederstäubling <Russula integra>. = Veröffentl. der Staatl. Botanischen Anstalten. 5. Krakau: Agrarverl. 1943. 1 Falttaf. mit 18 farb. Abb. 8° (1553)

1552 —. Russula-Monographie. (Aus: Annales Mycologici. 31 (1933) S. 305-516. Mit 2 Taf.) (730)

Rez.: ZfP 14, 31-32: S. Killermann

1553 — —. (2. Aufl.) Bd 1.2. = Die Pilze Mitteleuropas. 3. Bad Heilbrunn: Klinkhardt 1952. 295 S. Mit 2 Taf.; 1 Bl. (Alphabet. Verz. der Arten), 20 farb. Taf. 8° bzw. Fol. (731)

Rez.: SZP 30, 44-45: M. Moser; WP 1, 35-36: H. Jahn; ZfP 21, Nr 10, 27-28: M. Moser

1554 —. Die Täublinge <Russulae>. Lief. 1-3. = Die Pilze Mitteleuropas. Bd 3, 1-3. Leipzig: Klinkhardt (1942)-1943. 12 Bl. Mit 6 farb. Taf. und 25 Textabb. Fol. (732)

Rez.: DBP N.F. 4, 55: Lohwag; N.F. 5, 34-35: E. Thirring; N.F. 6, 19-20: E. Thirring

1555 **Schánĕl, Lubomir, Rolf Blaich und Karl Esser.** Function of enzymes in wood decaying fungi. 1. Comparative studies of intracellular and extracellular enzymes in Trametes versicolor und Trametes hirsuta. (Aus: Archiv für Mikrobiologie. 77 (1971) S. 140-150. Mit 4 Abb.) (1844)

1556 **— und Karl Esser.** The Phenoloxidases of the Ascomycete Podospora anserina. 8. Substrate specificity of laccases with different molecular structures. (Aus: Archiv für Mikrobiologie. 77 (1971) S. 111-117. Mit 2 Tab.) (1847)

1557 **Schatteburg, Gustav A.F.** Die höheren Pilze des Unterweserraumes. Basidiomycetes und häufige Ascomycetes. Ein Fundkatalog der Jahre 1913-1956. = Monographien der Wittheit zu Bremen. 3. Bremen: Dorn 1956. XV, 441 S. Mit 3 Faltkt. 8° (733)

Scheel, Henning. Svampebogen vejledning til at kende og samle svampe samt anvisning til champignondyrkning. 1927. s. **Risum**, J.N.

1558 **Scheerpeltz, Otto und Karl Höfler.** Käfer und Pilze. Wien: Verl. für Jugend und Volk (1948). 351 S. Mit 19 Abb. 8° (734). Es fehlen die 9 Taf.

1559 **Scheuermann, E.A.** Enzym-Blockade durch Pilzgift. (Aus: Kosmos. 72 (1976) S. $+$12.) (2007)

Schiefer, Heidrun. Isolierung und Charakterisierung eines antitoxischen Cyclopeptids, Antamanid, aus der lipophilen Extraktfraktion von Amanita phalloides. 1969. s. **Wieland**, Theodor.

1560 **Schieferdecker, Konrad.** Die Schlauchpilze der Flora von Hildesheim. = Zeitschrift des Mus. zu Hildesheim. N.F. 7. Hildesheim: Gerstenberg 1954. 116 S. Mit 337 Federzeichnungen und 12 Photographien auf 21 Taf. 8° (735)

    Rez.: ZfP 21, Nr 16, 22: Gremmen; 21, Nr 18, 30: Schwarz

1561 **Schild, E.** Clavariales. = Fungorum Rariorum Icones Coloratae. P. 5. Lehre: Cramer 1971. 2 Bl., 43 S. Mit 11 Textabb. und 8 farb. Taf. 8° (1289). Forts. der Serie "Coloured Icones of Rare and Interesting Fungi", bearb. von Derek A. **Reid**, p. 1-4.

    Rez.: SZP 50, 28: R. Hotz

1562 **Schiöler, Severin.** Våra vanligaste Svampar och hur de kännas igen. 3. uppl. Stockholm: Bonnier (1941). 100 S. Mit 8 (davon 6 farb.) Taf. und Textabb. 8° (736)

Schippers, Klaus. Bildung abnormer Schnallenmyzelien beim Ständerpilz Schizophyllum commune. 1975. s. **Schwantes**, Hans Otto.

1563 **Schlegel, Hans Günter.** Allgemeine Mikrobiologie. 2., überarb. und erw. Aufl. Stuttgart: Thieme 1972. XIII, 461 S. Mit 214 Abb. und 33.Tab. 8° (1290)

1564 **Schliemann, Eva und Monique Pébeyre.** Trüffel-Rezepte <Périgord-Trüffeln>. Hamburg: Mykofarm 1974. 4 Bl. 8° (1438)

Schliemann, Joachim. Behälter zum Kultivieren von Pilzen. 1975. s. **Zadražil**, František.

THEATRUM FUNGORUM
OFT
HET TOONEEL
DER CAMPERNOELIEN

Waer inne vertoont wort de gedaente, ken-teeckens, natuere, crach-
ten, voetfel, deught ende ondeught; mitsgaders het voorfichtigh
fchoonmaken ende bereyden van alderhande Fungien; en blijck-
teeckenen van de gene die vergiftighe gegeten hebben, met de ghe-
neefmiddelen tot foodanigh ongeval dienende : beneffens eene nau-
keurighe befchrijvinghe vande *Aerd-buylen, Papas, Tarratouffli, Arti-
chiocken onder d'aerde*, ende dierghelijcken ghewaffchen.

*Waer by ghevoeght is een cort Tractaet vande hinderlijcke Cruyden van dit landt, als wilde
Petercelie, ende andere, met de teghen middelen teghen foodanigh vergif.*

Alles met neerftigheyt, lanck-duerige ondervindinghe, ende ijverigh onderfoecken
vande fchriften der ervarenfte cruyt-kenders vergaedert ende befchreven door

FRANCISCUS VAN STERBEECK Priefter.

*Verciert met veele belden van alle ghedaenten van Campernoelien ende andere Cruyden, dienende
tot dit werck : alles naer het leven in coper ghefneden.*

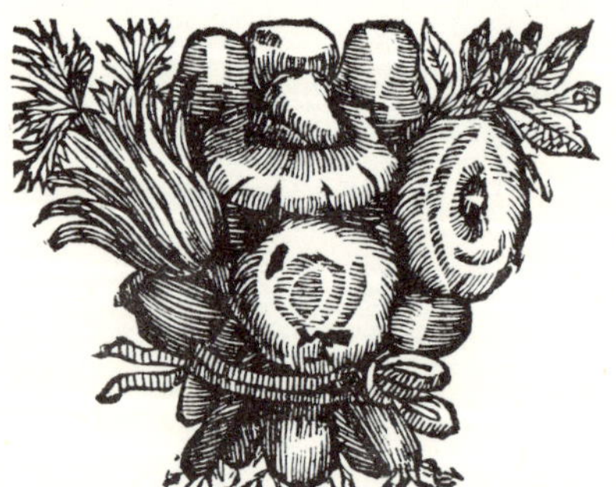

t'ANTWERPEN, By Iofeph Iacobs, inde Borfe-ftraet, boven op de Borfe. 1675.
Met Gratie ende Privilegie.

Zu Nr. 1735

Deutschlands Flora

in

Abbildungen nach der Natur

mit Beschreibungen.

Von

Jacob Sturm,

Ehrenmitgliede mehrerer naturforschenden
Gesellschaften.

III. Abtheilung.

Die Pilze Deutschlands

bearbeitet

von

L. P. F. Ditmar,

Doctor beider Rechte, Senator der Stadt Rostock
und ordentlichem Mitgliede der naturforschenden
Gesellschaft zu Rostock.

---

1. Bändchen.
Mit 64 Kupfertafeln.

Nürnberg, 1817,

gedruckt auf Kosten des Herausgebers.

Zu Nr. 1751

—. Ein Beitrag zur Ökologie und Anbautechnik von Stropharia rugosoannulata (Farlow ex Murr.) 1975. s. **Zadražil**, František.

—. Einfluß der Temperatur auf Habitus und Färbung des Basidiocarps von Pleurotus Florida <Austernseitling>. 1975. s. **Zadražil**, František.

1565 —. Fixierung und Konservierung des Sporenpulverabdrucks von Hutpilzen. (Aus: Schweizerische Zeitschrift für Pilzkunde. 41. 1963. 1 Bl.) (737)

—. Ökologische und biotechnologische Grundlagen der Domestikation von Speisepilzen. 1974. s. **Zadražil**, František.

1566 — **und František Zadražil.** Untersuchungen zum potentiellen Substratspektrum von Pycnoporus cinnabarinus (Jacq. ex Fr.) Karst. (Aus: Zeitschrift für Pilzkunde. 41 (1975) S. 59-63. Mit 3 Abb. und 1 Tab.) (1764)

1567 **Schliemann, Juliane.** Die eßbaren Pilze. Trimesterarbeit. Spetzgart U II <Schulen Schloß Salem>. Hamburg Dez. 1966. Titel, 4 Bl., 31 gez. Bl. (davon 30 mit je 1 ungez. Bl.) Mit 34 Abb. 4° (738)

1568 —. Die holzbewohnenden Pilze am Großensee. Jahresarbeit. Spetzgart U I <Schulen Schloß Salem>. Hamburg Aug. 1968. 4 Bl. (inkl. Plan Großensee und Umgebung), 64 gez. Bl. Mit 3 Textabb. und 17 eingeklebten Photos. 4° (960)

1569 **Schlittler, Jakob und Fred Waldvogel.** Das große Buch der Pilze. Text: Jakob Schlittler, Fotos und Illustr.: Fred Waldvogel. (Lizenzausg.) Freiburg, Basel, Wien: Herder (1975). 256 S. Mit farb. Abb. auf 128 Taf. i.T. und s.-w. Textabb. 4° (1820)

Rez.: SPRd 12, 23: A. Bollmann

1570 — —. Pilze. Text: Jakob Schlittler. Fotos und Illustr.: Fred Waldvogel. Bd 1.2. Zürich: Silva-Verl. (1972.) 1: Blätterpilze. 134 S. Mit 66 farb. und einigen s.-w. Abb.; 2: Blätterlose Pilze. 127 S., 2 Bl. Mit 64 farb. und einigen s.-w. Abb. 8° (1570)

Rez.: ZfP 40, 137: A. Bresinsky

1571 **Schlitzberger, S.** Pilzbuch. Neue Taschenausg. der eßbaren und der denselben ähnlichen giftigen Pilze mit Pilzküche, Pilzkultur. Leipzig: Amthor o.J. (um 1916.) 63 S. Mit 34 farb. Abb. auf 24 Taf. 8° (739)

1572 —. Pilzbuch für jedermann, enthaltend unsere häufigeren eßbaren und die denselben ähnlichen giftigen Pilze mit Anleitung zum Sammeln, Verwendung im Haushalte und zur Kultur von Pilzen. Kassel, Berlin: Fischer (1911). 63 S., 24 Taf. mit 34 farb. Abb. 8° (1079)

Krieger/Kelly, S. 207 (nicht diese Ausg.).-

Schmalfuss, Albin. Führer für Pilzfreunde. 1895 u.ö. s. **Michael**, Edmund.

Schmaus, Franz Xaver. Bericht über den IX. Internationalen Wissenschaftlichen Kongreß für die Kultur eßbarer Pilze. 1975. s. **Lelley**, Jan.

Schmid, J. The Discovery, isolation, elucidation of structure, and synthesis of antamanide. 1968. s. **Wieland**, Theodor.

Schmidt, C.F. Die Entwicklungsgeschichte von Penicillium. 1874. s. **Brefeld**, Oscar.

1573 **Schmidt, Irmgard und Hans J. Rehm.** Mykotoxine in Lebensmitteln. 1. Bestimmung von Byssochlaminsäure. (Aus: Zeitschrift für Lebensmittel-Untersuchung und -Forschung. 139 (1968) S. 20-22.) (1882)

1574 — — —. 2. Bildung von Byssochlaminsäure in Fetten und fetthaltigen Produkten. (Aus: Zeitschrift für Lebensmittel-Untersuchung und -Forschung. 141 (1969) S. 313-317. Mit 3 Tab. und 1 Abb.) (1883)

1575 **Schmierer, A. und J. Kammerer.** Unsere wichtigsten eßbaren Pilze nebst einer Abbildung des giftigen Fliegenschwammes. Stuttgart: Hoffmann 1889. Titel, 4 Bl., 8 Farbtaf. Quer-Fol. (740)

Schmitt, Johannes A. Beziehungen zwischen Sporenvolumen und Kernzahl bei einigen höheren Pilzen. 1974. s. **Gross**, G.

1576 —. Strobilomycetaceae, Boletaceae, Paxillaceae und Gomphidiaceae im Saarland, mit einer chemotaxonomischen Studie von 27 Arten. (Aus: Zeitschrift für Pilzkunde. 36 (1970) S. 77-94. Mit 4 Tab. und 1 Abb.) (2009)

1577 —. Chemotaxonomische, morphologische und pflanzensoziologische Studien an mitteleuropäischen Lactarius-Arten der Sektion Dapetes Fr. <Blutreizker>. (Aus: Zeitschrift für Pilzkunde. 39 (1973) S. 219-244. Mit 2 Tab. und 4 Abb.) (2008)

1578 **Schmitt, Oskar Max.** Österreichs Pilze. Linz: Pirngruber 1948. 78 S. Mit 48 farb. Abb. auf 8 Taf. Quer-8° (741)

Schnabel, Horst W. Über die Giftstoffe des grünen Knollenblätterpilzes. 21 und 22. 1962. s. **Wieland**, Theodor.

1579 **Schnegg, Hans.** Die Edelpilzzucht <Champignonkultur>. 2. verm. Aufl. München: Völler 1918. 95 S. Mit 22 Abb. 8° (871)

    Rez.: PuK 2, 104:-

1580　—. Unsere Giftpilze und ihre eßbaren Doppelgänger. München: Völler 1916. 52 S. Mit 32 farb. Abb. nach Naturaufn. von Josef Hanel auf 16 Taf. i.T. und 9 Textabb. 8° (743)

1581　— —. 3. verm. Aufl. München: Völler 1919. 67 S. Mit 42 farb. Abb. auf 21 Taf. i.T. und 9 Textabb. 8° (744)

> Krieger/Kelly, S. 208.-
> Rez.: PuK 3, 69 und 165:-

1582　—. Die Pilze und ihre volkswirtschaftliche Bedeutung. München: Verl. Natur und Kultur 1919. 31 S. 8° (1558)

1583　—. Die eßbaren Pilze und deren Bedeutung für unsere Volkswirtschaft und als Nahrungsmittel. München: Völler 1916. 88 S. Mit 32 Abb., 3 Tab. und 3 schemat. Darst. 8° (742)

1584　—. Unsere Speisepilze. Auswahl der häufigeren und wichtigeren Markt- und Liebhaberpilze. 3., verm. Aufl. München: Völler 1918. 127 S. Mit 80 farb. Abb. auf 40 Taf. sowie 15 Abb., 3 schemat. Darst. und 3 Tab. i.T. 8° (745)

> Krieger/Kelly, S. 208.-
> Rez.: PuK 3, 142 und 165:-

Schneider, G. Nitratreduktion durch Pilze und die Verwertbarkeit des Merkmals für die Systematik. 1975. s. **Bresinsky**, Andreas.

Schneidereit, Marianne. Ein Beitrag zur Domestikation von Wildpilzen. 1973. s. **Zadražil**, František.

—. Die Grundlagen für die Inkulturnahme einer bisher nicht kultivierten Pleurotus-Art. 1972. s. **Zadražil**, František.

Schnizlein, Adalbert. Deutschlands Flora in Abbildungen nach der Natur mit Beschreibungen. Abth. 3. Die Pilze Deutschlands. H. 31/32. s. **Sturm**, Jacob.

> ADB XXXII, 177-179.-

Schöne, H.J. Qualitätsüberwachung der Pilz- und Waldbeerenernte 1971 im Bayerischen Wald. Kennzahlen der Himbeermuttersäfte. 1971. s. **Bötticher**, Werner.

—. Qualitätsüberwachung der Pilz- und Waldbeerenernte 1972 im Bayerischen Wald. Kennzahlen der Himbeermuttersäfte. 1972. s. **Bötticher**, Werner.

—. Qualitätsüberwachung der Pilz- und Waldbeerenernte 1973 im Bayerischen Wald. Kennzahlen der Himbeermuttersäfte. 1973. s. **Bötticher**, Werner.

—. Qualitätsüberwachung der Pilz- und Waldbeerenernte 1974 im Bayerischen Wald. Kennzahlen der Himbeermuttersäfte. 1974. s. **Bötticher**, Werner.

Schönfelder, Peter. Anmerkungen zu einigen Musterkarten für einen Atlas der Flora Bayerns. <2.> 1975. s. **Bresinsky**, Andreas.

1585 —. Systematisch-arealkundliche Gesichtspunkte bei der Erfassung historisch-geographischer Kausalitäten der Vegetation. Erl. am Beisp. des Seslerio-Caricetum sempervirentis in den Ostalpen. (Aus: Grundfragen und Methoden in der Pflanzensoziologie. 1972. S. 279-290. Mit 6 Abb.) (1472)

1586 **Schoenichen, Walther.** Aus Wald und Feld den Tisch bestellt. Berlin-Halensee, Bielefeld: Linde (1947). 176 S. Mit Textfig. von Paul Richter. Quer-8° (916)

Schöpf, Albert. Über die Giftstoffe des grünen Knollenblätterpilzes. 15. 1958. s. **Wieland**, Theodor.

1587 **Schreiber, J.F.** Kleiner Atlas der Pilze. Eßlingen, München: Schreiber o.J. (um 1910.) 20teilige Leporellotaf. mit 40 farb. Abb. 8° (872)

Schrempp, Heinz. Pilze. 1973. s. **Joly**, Patrick.

—. Pilze, die nicht jeder kennt. 1972. s. **Haas**, Hans.

—. Pilze in Wald und Flur. 1970. s. **Haas**, Hans.

Schrödter, Margarete. Unsere Waldblumen und Farngewächse. 1924. s. **Klein,** Ludwig.

— —. 1954-1956. s. **Hartmann**, Friedrich Karl.

1588 **Schüler, Curt.** Die Champignonzucht als landwirtschaftlicher Nebenbetrieb. 4., verb. Aufl. Frankfurt/Oder: Trowitzsch 1905. 71 S. Mit 30 Abb. 8° (747)

1589 — —. 6., verb. Aufl. Frankfurt/Oder: Trowitzsch 1913. VIII, 64 S. Mit 40 Abb. 8° (748)

1590 —. Unsere eßbaren Pilze und ihre Verwertung. Mit 103 ausgewählten Kochrezepten. Frankfurt/Oder: Trowitzsch 1914. IV, 96 S. Mit 8 Farbtaf. und 32 Textabb. 8° (746)

1591 **Schulz, Georg E.F.** Pilze. Reihe 1. = Natur-Urkunden. 4. Berlin: Parey 1908. 16 S., 20 Taf. 8° (749)

1592 **Schulz, K.H., G. Felten und B.M. Hausen.** Allergy to the spores of Pleurotus florida. (Aus: Lancet. 1974, S. 29.) (1900)

Schulz, Roman. Führer für Pilzfreunde 1926 u.ö. s. **Michael**, Edmund.

—. Führer für Pilzfreunde. Volksausgabe. 1927. s. **Michael**, Edmund.

Schulzer von Müggenburg, Stephan. Icones selectae Hymenomycetum Hungariae. 1873-1877. s. **Kalchbrenner**, Karl.

1593 —. Pilze an Quittenästen. (Aus: Verhandlungen der Zoologisch-Botanischen Ges. Wien. 21 (1871) S. 1217-1260. Mit 37 Abb. auf 1 lithogr. Falttaf.) (750)

    Krieger/Kelly, S. 209.-

1594 **Schwalb, Karl.** Das Buch der Pilze. Beschreibung der wichtigsten Basidien- und Schlauchpilze mit bes. Berücks. der eßbaren und giftigen Arten. Wien: Pichler 1891. Titel, VII, 218 S. Mit 18 farb. Taf. und 1 Taf. mit 27 s.-w. Abb. 8° (751)

Schwantes, Hans Otto. Anzucht von Pilzmyzelien auf Polyäthylen- und Sarangeweben für zellphysiologische Untersuchungen. 1970. s. **Höhn**, H.

1595 — **und Klaus Schippers.** Bildung abnormer Schallenmyzelien beim Ständerpilz Schizophyllum commune. (Aus: Mikrokosmos. 64 (1975) S. 109-112. Mit 5 Abb.) (1850)

1596 — **und Peter W. Sattler.** Methoden zur Messung der Wachstumsgeschwindigkeit von Pilzmycelien. (Aus: Oberhessische Naturwissenschaftl. Zeitschrift. 38 (1971) S. 5-18. Mit 8 Abb.) (1786)

1597 —. Mikroskopischer Nachweis von Mikroorganismen auf Membranfiltern nach Filtrieren aus Flüssigkeiten mit Hilfe der Acridinorange-Fluoreszenz. (Aus: Zeitschrift für Wissenschaftl. Mikroskopie und Mikroskopische Technik. 70 (1971) S. 236-238.) (1787)

1598 — **und E. Barsuhn.** Tropische Reaktionen der Fruchtkörper von Lentinus tigrinus Bull. (Aus: Zeitschrift für Pilzkunde. 37 (1971) S. 169-182. Mit 10 Abb.) (1788)

    Rez.: BSMF 90, 379: Ch. Zambettakis

1599 —. Unterscheidung von lebenden und toten Mikroorganismen nach Färbung mit Eosin und Anilinblau. (Aus: Microscopica Acta. 76 (1975) S. 437-440. Mit 1 Tab.) (1789)

1600 — **und Frank Hagemann.** Untersuchungen zur Fruchtkörperbildung bei Lentinus tigrinus Bull. (Aus: Berichte der Dt. Botanischen Ges. 78 (1965) S. 89-101. Mit 12 Abb.) (1790)

1601 — **und E. Gessner.** Untersuchungen zur Fruchtkörperbildung von Lentinus tigrinus (Bull. ex Fr.) Fr. und Polyporus melanopus

(Swartz ex Fr.) Fr. in Abhängigkeit von der Zusammensetzung des umgebenden Gasraumes. (Aus: Biologisches Zentralblatt. 93 (1974) S. 561-570. Mit 1 Tab. und 11 Abb.) (1791)

1602 — **und H. Ahrberg.** Versuch einer Konidieninfektion an Fichten in verschiedenen Böden der Gießener Umgebung durch Fomes annosus. (Aus: Oberhessische Naturwissenschaftl. Zeitschrift. 39/40 (1973) S. 73-76.) (1792)

1603 —. Wirkung unterschiedlicher Stickstoffkonzentrationen und -verbindungen auf Wachstum und Fruchtkörperbildung von Pilzen. (Aus: Mushroom Science. 7 (1969) S. 257-272. Mit 8 Abb.) (1793)

 Rez.: BSMF 86, 302: Ch. Zambettakis

Schwarz, Eduard. Beitrag zur Pilzflora der Umgebung von Bad Godesberg. 1958. s. **Butin**, Heinz.

Schwarzer, G. Mikroskopische Analyse der Hutdeckschichten einiger Agaricales, Boletales und Russulales. 1969. s. **Bresinsky**, Andreas.

Schweiniz, Ludwig Daniel. Conspectus fungorum in Lusatiae superioris agro Niskiensi crescentium. 1805. s. **Albertini**, Johann Baptist.

 Raab 49, 154.-
 Biogr.: ZfP 3, 5-7: M. Seidel

Schweizer Pilztafeln. s. **Verband Schweizerischer Vereine für Pilzkunde Bern.**

1604 **Schweizerische Zeitschrift für Pilzkunde.** Bulletin suisse de mycologie. Offizielles Organ des Verbandes Schweizerischer Vereine für Pilzkunde und der Vapko, Vereinigung der amtlichen Pilzkontrollorgane der Schweiz. Bern-Bümpliz. In laufendem Bezug ab J. 20, 1942 (nebst) Reg. 1923-1957. Es fehlt Bd 29.

1605 **Seaver, Fred Jay.** The North American Cup-Fungi. (Repr.) 1.2. New York: Hafner (1961). VIII, 377 S. Mit farb. Titelphoto, 74 (davon 4 farb.) Taf. und 23 Textabb.; 1 Bl., IX, 428 S. Mit Taf. 75-150 (davon 1 farb.). 8° (683)

 Rez.: MOeMG 101, 1967: Lohwag

1606 **Secretan, Louis.** Mycographie suisse, ou description des champignons qui croissent en Suisse, particulièrement dans le canton de Vaud, aux environs de Lausanne. T. 1-3. Genf: Bonnant 1833. LV, 522 S., 1 Bl. (leer); 2 Bl., 576 S.; VIII, 759 S., 95 S. (Index.) 8° (684)

Brunet VI, 5371.- Pritzel 8569.- Nouv. biogr. gén. XLIII, 676.-
Raab 53, 51.- Krieger/Kelly, S. 211.-

Seeber, K.-H. Allgemeine Botanik. 1968. s. **Nultsch**, Wilhelm.

1607 **Seidel, Max.** Kennst du den Pilz? = Mutter Natur. 15. Langen-
salza, Berlin, Leipzig: Beltz (1933). 58 S., 1 Bl. (Reg.) Mit 20 Abb.
8° (1075)

Semerdžieva, Marta. Genetische Untersuchungen an dem Basidiomyceten Agrocybe aegerita. 1. 1974. s. **Esser**, Karl.

Šemjakin, M.M. Affinity of antamanide for sodium ions. 1970. s.
Wieland, Theodor.

1608 **Sengbusch, Reinhold von.** Die Arbeiten der Champignonabteilung
des Max-Planck-Institutes für Kulturpflanzenzüchtung. (Aus: Der
Champignon. Nr 80. April 1968. 6 Bl. Mit 7 Abb.) (917)

—. Die Bedeutung der Temperatur bei der Kultur des Champignons insbesondere beim 'TILL-Verfahren'. 1967. s. **Huhnke**,
Walter.

—. Champignonanbau auf nicht kompostiertem Nährsubstrat.
1969. s. **Huhnke**, Walter.

1609 —. Champignonanbau auf nichtkompostiertem Substrat. (Aus:
Der Champignon. Nr 68. April 1967. 2 Bl. Mit 3 Abb.) (918)

—. Die III. Phase der Entwicklung des Champignon-Anbauverfahrens auf nicht kompostiertem sterilem (!) Nährsubstrat. 1967.
s. **Huhnke**, Walter.

1610 —. Probleme des Champignonanbaues und der Champignon-
züchtung. (Aus: Obst und Gemüse. Okt. 1964. 3 S. Mit 3 Abb.)
(1429)

—. The IIIrd Stage in the development of the procedure for cultivating mushrooms on non-composted, sterile substrate. 1968. s.
Huhnke, Walter.

—. Sterilisation von Nährböden mit Äthylenoxid für die Kultur
von Champignons. 1966. s. **Huhnke**, Walter.

1611 —. Das TILL-Anbauverfahren für Champignons. (Aus: Der
Champignon. Jg. 5. 1965. 2 S.) (1428)

1612 —. Das TILL-Anbauverfahren für Champignons. (Aus: Mushroom Science. 6 (1967) S. 389-391.) (919)

1613 —. Vorschläge zur industriellen Erzeugung von Champignons.
(Aus: Industrieller Pflanzenbau. Vortragsreihe des 2. Symposium

für Industriellen Pflanzenbau Wien 1965. Bd 2 (1966) S. 115-121. Mit 19 Abb. auf 6 Taf.) (920)

—. Die Weiterentwicklung des Tillschen Champignon-Kultur-verfahrens auf nicht kompostiertem sterilem (!) Nährsubstrat. 1965. s. **Huhnke**, Walter.

1614 **Senser, F.** Vorkommen und Bestimmung toxinbildender Schim-melpilze der Gruppe Aspergillus flavus. (Aus: Dt. Lebensmittel-Rundschau. 63 (1967) S. 140-144. Mit 1 Tab. und 2 Abb.) (930)

1615 **Severino, Marco Aurelio.** Epistolae duae: altera de lapide fungi-fero, altera de lapide fungimappa, publici iuris iterum factae. Wolfenbüttel: Brückmann 1728. 2 Bl., 44 S. Mit 1 Kupfertaf. 4° (685)

    Pritzel 8642.- Nouv. biogr. gén. XLIII, 834-836.- Lütjeharms, S. 161.

1616 **Seymour, Arthur Bliss.** Host Index of the fungi of North America. Repr. = Bibliotheca Mycologica. 2. Lehre: Cramer 1967. 1 Bl., XIII, 732 S. 8° (1161)

1617 **Seynes, Jules de.** Essai d'une flore mycologique de la région de Montpellier et du Gard. Observations sur les Agaricinés, suivies d'une énumération méthodique. (Dissertation.) Paris: Martinet 1863. 156 S. Mit 1 gest. Faltkt. und 5 Kupfertaf. mit je 1 Bl. Erkl. 4° (686)

    Pritzel 8646.- Krieger/Kelly, S. 212.-

1618 **Sharma, S.R.K.** Mushrooms. (Aus: Science Reporter. Oct. 1964. S. 382-387. Mit 4 Abb.; und Nov. 1964. S. 440-444. Mit 5 Abb.) (2004)

1619 **Sharp, Charles William.** Kitchen Magic with mushrooms. A collection of recipes. San Francisco: Mycological Soc. (1963.) VI, 95 S. (VII-XXXVIII als Halbformate dazwischengeh.) Mit Abb. 8° (687)

Shear, Cornelius Lott. The Genera of fungi. 1931. s. **Clements**, Frederick Edward.

1620 **Shuttlerworth, Floyd Stephen und Herbert Spencer Zim.** Blüten-lose Pflanzen. Farne, Moose, Pilze, Algen. Bilder von Dorothea Barlowe, Sy Barlowe, Barbara Wolff und Jean Zallinger. Übers. und bearb. von Horst Lange. = Bunte Delphin-Bücherei. 21. (Stutt-gart & Zürich:) Delphin Verl. (1970.) 160 S. Mit farb. Abb. 8° (1365)

1621 **Sicard, Guilleaume.** Histoire naturelle des champignons comestibles et vénéneux. Préf. par Ad. Chatin. 2. éd. Paris: Delagrave 1884. XV, 308 S. Mit 75 (davon 73 farb.) Taf. 8° (688)

Nissen 1841 (1. Ausg. 1883).- Krieger/Kelly, S. 214.-

Siegemund, Horst. Unsere Pilze. 1963. s. **Böhme**, Friedrich.

Sieurin, Johan. Synopsis generis Lentinorum. 1836. Resp. s. **Fries**, Elias.

Sinden, J.W. Über leicht flüchtige Produkte des aeroben und anaeroben Stoffwechsels des Kulturchampignons, Agaricus campestris var. bisporus (L.) Lge. 1965. s. **Tschierpe**, Hans Joachim.

—. Studies on the composition of horse manure compost from beginning of phase II through mushroom cropping as related to CO_2 evolution. 1962. s. **Tschierpe**, Hans Joachim.

—. Weitere Untersuchungen über die Bedeutung von Kohlendioxyd für die Fruktifikation des Kulturchampignons, Agaricus campestris var. bisporus (L.) Lge. 1964. s. **Tschierpe**, Hans Joachim.

1622 **Singer, Rolf.** The Agaricales <Mushrooms> in modern taxonomy. =Lilloa. 22. Tucuman: Inst. "Miguel Lillo" 1949. 832 S., 2 Bl. Mit 29 Taf. 8° (690)

Biogr.: SZP 44, 81-83 (m. Portr.): M. Moser
Rez.: SZP 30, 46: M. Moser; ZfP 21, Nr 10, 29: M. Moser

1623 —. The Agaricales in modern taxonomy. 2nd fully rev. ed. Weinheim: Cramer 1962. VII, 915 S. Mit 73 (davon 1 farb.) Taf. 8° (691)

Rez.: ČM 17, 212: F. Kotlaba und Z. Pouzar; MOeMG 101, 1967: Lohwag; Pe 2, 418: M.A. Donk; Sy 16, 391-393: F. Petrak; WP 3, 127-128: H. Jahn.

1624 — —. 3rd, fully rev. ed. Vaduz: Cramer 1975. 3 Bl., VI, 912 S. Mit 84 (davon 3 farb.) Taf. 8° (1305)

Rez.: ZfP 41, 205-206: M. Moser

1625 — **und K. Grinling.** Some Agaricales from the Congo. (Aus: Persoonia. 4 (1967) S. 355-377. Mit 40 Textfig.) (1794)

1626 —. New Agarics from South America. (Aus: Nova Hedwigia. 20 (1970) S. 785-792. Mit 9 - davon 7 farb. - Abb.) (1886)

—. Bayesian Analysis of generic relations in Agaricales. 1971. s. **Machol.**, Robert E.

1627 —. Armillariella mellea. (Aus: Schweizerische Zeitschrift für Pilzkunde. 48 (1970) S. 65-69.) (1816)

    Rez.: BSMF 88, 252: Ch. Zambettakis; MyM 18, 84-85: H. Kreisel

1628 — **und Heinz Clémençon.** Neue Arten von Agaricales. (Aus: Schweizerische Zeitschrift für Pilzkunde. 49 (1971) S. 118-128. Mit 9 Abb.) (1815)

    Rez.: BSMF 89, 363: Ch. Zambettakis

1629 —. New Basidiomycete from the Antarctic. (Aus: Antarctic Terrestrial Biology. 1972. S. 179-180. Mit 1 Abb.) (1795)

1630 — **und Osvaldo Fidalgo.** Two interesting Basidiomycetes from the state of Sao Paulo. (Aus: Rickia. 1965. 2. S. 11-16. Mit 4 Abb.) (1935)

1631 —. Beitrag zur Frage der Stropharia imaiana Benedix. (Aus: Zeitschrift für Pilzkunde. 29 (1963) S. 107-109.) (1797)

1632 —. Boletes and related groups in South America. (Aus: Nova Hedwigia. 7 (1964) S. 93-132. Mit 6 - **davon** 2 farb. - Taf.) (692)

1633 —. Champignons de la Catalogne. Espèces observées en 1934. (Aus: Collectanea Botanica. 1 (1947) S. 199-246.) (1798)

1634 —. Augusto Chaves Batista. (Aus: Sydowia. 22 (1969) S. 343-359. Mit Portr. und Bibliogr.) (1796)

1635 —. Contributions towards a monograph of the genus Pluteus. 2. (Aus: Transactions of the British Mycological Soc. 42 (1959) S. 223-226. Mit 4 Abb.) (1893)

1636 —. Coscinoids and coscinocystidia in Linderomyces lateritius. (Aus: Farlowia. 3 (1947) S. 155-157. Mit 1 Abb.) (1812)

1637 —. The Delimitation of the genus Pseudobaeospora. (Aus: Mycologia. 55 (1963) S. 13-17. Mit 1 Abb.) (1799)

1638 —. Diagnoses fungorum novorum Agaricalium III. = Sydowia, Annales Mycologici. Ser. 2. Beih. 7. Horn, NÖ: Berger 1973. 2 Bl., 106 S. 8° (1577)

1639 —. Die Gattung Gerronema. (Aus: Nova Hedwigia. 7 (1964) S. 53-92.) (873)

    Rez.: MyM 9, 62-63: H. Kreisel

1640 —. Sand-dune inhabiting Fungi of the South Atlantic coast from Uruguay to Bahía Blanca. (Aus: Mycopathologia et Mycologia Applicata. 34 (1968) S. 129-143. Mit 6 Abb.) (1811)

1641 —. New Genera of fungi. 1. (Aus: Mycologia. 36 (1944) S. 358-368.) (1832)

1642 — —. 2. (Aus: Lloydia. 8 (1945) S. 139-144.) (1955)

1643 — —. 3. (Aus: Mycologia. 39 (1947) S. 77-89.) (1834)

1644 — —. 4. (Aus: Mycologia. 40. (1948) S. 262-264.) (1835)

1645 — —. 5. (Aus: Mycologia. 43 (1951) S. 598-604.) (1836)

1646 — —. 5. (vielm.: 6): Descolea antarctica, genero y especie nuevos de Tierra del Fuego. (Aus: Lilloa. 23 (1951) S. 255-258.) (1841)

1647 — —. 7. (Aus: Mycologia. 48 (1956) S. 719-727.) (1837)

1648 — —. 8. (Aus: Persoonia. 2 (1962) S. 407-415.) (1838)

1649 — —. 9. The probable ancestor of the Strophariaceae: Weraroa gen. nov. (Aus: Lloydia. 21 (1958) S. 45-47.) (1956)

1650 — —. 10. Pachylepyrium. (Aus: Sydowia. 11 (1957) S. 320-322.) (1839)

1651 — —. 11. Endolepiotula. (Aus: Sydowia. 16 (1962) S. 260- 262. Mit 1 Abb.) (1840)

1652 — —. 12. Hybogaster. (Aus: Sydowia. 17 (1964) S. 12-16.) (1800)

1653 — —. 13. Rhodoarhenia. (Aus: Sydowia. 17 (1964) S. 142-145.) (1801)

1654 —. Dos Generos de hongos nuevos para Argentina. (Aus: Boletin de la Soc. Argentina de Botánica. 8 (1959/1960) S. 9-13. Mit 1 Abb.) (1802)

1655 —. (Rez.) Horak, E.: Synopsis generum Agaricalium. 1968. (Aus: Mycologia. 61 (1969) S. 204-207.) (1826)

1656 —. Keys for the determination of the Agaricales. Weinheim: Cramer 1962. 64 S. 8° (693)

   Rez.: BSMF 79, 269: H. Romagnesi; ČM 17, 54-55: A. Pilát; MOeMG 83, 1962: K. Lohwag; Pe 2, 418: M.A. Donk; Sy 16, 393: F. Petrak; SZP 40, 178-179: W. Schärer-Bider; ZfP 29, 31-32: H. Schwöbel

1657 —. (Rez.) Kreisel, Hanns: Die Grundzüge eines natürlichen Systems der Pilze. Lehre 1969. (Aus: Mycologia. 65 (1973) S. 1378-1380.) (1853)

1658 —, **Leon T. Lucas und Tyler B. Warren.** The Marasmius-Blight Fungus. (Aus: Mycologia. 65 (1973) S. 468-473. Mit 3 Abb.) (1803)

1659 —. A Monograph of Favolaschia. = Nova Hedwigia. Beih. 50. Lehre: Cramer 1974. 2 Bl., 108 S. Mit 26 Abb. 8° (1821)

   Rez.: ZfP 41, 113: A. Bresinsky

1660 —. Monographie der Gattung Russula. (Aus: Beihefte zum Botanischen Zentralblatt. Abt. 2, Bd 49 (1932) S. 205-380.) (689)

1661 —. Mushrooms and truffles. Botany, cultivation, and utilization. = World Crops Ser. London: Hill; New York: Interscience Publ. (1961.) XXIII, 272 S. Mit 4 Textabb. und 32 (davon 4 farb.) Taf. 8° (694)

    Rez.: ZfP 29, 56-57: E.H. Benedix

1662 — **und Heinz Clémençon.** Notes on some leucosporous and rhodosporous European Agarics. (Aus Nova Hedwigia. 23 (1972) S. 305-344. Mit 7 Taf. und 12 Textabb.) (1945)

    Rez.: MyM 18, 84-85: H. Kreisel

1663 —. Notes on Boletes taxonomy. (Aus: Persoonia. 7 (1973) S. 313-320. Mit 2 Abb.) (2025)

    Rez.: MyM 18, 83-84: H. Kreisel

1664 —. Notes sur les genre Laccaria. (Aus: Bulletin de la Soc. Mycologique de France. 83 (1967) S. 104-123. Mit 2 Tab.) (1804)

1665 —. Albert Pilát <1903-1974>. (Aus: Mycologia. 67 (1975) S. 445-447. Mit Portr.) (1805)

1666 —. (Rez.) Pilát, A. und A. Dermek: Hríbovité huby. 1974. (Aus: Mycologia. 67 (1975) S. 440-441.) (1827)

1667 —. The Pleurotus-Hirtus-Complex. (Aus: Mycologia. 48 (1956) S. 852-859. Mit 3 Abb.) (1806)

1668 —. Die Röhrlinge. Tl 1.2 (nebst Tafelbd 1.2). (1: Die Boletaceae, ohne Boletoideae; 2: Die Boletoideae und Strobilomycetaceae.) = Die Pilze Mitteleuropas. 5.6. Bad Heilbrunn: Klinkhardt 1965-1967. 131 S., 21 (davon 14 farb.) Taf.; 151 S., 26 Farbtaf. 8° bzw. Quer-Fol. (695.696)

    Rez.: BSMF 83, 1048-1049: H. Romagnesi; ČM 21, 198-199: A. Pilát; Fr 7, 385-387: L. Døssing; MOeMG 93, 1965: Lohwag; 100, 1966: Lohwag; MyM 9, 31-32: H. Kreisel; 11, 28-30: H. Kreisel; SPRd 3, H. 1, 11: J. Raithelhuber; Sy 18, 401-403: F. Petrak; 20, 386-387: F. Petrak; WP 5, 141-142: H. Jahn; 6, 143-144: H. Jahn; ZfP 30, 124: M. Moser; 32, H. 3/4, 41-42: M. Moser

1669 —. (Rez.) Romagnesi, H.: Les Russules d'Europe et d'Afrique du Nord. 1967. (Aus Mycologia. 60 (1968) S. 1127-1130.) (1828)

1670 —. Schlüssel zum Bestimmen der Familien und Gattungen der Basidiomyzetenordnung Agaricales. (Separatdr. des Verbandes Schweizerischer Vereine für Pilzkunde.) (Bern-Bümpliz) 1966. 44 S. 8° (697)

    Rez.: SZP 44, 147-148:-

1671 —. (Rez.) Smith, A.H.: The North American species of Psathyrella. 1972. (Aus: Mycologia. 65 (1973) S. 975-976.) (1829)

1672 —. New and interesting Species of Basidiomycetes. (Aus: Mycologia. 37 (1945) S. 425-439. Mit 1 Abb.) (1807)

1673 — —. 2. (Aus: Papers of the Michigan Acad. of Science, Arts and
Letters. 32 (1948) S. 103-150. Mit 1 Taf.) (1894)

1674 —, **Alexander Hanchett Smith und Guzman Huerta.** A new
Species of Psathyrella. (Aus: Lloydia. 21 (1958) S. 26-28. Mit 1
Abb.) (1818)

1675 —. Cyanophilous Spore Walls in the Agaricales and agaricoid Basidiomycetes. (Aus: Mycologia. 64 (1972) S. 822-829. Mit 1 Tab.)
(1808)

1676 —. Nomenclatorial Status of Gomphidius Fries. (Aus: Taxon. 22
(1973) S. 445-446.) (1813)

1677 **— und Alexander Hanchett Smith.** Studies on secotiaceous fungi.
1. A monograph of the genus Thaxterogaster (und) 2. Endoptychum depressum. (Aus: Brittonia. 10 (1958) S. 201-221. Mit 3
Taf.) (1817)

1678 —. The Topotype of Boletus amabilis Peck. (Aus: Mycologia. 62
(1970) S. 590-596. Mit 1 Abb.) (1854)

    Rez.: BSMF 88, 363:-

1679 —. The Type of Boletus amabilis. (Aus: Mycologia. 58 (1966) S.
157-159. Mit 1 Abb.) (1809)

1680 **Sixt-Heyn, Irmgart.** Pilz-Allerlei. (Früher "Die Pilzküche" von
Anna Kübler. 15.-20. Taus.) München: Gerber 1942. 48 S. 8°
(698)

1681 —. Pilzkochbuch. (21.-25. Taus.) München: Angertor 1949. 43 S.
8° (699)

Sjöberg, Gustav Wilhelm. Novitiae Florae Suecicae. Mantissa 2.
1839. Resp. s. **Fries**, Elias.

Sjöstrand, Jonas Gustaf. Öfver vexternes Namn. 2. 1842. Resp. s.
Fries, Elias.

Sjöström, Carl Fredrik. De historiae naturalis studio Controversiae. 1836. Resp. s. **Fries**, Elias.

1682 **Skirgiello, Alina.** Grzyby <Fungi>. Podstawczaki <Basidiomycetes>, Borowikowe <Boletales>. = Flora Polska. Warschau
(: Panstwowe Wyd. Naukowe) 1960. 130 S., 3 Bl. Mit 30 Farbtaf.
und 47 Textabb. 8° (700)

    Biogr.: ČM 25, 245-246 (m. Portr.): W. Wojewoda
    Rez.: MyM 6, 22-23: M. Herrmann; ZfP 26, 123: E.H. Benedix

1683 **Smith, Alexander Hanchett und Harry Delbert Thiers.** A Contribution toward a monograph of North American species of Suillus.
Ann Arbor: Verf. 1964. V, 116 S. Mit Abb. auf 24 Taf. 8° (874)

Rez.: MOeMG 101, 1967: Lohwag; MyM 10, 31: H. Kreisel

1684 —. The mushroom hunter's Field Guide. Ann Arbor: Univ. of
Michigan Pr. (1958.) 3 Bl., 197 S. Mit 155 Abb. 8° (701)

Rez.: RM 25, 236: M. Lq.; WP 2, 46: H. Jahn

1685 — —. (Rev. ed.) Ann Arbor: Univ. of Michigan Pr. (1963.) 3 Bl.,
264 S. Mit Titelphoto, 188 farb. Abb. auf 38 Taf. und über 200
Textabb. 8° (702)

1686 —. Puffballs and their allies in Michigan. Ann Arbor: Univ. of
Michigan Pr. 1951. XI, 131 S. Mit 43 Taf. 8° (704)

—. A new Species of Psathyrella. 1958. s. **Singer**, Rolf.

—. North American Species of Crepidotus. 1965. s. **Hesler**, Lexemuel Ray.

—. North American Species of Hygrophorus. 1963. s. **Hesler**,
Lexemuel Ray.

1687 —. North American Species of Mycena. = Univ. of Michigan
Studies. Scientific Ser. 17. Ann Arbor: Univ. of Michigan Pr.;
London: Oxford Univ. Pr. 1947. XVIII, 521 S. Mit 99 Taf. und 56
Textfig. 8° (703)

—. Studies on secotiaceous fungi. 1.2. 1958. s. **Singer**, Rolf.

1688 **Smith, Worthington George.** Clavis Agaricinorum: An analytical
key to the British Agaricini, with characters of the genera and
subgenera. London: Reeve 1870. 40 S. Mit 6 Taf. 8° (705)

Krieger/Kelly, S. 216.-

1689 —. Guide to Sowerbys models of British fungi in the department
of botany, British Museum <Natural History>. (London: Brit.
Mus.) 1893. 82 S. Mit 93 Abb. und Abb. auf eingeschossenen Bl.
8° (706)

Krieger/Kelly, S. 216.-

1690 — —. (New impr.) (London: Brit. Mus.) 1898. 82 S. Mit 93 Abb.
8° (707)

—. Outlines of British fungology. 1860-1891. s. **Berkeley**, Miles
Joseph.

1691 —. Synopsis of the British Basidiomycetes. A descriptive catalogue of the drawings and specimens in the department of
botany, British Museum. London: Brit. Mus. 1908. 2 Bl., 531 S.
Mit 5 Taf. und 145 Textabb. 8° (708)

Krieger/Kelly, S. 216.-

FVNGI MECKLENBVRGENSES SELECTI.

AVCTORE

HENRICO IVLIO TODE

SYNODI WITTENBVRGENSIS PRAEPOSITO ET V. D. APVD
PRITZIERENSES MINISTRO. SOCIET. BEROL. AMIC.
NAT. CVR. NEC NON NAT. CVR. HALENS. SOD.

FASCICVLVS I.

NOVA FVNGORVM GENERA COMPLECTENS.

TABVLIS VII. AENEIS ADIECTIS.

LVNEBVRGI 1790.
APVD IOH. FRIED. GVIL. LEMKE.

Zu Nr. 1774

TRATTATO

DE' FUNGHI

OPERA DIVISA IN III. PARTI

ARRICCHITA DALL' AUTORE ANONIMO

Di parecchie Annotazioni, spettanti per la maggior parte alla Storia Naturale.

IN ROMA MDCCXCII.

NELLA STAMPERIA DI LUIGI VESCOVI.

Con Approvazione.

1692 **Snell, Walter Henry** und **Esther Amelia Dick.** The Boleti of northeastern North America. Lehre: Cramer 1970. XII, 115 S. Mit 87
Taf. (davon 72 mit farb. Abb.) 4° (1295)

> Rez.: MOeMG 115, 1971: M. Moser; ZfP 36, 284-285: M.
> Moser

1693 — —. A Glossary of mycology. Cambridge, Mass.: Harvard Univ.
Pr. 1957. XXXI S., 1 Bl., 171 S. Mit 15 Taf. i.T. 8° (709)

1694 **Soehner, Ert.** Die Gattung Hymenogaster Vitt. Eine monogra-
phische Studie mit bes. Berücks. der bayerischen Arten. = Nova
Hedwigia. Beih. 2. Weinheim: Cramer 1962. XII, 113 S. Mit 8
Taf. und 2 Textabb. 8° (710)

> Biogr.: ZfP 21, Nr 17, 28: H. Kühlwein
> Rez.: BSMF 79, 419: Ch. Zambettakis; Sy 17, 342: F. Petrak

1695 **Sommer, Liesel und Wilhelm Halbsguth.** Grundlegende Versuche
zur Keimungsphysiologie von Pilzsporen. Als Ms. gedr. = For-
schungsberichte des Wirtschafts- und Verkehrsministeriums
Nordrhein-Westfalen. 411. Köln, Opladen: Westdt. Verl. 1957. 89
(statt 90) S. Mit 32 Tab. und 13 Fig. i.T. 8° (711). Die S. 18 nicht
bedr.

1696 **Sotheby & Co.** Catalogue of mycological books and drawings, the
property of commander A. Fountaine, which will be sold by auc-
tion. Day of sale: 2nd June, 1971. (London 1971.) 32 S. Mit 4 Taf.
und 2 Bl. Ergebnis-Liste. 8° (1528)

1697 **Sotheby Parke Bernet & Co.** The magnificent botanical Library of
the Stiftung fur Botanik Vaduz Liechtenstein, collected by
the late Arpad Plesch. P. 2. H-P. (Auktionskatalog.) London 1975.
4 Bl., 265 S., 1 Bl. Mit 1 farb. Taf. und (meist farb.) Textabb. 4°
(1998)

Sowerby, James. Flora Cantabrigiensis. 1785. s. **Relhan**, Richard.

> Biogr.: ZfP 8, 102-108: S. Killermann

1698 — . English Fungi or coloured figures of English fungi or mushrooms. Vol. 1-3 und Suppl. in 2 Bdn. London: Davis 1797-1815.
Insgesamt 95 Bl. (Titel, Tafelerkl. und Index) und 440 Kupfer
auf 437 Taf. (Am Ende 1 Bl. hs. Index zum Suppl.) Fol. (712)

> Brunet V, 468.- Graesse VI, Tl 1, 456.- Ebert 21556.- Pritzel
> 8788.- Nissen 1874.- Krieger/Kelly, S. 217.-

1699 **Sowerby, James jun.** The Mushroom and champignon illustrated,
compared with, and distinguished from the poisonous fungi that
resemble them. London: Verf. 1832. 2 Bl., 5 kolor. Kupfertaf. mit

2 Bl. erl. Text. 8° (1576)

Graesse VI, Tl 1, 456.- Nissen 1876 (zählt am Anfang VIII).-
Krieger/Kelly, S. 217.-

Sparrow, Frederick K. s. **Fungi**, The. Vol. 4. 1973.

1700 **Sprecher, Ewald.** Mikrobielle und zelluläre Arzneistoffproduk-
tion: neuere Entwicklungen. (Aus: Pharmazie in unserer Zeit. 2
(1973) S. 129-138. Mit 2 Tab. und 3 Abb.) (2018)

1701 —. Bildung und Bedeutung flüchtiger Stoffwechselprodukte aus
Pilzen. (Aus: Dt. Apotheker-Zeitung. 114 (1974) S. 1419-1422. Mit
14 Abb.) (2006)

1702 —, **Karl Heinz Kubeczka und Manfred Ratschko.** Flüchtige Terpene in Pilzen. (Aus: Archiv der Pharmazie. 308 (1975) S. 843-
851. Mit 1 Tab. und 5 - gez. 4 - Abb.) (2026)

1703 **Sprongl, Karl.** Beiträge zur Pilzflora des Gaadener Beckens in
Niederösterreich. (Aus: Sydowia. 5 (1951) S. 135-153.) (713)

1704 **Stafleu, Frans Antonie.** Adanson, Labillardière, de Candolle.
Introd. to four of their books repr. in the ser. Historiae Naturalis
Classica. Lehre: Cramer 1967. 103 S. 8° (995)

1705 **Stahl, E.** Der Sinn der Mycorhizenbildung (Aus: Jahrbücher für
Wissenschaftl. Botanik. 34 (1900) S. 539-668. Mit 2 Abb.) (753)

Stahl, Ulf. Monokaryotic Fruiting in the Basidiomycete Polyporus
ciliatus and its suppression by incompatibility factors. 1973. s.
Esser, Karl.

—. Genetische Untersuchungen an dem Basidiomyceten Agrocybe
aegerita. 1. 1974. s. **Esser**, Karl

—. Konzertierte Züchtung von industriell bedeutsamen Pilzen am
Beispiel der Candida-Hefen. 1975. s. **Esser**, Karl.

1706 **Staněk, Miloslav.** Der tschechoslowakische Pilzanbau und For-
schungsergebnisse. (Aus: Der Champignon. Nr 171 (Nov. 1975) S.
8-12. Mit 4 Abb.) (1915)

1707 **Stangl, Johann.** Um Augsburg festgestellte Arten der Gattung
Clavariadelphus Donk. (Aus: Bericht der Naturforschenden Ges.
Augsburg. 22 (20. März 1968) S. 65-69. Mit 1 Taf. und 1 ganzs.
Plan i.T.) (1059)

1708 — **und Jaroslav Veselský.** Zweiter Beitrag zur Kenntnis der selteneren Inocybe-Arten. (Aus: Česká Mykologie. 27 (1973) S. 11-25.
Mit 1 Farbtaf. und 5 Abb.) (1389)

1709 — —. Beiträge zur Kenntnis seltenerer Inocyben. 3: Inocybe brevispora Huijsman. (Aus: Česká Mykologie. 28 (1974) S. 138-142. Mit 3 Abb.) (1951)

1710 — — —. 4: Inocybe boltonii Heim in der Variationsbreite ihrer Formen. (Aus: Česká Mykologie. 28 (1974) S. 143-150. Mit 4 Abb.) (1952)

1711 — —. Fünfter Beitrag zur Kenntnis der selteneren Inocybe-Arten. (Aus: Česká Mykologie. 28 (1974) S. 195-218. Mit 1 Taf. und 15 Textabb.) (1953)

1712 — —. Beiträge zur Kenntnis seltenerer Inocyben. 6: Inocybe albidodisca Kühner und etliche ähnliche der gänzlich stielbereiften Glattsporigen. (Aus: Česká Mykologie. 29 (1975) S. 65-78. Mit 1 Taf. und 11 Abb. i.T.) (1909)

1713 — **und Andreas Bresinsky.** Beiträge zur Revision M. Britzelmayrs "Hymenomyceten aus Südbayern". 5. Die Gattungen Tricholomopsis und Collybia <Tricholomataceae> in der Augsburger Umgebung. (Aus: Zeitschrift für Pilzkunde. 33 (1967) S. 29-32.) (1296)

1714 — — —. 6. Die Gattungen Armillariella, Tricholoma und Dermoloma <Tricholomataceae> in der Augsburger Umgebung. (Aus: Zeitschrift für Pilzkunde. 33 (1967) S. 32-40. Mit 1 Abb.) (1297)

—. Beiträge zur Revision M. Britzelmayrs "Hymenomyceten aus Südbayern". 10.1970. s. **Bresinsky**, Andreas.

1715 — **und Andreas Bresinsky.** Beiträge zur Revision M. Britzelmayrs "Hymenomyceten aus Südbayern". 11. Die Familie der Agaricaceae in der weiteren Umgebung Augsburgs. (Aus: Zeitschrift für Pilzkunde. 37 (1971) S. 203-222. Mit 7 Abb.) (1404)

1716 —, **R. Gröninger und A. Bresinsky.** Pilze aus der Umgebung von Augsburg. Mit Angabe über Wert der Pilze und Häufigkeit ihres Vorkommens. (Nebst) Forts. 1-7. Augsburg: Verein für Volkstüml. Pilzkunde Okt. 1959-Jan. 1967. 37 S., 1 Bl. 4° (921)

   Rez.: WP 2, 102: H. Jahn; 3, 51: H. Jahn; ZfP 26, 34: E.H. Benedix

1717 —. Zur Pilzflora der städtischen Gärten in Augsburg. (Aus: Berichte der Bayerischen Botanischen Ges. 35 (1962) S. 134-146. Mit 8 Abb.) (754)

   Rez.: SZP 42, 13: J. Peter

1718 —. Pilzfunde aus der Augsburger Umgebung. 4-7. (Aus: Bericht der Naturforschenden Ges. Augsburg. (4:) Nr 18 (20. April 1966) S. 23-32. Mit 4 Abb.; (5/6:) 22 (20. März 1968) S. 33-65. Mit 15 Taf. i.T.; (7:) 27 (20. Juli 1972) S. 11-43. Mit Abb.) (187.1058. 1410)

1719 —. **Pilztafeln.** Augsburg: Industrie-Dr. o.J. (um 1970.) 6 kolor.
Taf. von G. Müller nach den Orig. von Johann Stangl. 8° (188)

1720 —. **Das Pilzwachstum in alluvialen Schotterebenen und seine Abhängigkeit von Vegetationsgesellschaften.** (Aus Zeitschrift für Pilzkunde. 36 (1970) S. 209-255. Mit 1 Abb.) (1407)

   Rez.: BSMF 87, 367: Ch. Zambettakis

1721 —. **Die eckigsporigen Rißpilze.** 1. (Aus: Zeitschrift für Pilzkunde.
41 (1975) S. 65-80. Mit 2 Taf. und Textabb.) (1928)

1722 —. **Über einige Rißpilze Südbayerns.** (1.)2. (Aus: Zeitschrift für
Pilzkunde. 37 (1971) S. 19-32. Mit 8 farb. Taf.; 39 (1974) S. 191-
202. Mit 2 Taf. und Textabb.) (1401.1541)

1723 —. **Rißpilzfunde während der 8. mykologischen Dreiländertagung
in Viechtwang-Scharnstein <Österreich>.** (Aus: Mitteilungen der
Botanischen Arbeitsgem. am O.Ö. Landesmus. in Linz. 6, H. 1
(1974) S. 35-47. Mit Abb.) (1950)

   —. Untersuchungen zur Sippenstruktur der Morchellaceen. 1972.
   s. **Bresinsky,** Andreas.

1724 **Stannius, Friedrich Hermann.** Observationes de speciebus non-
nullis generis Mycetophila vel novis, vel minus cognitis. Breslau:
Pelz 1831. VIII, S. 9-30. Mit 1 kolor. Kupfertaf. 4° (1299)

   ADB XXXV, 446-448.-

1725 **Staude, Friedrich.** Die Schwämme Mitteldeutschlands, insbesondere des Herzogthums Coburg. (Festgabe für die Mitglieder
der 19. Vers. dt. Land- und Forstwirthe zu Coburg, 1857.) Coburg: Dietz 1857. Titel, XXVIII, 150 Spalten. Mit 52 farb. Abb.
auf 10 lithogr. Taf. Fol. (756)

1726 —. Die Schwämme Mitteldeutschlands. Gotha: Thienemann
1858. XXVIII, 150 Spalten. Mit 52 Abb. auf 10 lithogr. Taf. Fol.
(1104)

   Pritzel 8907.-

1727 **Stearn, William Thomas.** Botanical Latin. History, grammar,
syntax, terminology and vocabulary. New York: Hafner 1966.
XIV, 566 S. Mit 42 Abb. 8° (757)

   Rez.: BSMF 84, 516: Ch. Zambettakis

Steglich, Wolfgang. Pilzpigmente. 17. 1973. s. **Besl,** Helmut.

— —. 18. 1974. s. **Bresinsky,** Andreas.

1728 —, **Helmut Besl und Klaus Zipfel.** Pilzpigmente. 19. Festlegung
der Struktur von Pulvinsäuren mit Hilfe der NMR-Spektroskopie.

(Aus: Zeitschrift für Naturforschung. 29b (1974) S. 96-98. Mit 1 Tab.) (1455)

—. Pilzpigmente. 22. 1974. s. **Besl**, Helmut.

1729 **—, Helmut Besl und Axel Prox.** Zur Struktur der Grevilline, neuartiger Pigmente aus dem Goldröhrling, Suillus Grevillei <Boletaceae>. (Aus: Tetrahedron Letters. No 48 (1972) S. 4895-4898.) (1459)

1730 **Steimetz, E.P.** Manuel de détermination des champignons supérieurs. 2. éd. (Nancy: Verf. 1952.) XVII, 156 S. Mit 4 Bl. (Zwischent.), 60 Abb. auf 11 Bl. mit je 1 S. erl. Text und 6 Taf. 8° (836). Die Illustr. von André Etre.

1731 **Steinmann, Hans.** Der orangerote Wachstrichterling, ein recht seltener Winterpilz. (Aus: Die Natur. 69 (1961) S. 18-19. Mit 1 Abb.) (758)

Stelin, Hugo. Svampplockarens A och o. 1961. s. **Aristospel, A.-B.**

1732 —. Aftonbladets Svampbok (med tillhörande svampkarta). 7. uppl. Stockholm 1957. 88 S. Mit 6 Abb. und 3 Textfig. 8° Dazu: vierteilige Taf. (aufgezogen auf eine gerahmte Taf. 114 × 88,5 cm). Weiter dazu: vierteilige Taf. der norwegischen Ausg. Nyttevekstforeningens store Sopp-Plansje i 4 blad. (760)

1733 —. Svampbok för alla. Stockholm: Margenta (1942). 142 S. Mit 133 farb. Abb. auf 16 Taf. und Textabb. 8° (759)

1734 **Stephens, Edith L.** Some South African poisonous and inedible Fungi. Forew. by Arthur Anselm Pearson. Illustr. by Mary Maytham Kidd. = Longman's Field Handbooks. Cape Town (usw.): Longmans, Green & Co. (1953.) 1 Bl., V, 31 S. Mit 8 farb. Taf. und 7 Textabb. 8° (1323)

1735 **Sterbeeck, Franciscus van.** Theatrum fungorum oft het tooneel der Campernoelien. Antwerpen: Jacobs 1675. 19 Bl., 396 S., 10 Bl. Mit Titelkupfer (von E. van Ordonie nach A. van Westerhout), Portr. van Buytens (von A. van Westerhout nach C.E. Biset) und 36, meist gefalt. Kupfertaf. 4° (761)

 Brunet VI, 5360.- Graesse VI, Tl 1, 493.- Pritzel 8947.- Nissen 1892.- Nouv. biogr. gén. XLIV, 483-484.- Lütjeharms, S. 69 u. 220.- Krieger/Kelly, S. 218.-
 Rez.: PuK 3, 55: Seidel

1736 — —. 2. dr. verb. Antwerpen: Huyssens 1712. 16 (statt 17) Bl., 396 S., 10 Bl. Mit Titelkupfer (Kopie), Portr. von Buytens (von A. van Westerhout nach C.E. Biset) und 36 (davon 26 gefalt.) Kupfertaf. 8° (4°) (762)

Graesse VI, Tl 1, 493.- Pritzel 8947.- Nissen 1892.- Ohne den Vort.

Sterne, Carus (Pseud.) s. **Krause**, Ernst.

1737 **Steudel, Ernst.** Nomenclator botanicus enumerans ordine alphabetico nomina atque synonyma tum generica tum specifica et a Linnaeo et recentioribus de re botanica scriptoribus plantis cryptogamis imposita. (P.2.) Stuttgart, Tübingen: Cotta 1824. XVI, 450 S., S. XVII-XVIII (verbunden). 8° (764)

Brunet VI, 4817 (nicht diese Ausg.).- Pritzel 8965.- ADB XXXVI, 151-152.- Krieger/Kelly, S. 218.

1738 **Steudel, Fr.** Gemeinfaßliche praktische Pilzkunde. Ausg. B. 2., vollst. umgearb. und verm. Aufl. Tübingen: Osiander (1895). XI, 87 S. Mit 25 farb. Abb. auf 17 Taf. 8° (765)

1739 **Stevenson, John.** British Fungi <Hymenomycetes>. Hymenomycetes Britannici. Vol. 1.2. Edinburgh, London: Blackwood 1886. VII, 372 S.; 2 Bl., 336 S. Mit 103 Abb. 8° (766)

Krieger/Kelly, S. 219.-

Stiegler, Jacob August. Anteckningar öfver de i Sverige växande ätliga svampar. 4. 1836. Resp. s. **Fries**, Elias.

1740 **Stierlin, Henri-Edgar.** La Détermination des champignons et petit guide mycologique. Genf: Éd. Naville 1946. 35 S., 2 Bl. Mit Abb. 8° (767)

Rez.: SZP 24, 156: O. Schmid

Stoecker, Friedrich W. s. **ABC Biologie.** 1968.

1741 **Stordal, Jens.** Soppene i farger. Oslo: Aschehoug 1957. 194 S. Mit 343 farb. Abb. auf 96 Taf. i.T. von E. Hahnewald und Textfig. 8° (768)

Strasburger Eduard. s. **Lehrbuch der Botanik für Hochschulen.** 1958 u.ö.

1742 **— und Max Koernicke.** Das kleine botanische Praktikum für Anfänger. Anleitung zum Selbststudium der mikroskopischen Botanik und Einführung in die mikroskopische Technik. 14. unveränd. Aufl., bearb. von Max Koernicke. Stuttgart: G. Fischer 1954. VIII, 248 S. Mit 146 Abb. 8° (769)

1743 **Straus, Adolf.** Beiträge zur Kenntnis der Pilzflora der Mark Brandenburg. 3. (Aus: Willdenowia, Mitteilungen aus dem Bo-

tanischen Garten und Mus. Berlin-Dahlem. 4 (1966) S. 235-240.)
(1128)

1744 —. Beiträge zur Pilzflora der Mark Brandenburg. 2. (Aus:
Willdenowia, Mitteilungen aus dem Botanischen Garten und
Mus. Berlin-Dahlem. 2 (1959) S. 231-287.) (1121)

   Rez.: MyM 3, 39: F. Gröger

1745 —. Pilze suchen, finden, zubereiten. = Non Stop Bücherei. 86.
Berlin: Non Stop-Bücherei (1964). 4 Bl., 118 farb. Abb. auf 58
Taf. i.T. 8° (770)

   Rez.: ZfP 30, 63-64: W. Neuhoff

1746 —. Pilzfunde im Botanischen Garten zu Berlin-Dahlem. (Aus:
Verhandlungen des Botanischen Vereins der Provinz Brandenburg. 104 (1967) S. 75-86.) (1120)

   Rez.: MyM 13, 36: F. Gröger

Strauss, Friedrich von. Deutschlands Flora in Abbildungen nach
der Natur mit Beschreibungen. Abth. 3. Die Pilze Deutschlands.
H. 33/34. s. **Sturm**, Jacob.

   Biogr.: ZfP 6, 129-140: S. Killermann

1747 —. Verzeichnis <erstes> der in Bayern diesseits des Rheins bis
jetzt gefundenen Pilze. = Flora. 1850. Beil. O.O. 1850. 114 S., 1
Bl. (Index) 8° (771)

1748 **Strömbom, N.G.** Sveriges förnämsta ätliga och giftiga Svampar.
Populär framställning, utg. såsom text till en större, färgtr. vägg-
tafla öfver svamparne. Stockholm: Beijer. 1886. 84 S. 8° (772).
Ohne die Wandtaf., deren Abb. der vorliegende Bd erklärt.

1749 **Strohschneider, Hans.** Kleiner Pilzatlas. Tl 1. Wien: Verlag für
Jugend und Volk (1948). 56 S. Mit 37 farb. Abb. auf 32 Taf. und
1 Textabb. 8°

1750 **Stüssi, B. und Pia Roshardt.** Pilz-Atlas. Bd 1.2. (1: Spätsommer
und Herbst; 2: Frühling bis Spätsommer.) Herrsching: Pawlak
1974. 24 S., 1 Bl.; 26 S. Mit 70 farb. Abb. Quer-8° (1937)

Stuntz, Daniel Elliot. The savory wild Mushroom. 1962. s. **Mc-
Kenny**, Margaret.

Sturm, Jacob. Abbildungen der Schwämme. 1790-1791. s. **Hoffmann**, Georg Franz.

   ADB XXXVII, 20-21.-

1751 —. Deutschlands Flora in Abbildungen nach der Natur mit Beschreibungen. Abth. 3. Die Pilze Deutschlands. Nürnberg: Selbstverl. 1813-1862. Mit insgesamt 480 kolor. Kupfertaf. 8° (1991)

> Brunet V, 573.- Graesse VI, Tl 1, S. 516.- Pritzel 9026.- Nissen
> 1910.- H. 1-4. 1813-1836: 4 Bl., 130 S., 64 Kupfertaf. Text von
> L.P.F. Ditmar. - H. 5.10.16.17. 1828-1838: 2 Bl., 132 S., 64
> Kupfertaf. Text von Friedrich Wilhelm Theophilus Rost-
> kovius. - H. 6-9. 1828-1829: 2 Bl., 136 S., 64 Kupfertaf. Text
> von August Joseph C. Corda. - H. 11-14/15. 1831-1837: 144 S.,
> 64 Kupfertaf. Text von August Joseph C. Corda. - H. 18.21/22.
> 23/24. 1839-1844: 2 Bl., 132 S., 64 Kupfertaf. Text von Fried-
> rich Wilhelm Theophilus Rostkovius. - H. 19/20. 1841: 52 S., 16
> Kupfertaf. Text von August Joseph C. Corda. - H. 25/26.29/
> 30.35/36. 1848-1862: 2 Bl., 141 S., 72 Kupfertaf. Text von C.
> G. Preuß. - H. 27/28. 1848: 48 S., 24 Kupfertaf. Text von
> Friedrich Wilhelm Theophilus Rostkovius. - H. 31/32. 1851:
> 48 S., 24 Kupfertaf. Text von Adalbert Schnizlein. - H. 33/34.
> 1853: 48 S., 24 Kupfertaf. Text von Friedrich von Strauß.

—. Das System der Pilze und Schwämme. 1816-1822. s. **Nees von
Esenbeck**, Christian Gottfried.

1752 **Suber, Nils.** M:s Svampnyckel. Stockholm: Ehlin (1957). 96 S. Mit
Textfig. und 32 farb. Taf. i.T. 8° (715)

1753 —. I Svampskogen. (Örebro:) Rabén & Sjögren (1950). 207 S. Mit
76 farb. Abb. auf 32 Taf. sowie Abb. und Tab. i.T. 8° (714)

1754 — **und Birgitta Nordenskjöld.** Vår Svampbok. (Stockholm:)
Rabén & Sjögren (1962). 103 S. Mit Randfig. und farb. Abb. auf
Taf. i.T. 8° (716)

Sücker, I. Besteht ein Zusammenhang zwischen Oxalatausscheidung und Fruchtkörperbildung beim Kulturchampignon Agaricus
bisporus (Lge.) Sing.? 1964. s. **Eger**, Gerlind.

1755 **Südwestdeutsche Pilzrundschau.** Begr. als Stuttgarter Pilzrundschau. Hrsg. vom Verein für Pilzfreunde e.V., Stuttgart. In
laufendem Bezug ab Jg. 1, 1965. (717)

Süss, Werner. Unsere Pilze. s. **Flury**, A.

> Biogr.: SZP 40, 70-71: A. Flury

Sunesen, Ebbe. A Guide to mushrooms and toadstools. 1963. s.
Lange, Morten.

—. Pilze. 1967. s. **Lange**, Jakob Emmanuel.

—. 600 Pilze in Farben. 1962 u.ö. s. **Lange**, Jakob Emmanuel.

—. Illustreret Svampeflora. 1961. s. **Lange**, Jakob Emmanuel.

—. Svampflora. 1964. s. **Lange**, Jakob Emmanuel.

—. Die Wald- und Parkbäume Europas. 1975. s. **Mitchell,** Alan.

Sussman, Alfred. S. s. **Fungi**, The. 1965-1973.

1756 **Suzuki, Shinjiro.** Preventive Effect of Shii-ṭa-ke mushroom <Lentinus edodes> against the serum colestrol (!) rising effect of animal fats. O.O.u.J. (um 1970.) 1 Bl. Mit 1 Tab. 8° (1899)

1757 **Svensson, Harry Gustaf.** Anteckningar om Karlstadstraktens skivlingflora <Vitsporingar: Leucosporae>. = Meddelanden från Värmlands Naturhistoriska Förening. 13. Karlstad 1940. 40 S. Mit 2 Abb. 8° (718)

1758 **Svrček, M. und B. Vančura.** Pilze bestimmen und sammeln. Text: M. Svrček. Illustr.: B. Vančura. (Ins Dt. übertr. von P. Zieschang.) (München, Gütersloh, Wien:) Bertelsmann Ratgeberverl. (1975.) 191 S. Mit s.-w. Abb. und 64 farb. Taf. i.T. 8° (1892)

Swanenburg de Veye, G.D. Champignons, formes et couleurs. 1961. s. **Kleijn**, Hendrik.

—. Großes Fotobuch der Pilze. 1962. s. **Kleijn**, Hendrik.

1759 **Swanton, Ernest William Brockton.** Fungi and how to know them. An introd. to field mycology. London: Methuen (1909). XI, 210 S., 1 Bl. Mit über 240 Abb. auf 48 Taf. und Textfig. 8° (719)

 Krieger/Kelly, S. 221.-

1760 **Sydow, P.** Anleitung zum Sammeln von Kryptogamen. Stuttgart: Hoffmann (1885). IV, 144 S. Mit 10 Abb. 8° (720)

1761 —. Pilze <ohne die Schizomyceten und Flechten>. (Aus: Botanischer Jahresbericht. 25 (1897) S. 209-303.) (721)

1762 **Sydowia.** Annales mycologici editi in notitiam scientiae mycologicae universalis. Begr. von H. Sydow. Neu hrsg. und red. von F. Petrak. Horn, N.-Ö. In laufendem Bezug ab Vol. 15, 1961. (722)

Szaffranietz, Fritz. Zum 90 Strontium-Gehalt einiger Pilzarten 1962. s. **Marah**, Adriana Enda.

1763 **Szemere, Laszlo.** Die unterirdischen Pilze des Karpatenbeckens. Budapest: Akad. Kiadó 1965. 319 S., 1 Bl. Mit 41 farb. Abb. auf 10 Taf., 2 Abb. als Falttaf. und 6 Textabb. 8° (723)

 Rez.: ČM 20, 129-130: A. Pilát; MOeMG 100, 1966: Lohwag; RM 31, 244: P. Bourelly; SZP 44, 147: J. Peter; ZfP 32, H. 1/2, 54: W. Neuhoff

Tägtström, Erik Johan. Monographia Tricholomatum Sueciae. 2.
1854. Resp. s. **Fries**, Elias.

1764 **Tatum, E.L., R.W. Barrat, Nils Fries und David Bonner.** Biochemical mutant Strains of Neurospora produced by physical and
chemical treatment. (Aus: American Journal of Botany. 37 (1950)
S. 38-46. Mit 5 Tab.) (1765)

1765 **Tavel, Franz von.** Vergleichende Morphologie der Pilze. Jena: G.
Fischer 1892. XI, 208 S., 1 Bl. (leer.) Mit 90 Holzschnitten und 1
Falttab. 8° (775)

    Krieger/Kelly, S. 225.-

Tell, E. Qualitätsüberwachung der Pilz- und Waldbeerenernte
1970 im Bayerischen Wald. Kennzahlen der Himbeermuttersäfte. 1970. s. **Bötticher**, Werner.

1766 **Teodorowicz.** Die Sand-Stinkmorchel, Phallus iosmus Berk. in
Polen. (Aus: Zeitschrift für Pilzkunde. 12 (1933) S. 114-115.) (932)

Tezner, Hildegard. Pilze sammeln leicht gemacht. Um 1960. s.
Machura, Lothar.

Thiers, Harry Delbert. A Contribution toward a monograph of
North American species of Suillus. 1964. s. **Smith**, Alexander
Hanchett.

1767 **Thomas, William Sturgis.** Field Book of common mushrooms.
With a key to identification of the gilled mushrooms and directions for cooking those that are edible. New and enl. 3. ed. (9.
impr.) New York, London: Putnam (1948). XX, 369 S. Mit Abb.
von 93 Arten auf 16 farb. Taf., 1 Farbwerttaf. und 44 s.-w. Abb.
(davon 19 auf Taf., die anderen i.T.) 8° (777)

1768 —. Three miraculous Substances in Shii-ta-ke mushroom <Lentinus edodes>. O.O.u.J. (um 1970.) 3 Bl. 8°

1769 **Thümen, Felix von.** Beiträge zur Pilz-Flora Sibiriens. 2. <Protomycetei - Uredinei - Agaricini - Polyporei - Erysiphei - Phyllostictei - Myxomycetes etc.> (Aus: Bulletin de la Soc. Impériale des
Naturalistes de Moscou. 53 (1878) S. 206-252.) (778)

    ADB LIV, 702-703.- Krieger/Kelly, S. 226.-

1770 —. Die Pilze der Obstgewächse. Namentl. Verz. aller bisher bekannt gewordenen und beschriebenen Pilzarten, welche auf unseren Obstbäumen, Obststräuchern und krautartigen Obstpflanzen vorkommen. Wien: Frick 1887. IV, 126 S. 8° (779)

Thunberg, Anders Magnus. Novitiae florae Suecicae. Mantissa 3. 1843. Resp. s. **Fries**, Elias.

1771 **Thijsse, Jacobus Pieter.** Paddenstoelen. Zaandam: Verkade 1929. 81 S. Mit farb. Frontispiz, 7 s.-w. Textabb. und 132 eingeklebten farb. Abb. 4° (776)

1772 **Till, Otto.** Champignonkultur auf sterilisiertem Nährsubstrat und die Wiederverwendung von abgetragenem Kompost. (Aus: Mushroom Science. 5 (1962) S. 127-133. Mit 3 Tab. und 3 Abb.) (1421)

Timber, Fred. Pilze kennen, sammeln, kochen. 1969. s. **Engel**, Fritz-Martin.

1773 **Timm, R.** Niedere Pflanzen. Naturwissenschaftl. Bibliothek für Jugend und Volk. Leipzig: Quelle & Meyer (1909). 194 S. Mit 1 Farbtaf. und 177 Textabb. 8° (780)

1774 **Tode, Heinrich Julius.** Fungi Mecklenburgenses selecti. Fasc. 1.2. Lüneburg: Lemke 1790-1791. VIII, 47 S., 1 Bl. (Index, Errata); VIII, 64 S., 2 Bl. Mit 2 gest. Titelvign. und 17 Kupfertaf. 4° (973)

Pritzel 9386.- Nissen 1970.- Lütjeharms, S. 233.-
Biogr.: ZfP 5, 269-271: S. Killermann; 6, 140: S. Killermann

Tomasi, Renato. I Funghi velenosi. 1969. s. **Arietti**, Nino.

1775 **Topin, J.** Notes sur les cristaux et concrétions des Hyménomycètes et sur le rôle physiologique des cystides. (Dissertation Paris.) Saint-Germain-en-Laye: Doizelet 1901. 96 S., 4 Taf. mit je 1 Bl. Text. 8° (781)

1776 **Tosco, Uberto.** Les Champignons. Par Uberto Tosco avec la coll. de Donatella Riatsch et Olivier Monthoux. = La Nature et Ses Merveilles. Paris: Grange Batelière (1973). 4 Bl., 127 S. Mit farb. Abb. 4° (1501)

1777 — **und Annalaura Fanelli.** Les Champignons. = Spécial les Sciences. Paris: Grange Batelière (1974). 80 S. Mit 126 farb. und einigen s.-w. Abb. 4° (1443)

1778 — —. La Cueillette des champignons. = Documentaires Alpha. Paris: Grange Batelière (1972). 80 S. Mit 2 Farbtaf. und 126 farb. Abb. auf Taf. i.T. 4° (1360)

—. s. **Mushrooms and toadstools.** 1972.

1779 —. Raccogliamo i funghi. = I Documentari. 4. Novara: Ist. Geografico de Agostini (1967). 80 S. Mit Abb. (davon 126 farb.) auf Taf. i.T. 4° (875)

1780 **Tospann, Werner und Lotte Findeisen.** Die Kalkkuhle am Rande
des Todendorfer Moores. Blütenpflanzen und Pilze. (Aus: Botanischer Verein zu Hamburg e.V. Bericht für die Jahre 1963-
1966 (1967) S. 11.) (842)

1781 **Trattato de' funghi.** Opera divisa in 3 parti. Arricchita dall'
autore anonimo di parecchie annotazioni, spettanti per la maggior
parte alla storia naturale. Roma: Vescovi 1792. X S., 1 Bl., 270 S.,
1 Bl. (Errata) 8° (1302)

1782 **Trattinnick, Leopold.** Unveröffentlichte Aquarelle und Zeichnungen. Farbdiapositive von 67 (von insgesamt 925) Bl. aus dem
Nachlaß Trattinick von Birnbaum, Buchberger, Frister, Lachen-
baum, Reinelli, Schmid, Sperka, Strenzel, Trattinnick. 1781 (?) -
1809. Vermutlich vorgesehen zur Forts. von: Fungi Austriaci
iconibus illustrati. (784)

    ADB XXXVIII, 498-499.-

1783 —. Auswahl merkwürdiger Pilze. Wien: Sammer 1851. 1 Bl. (Titel
und Tafelerklärungen), 16 kolor. Kupfertaf. Fol. (782)

    Nissen 1987 (zählt 16 Bl.!).-

1784 —. Fungi Austriaci selectu singulari iconibus XL observationi-
busque illustrati. Oesterreichs Schwämme in einer Auswahl durch
vierzig Abbildungen und Beobachtungen beleuchtet. Neue Ausg.
Wien: Gerold 1830. 2 Bl., 98 S., 1 Bl. (leer), S. 99-210. Mit 20
kolor. Kupfertaf. 4° (1303)

    Brunet V, 930.- Graesse VI, Tl 2, 191.- Pritzel 9439.- Nissen
1987.- Krieger/Kelly, S. 229.-

1785 —. Die eßbaren Schwämme des österreichischen Kaiserstaates.
Wien, Triest: Geistinger 1809. CXXIII, 174 S., 1 Bl. (Errata.) Mit
30 kolor. Kupfertaf. 8° (963)

    Pritzel 9440.- Nissen 1986 (28 Kupfertaf.!).-

1786 — —. Neue Ausg. Wien: Gerold 1830. CXXIII, 189 S. (Statt der
S. 111/112 ist ein leeres Bl. eingeb., der Text ist aber vollständig.)
Mit 30 kolor. Kupfertaf. 8° (783)

    Brunet V, 930.- Graesse VI, Tl 2, 191.- Pritzel 9440.- Nissen
1986.- Krieger/Kelly, S. 229.-

Traverso, G.B. I Funghi finora osservati nella provincia di Venezia. 1914. s. **Migliardi**, V.

1787 **Trelease, William.** The Morels and puff-balls of Madison. (Aus:
Transactions of the Wisconsin Academy of Sciences, Arts, and
Letters. 7 (1889) S. 105-120. Mit 3 Taf.) (785)

    Krieger/Kelly, S. 229.-

1788 **Trog, Jakob Gabriel.** Tabula analytica fungorum in Epicrisi seu synopsi Hymenomycetum Friesiana descriptorum, ad operis usum faciliorem collata. Bern: Huber 1846. VIII, 313 S. 8° (1304)

Pritzel 9532.- Krieger/Kelly, S. 230.-
Biogr.: SZP 18, 86:-; 20, 4-6 (m. Portr.): J. Iseli

1789 —. Verzeichnis schweizerischer Schwämme. (Aus: Mittheilungen der Naturforschenden Ges. in Bern. 1844. Titel, 76 S.) (1995)

1790 **Troll, Wilhelm und Werner Rauh.** Mykologische Studien. = Akad. der Wissenschaften und Literatur. Abhandlungen der Math.-Nat. Kl. Jg. 1951, Nr 4. Mainz: Verl. der Akad.; Wiesbaden: Steiner in Komm. (1951.) S. 119-137. Mit 9 Abb. 8° (1638)

Trolle, Ulla. Combination Experiments with mutant strains of Ophiostoma multiannulatum. 1947. s. **Fries**, Nils.

Troxler, Georg. Eßbare und giftige Pilze des Waldes. 1910 u.ö. s. **Rothmayr**, Julius.

1791 **Tschierpe, Hans Joachim.** Die CO_2-Verhältnisse beim Anbau des Kulturchampignons. (Aus: Mushroom Science. 4 (1959?) S. 188-197. Mit 3 Tab. und 1 Abb.) (2002)

1792 —. Der Einfluß von Kohlendioxyd auf die Fruchtkörperbildung und die Fruchtkörperform des Kulturchampignons. (Aus: Mushroom Science. 4 (1959?) S. 235-250. Mit 1 Tab. und 12 Abb.) (2001)

1793 —. Der Einfluß von Kohlendioxyd auf das Mycelwachstum des Kulturchampignons. (Aus: Mushroom Science. 4 (1959?) S. 211-221. Mit 1 Tab. und 5 Abb.) (2000)

1794 — **und J.W. Sinden.** Über leicht flüchtige Produkte des aeroben und anaeroben Stoffwechsels des Kulturchampignons, Agaricus campestris var. bisporus (L.) Lge. (Aus: Archiv für Mikrobiologie. 52 (1965) S. 231-241. Mit 3 Tab. und 3 Abb.) (1923)

1795 — —. Studies on the composition of horse manure compost from beginning of phase II through mushroom cropping as related to CO_2 evolution. (Aus: Mushroom. 5 (1962) S. 61-80. Mit 6 Tab. und 4 Abb.) (1925)

1796 —. Über Umweltfaktoren in der Champignonkultur. (Aus: Mushroom Science. 8 (1972) S. 553-591. Mit 31 Abb.) (1910)

1797 — **und J.W. Sinden.** Weitere Untersuchungen über die Bedeutung von Kohlendioxyd für die Fruktifikation des Kulturchampignons, Agaricus campestris var. bisporus (L.) Lge. (Aus: Archiv für Mikrobiologie. 49 (1964) S. 405-425. Mit 4 Tab. und 6 Abb.) (1922)

Tüxen, R. Pilzsoziologische Untersuchungen in Buchenwäldern <Carici-Fagetum, Melico-Fagetum und Luzulo-Fagetum> des Wesergebirges. 1967. s. **Jahn**, Hermann.

Tulasne, Charles. Selecta fungorum Carpologia. 1861-65. s. **Tulasne**, Louis-René.

1798 **Tulasne, Louis-René und Charles Tulasne.** Selecta fungorum Carpologia, ea documenta et icones potissimum exhibens quae varia fructuum et seminum genera in eodem fungo simul aut vicissim adesse demonstrent. T. 1-3. Paris (: Klinksieck) 1861-1865. (1: Erysiphei. 1861) XXVIII, 242 S., 1 Bl.; (2: Xylariei, Valsei, Sphaeriei. 1863) XIX, 319 S., 1 Bl.; (3: Nectriei, Phacidiei, Pezizei. 1865) XVI, 221 S., 1 Bl. Mit insgesamt 61 Kupfertaf. 4° (786)

Brunet V, 974; Graesse VI, Tl 2, 210 (beide nur T. 1).- Pritzel 9556.- Nissen 2010.- Nouv. biogr. gén. XVL, 694-695.- Krieger/Kelly, S. 231.-

1799 — — —. Transl. into English by W.B. Grove. Ed. by A.H. Reginald Buller and C.L. Shear. Vol. 1-3. Oxford: Clarendon Pr. 1931. 15 Bl., XXIV S., 1 Bl., 247 S., 1 Bl. Mit 5 Taf.; XXII S., 1 Bl., 302 S., 1 Bl., 34 Taf.; XVII S., 1 Bl., 206 S., 1 Bl., 22 Taf. 4° (787)

Nissen 2010.-

1800 **Tyler, Varro E.** Poisonous Mushrooms. (Aus: Progress in Chemical Toxicology. 1 (1963) S. 339-384. Mit 16 Tab.) (876)

Tyndalo, Vassili. L'Atlas des champignons. 1973. s. **Rinaldi**, Augusto.

—. Pilzatlas. 1974. s. **Rinaldi**, Augusto.

1801 **Ulbrich, Eberhard.** Bildungsabweichungen bei Hutpilzen. (Aus: Verhandlungen des Botanischen Vereins der Provinz Brandenburg. 68. 1926. 104 S. Mit 12 Abb.) (788)

Biogr.: ZfP 21, Nr 5, 25-26: F. Gackstatter; 21, Nr 13, 28: E. Soehner
Rez.: ZfP 5, 267: F. Kallenbach

—. Der praktische Champignonzüchter. Minden um 1970. s. **Kaiser**, Paul.

1802 —. Eßbar oder giftig? Ein Ratgeber für Pilzsammler. Berlin: Verl. der Grünen Post (1937). 87 S. Mit 48 farb. Abb. auf 2 gefalt. Taf. und 2 Textabb. 8° (789)

Rez.: DBP N.F. 5, 35: Lohwag

Auswahl

merkwürdiger

Pilze.

Herausgegeben

von

LEOPOLD TRATTINNICK.

Wien 1851.

Im Verlage von Rudolf Sammer.

Zu Nr. 1783

BOTANICON PARISIENSE

OU

DENOMBREMENT

PAR

ORDRE ALPHABETIQUE

DES PLANTES,

Qui se trouvent

AUX ENVIRONS DE PARIS

Compris dans la Carte de la Prevoté & de l'Election de la dite Ville
par le Sieur **DANET GENDRE** année MDCCXXII.

*Avec plusieurs Descriptions des Plantes , leurs Synonymes ,
le Tems de fleurir & de grainer*

Et une Critique des Auteurs de Botanique

PAR FEU MONSIEUR

SEBASTIEN VAILLANT,

*De l'Academie Royale des Sciences, & Demonstrateur des Plantes
au Jardin Royal de Paris.*

Enrichi de plus de trois cents Figures, dessinées par le Sieur

CLAUDE AUBRIET,

Peintre du Cabinet du Roy.

A LEIDE & A AMSTERDAM,

Chez { **JEAN & HERMAN VERBEEK.**
ET
BALTHAZAR LAKEMAN.

MDCCXXVII.

Zu Nr. 1810

—. Die höheren Pilze. 1928. s. **Lindau**, Gustav.

1803 —. Der kleine Pilzführer. Berlin: Hauptpilzstelle am Botanischen Mus. Berlin-Dahlem 1947. 39 S. Mit 16 Farbtaf. i.T. 8° (790)

1804 **Ulrich, Roger.** Les Constituants de la membrane chez les champignons. = Revue de Mycologie. Mémoire hors-série. No 3. Paris: Laboratoire de Cryptogamie du Mus. Nat. d'Hist. Natur. 1943. 44 S. Mit 1 doppels. Tab. i.T. und Textabb. 8° (791)

1805 **Umbrin, Gustav.** Den praktiska Svampboken. Stockholm: Ljus (1950). 158 S. Mit Abb. 8° (792)

1806 **Unger, Franz.** Die Pflanze im Momente der Thierwerdung. (18 Briefe an Stephan Endlicher.) Wien: Beck 1843. 2 Bl., 99 S. Mit 22 farb. Abb. auf 1 lithogr. Falttaf. 8° (793)

    Pritzel 9609.- ADB XXXIX, 286-289.- Lütjeharms. S. 85.-

1807 **Unsere Pilze.** Winke und Ratschläge für Sammler und Verbraucher. = Hamburgisches Kriegsversorgungsamt. Ausschuß für Volksernährung. Flugblatt. 18. Hamburg August 1918. 15 S. 8° (1031)

1808 **Ursing, Björn.** Svenska Växter i text och bild. Kryptogamer. 31.- 42. tus. (Stockholm:) Nordisk Rotogravyr (1962). 529 S. Mit 122 farb. Taf. i.T. und Textabb. 8° (794)

1809 —. Wildpflanzen. Zu entdecken: Geheime Schönheiten der Pflanzenwelt. Über 800 Wildpflanzen in Farben abgebildet und beschrieben. Überarb. von Dieter Podlech. 2., verb. Aufl. (von "900 Wildpflanzen in Farbe".) = Erkenne die Natur. (München, Basel, Wien:) BLV (1966). 255 S. 8° (1367)

Ušak, Otto. A Handbook of mushrooms. 1959. s. **Pilát**, Albert.

—. Mushrooms. Um 1955. s. **Pilát**, Albert.

—. Mushrooms and other toadstools. 1961. s. **Pilát**, Albert.

—. Pilztaschenatlas. 1959 u.ö. s. **Pilát**, Albert.

1810 **Vaillant, Sébastien.** Botanicon Parisiense ou dénombrement par ordre alphabétique des plantes qui se trouvent aux environs de Paris. Leiden, Amsterdam: Verbeek & Lakeman 1727. 18 Bl., XII S., 2 Bl., 205 S., 7 Bl. Mit gest. Titelvign., Portr. (Vaillant), Faltkt. und 33 Kupfertaf. (von Claude Aubriet) mit je 1 S. erkl. Text. Fol. (795)

    Brunet V, 1028.- Graesse VI, Tl 2, 235.- Ebert 23244.- Pritzel 9657.- Nissen 2033.- Nouv. biogr. gén. XLV, 833-835. Krieger/ Kelly, S. 231.-

1811 — —. Leiden, Amsterdam: Verbeek & Lakeman 1727. 18 Bl. XII, 205 S., 7 Bl. Mit gest. Titelvign. und 24 (statt 33) Kupfertaf. (von Claude Aubriet) mit je 1 S. erkl. Text für alle 33 Taf. Fol. (796). Es fehlen außer den 9 Kupfertaf. (Nr XXV-XXXIII) das Portr. von Vaillant, die Faltkt. und 2 Bl. im Anschluß an die röm. Paginierung (1 Bl. zitierter Autoren und 1 Bl. mit der Subskribentenliste).

1812 **Valenti-Serini, Francesco.** Dei Funghi sospetti e velenosi del territorio Senese. Turin: Giordana & Salussolia 1868. XX, 35 S. Mit 56 farb. lithogr. Taf. 4° (797)

    Pritzel 9660.- Nissen 2034.- Krieger/Kelly, S. 231.-

Vančura, B. Pilze bestimmen und sammeln. 1975. s. **Svrček**, M.

1813 **Vasil'kov, B.P.** S-edobnye i jadovitye Griby srednej polosy evropejskoj časti SSSR. Moskau, Leningrad: Izd. Akad. Nauk SSSR 1948. 134 S., 1 Bl. Mit 20 farb. Taf. und Textabb. 8° (798)

1814 — —. Izučenie šljapočnych gribov v SSSR. Istorikobibliografičeskyj očerk. Moskau, Leningrad: Izd. Akad. Nauk SSSR 1953. 191 S. Mit 19 (davon 12 i.T.) Taf. 8° (799)

    Rez.: ZfP 21, Nr 17, 26: M. Moser

1815 **Vedder, P.J.C.** Praxis-Erfahrungen mit dem Stadt- oder Straßenchampignon, Agaricus bitorquis <Psalliota edulis>. (Aus: Der Champignon. Nr 162 (Febr. 1975) S. 10-17. Mit 3 Abb.) (1913)

Ventenat, Étienne Pierre. Histoire des champignons de la France 1809-1812. s. **Bulliard**, Pierre.

1816 **Venturi, Antonio.** Delle Fungaje artifiziali e dello sviluppo dei funghi. Brescia: Tipografia del Pio Ist. 1848. 16 S. 8° (800)

1817 — —. I Miceti dell'agro Bresciano descritti ed illustrati. Fasc. 1-3 (von 6 Fasc.). Brescia: Pio Ist. in S. Barnaba 1845(-1846). 32 S. Mit 36 (meist kolor.) lithogr. Taf. von P. Bertotti. Fol. (1446)

    Pritzel 9738.- Nissen 2052.- Krieger/Kelly 232.-

1818 **Verband Schweizerischer Vereine für Pilzkunde Bern.** (Union des Sociétés Suisses de Mycologie.) Schweizer Pilztafeln. (Planches Suisses de champignons.) Bd 1-5. Zürich: Fretz (2.3: Zürich: Orell Füssli; 4.5: Luzern: Mengis & Sticher) 1947-1972. (1-3: 1947; 4: 1954; 5: 1972.) Mit insgesamt 350 farb. Abb. nach Orig. von Hans Walty auf 164 Taf. mit je 1 S. erkl. Text. 8° (801.1366)

    Rez.: SZP 25, 130:-; WP 1, 18: H. Jahn

1819 — —. 3. Aufl. Bd 2. Zürich: Orell Füssli 1957. 2 Bl., farb. Abb.
von 75 Arten auf 40 Taf. mit je 1 S. erkl. Text. 8° (802)

1820 — —. 4. Aufl. Bd 1. Zürich: Fretz 1962. 4 Bl., farb. Abb. von 40
Arten auf 20 Taf. mit je 1 S. erkl. Text. 8° (803)

1821 —. Bibliothek. Mycologia Helvetica. (Reglement und Bestands-
verz. der Bibliothek.) (Aarau) 1966. 12 Bl. 8° (862)

Verein der Pilzfreunde Stuttgart. Pilzblatt. s. **Pilzblatt.**

Veselský, Jaroslav. Beiträge zur Kenntnis seltenerer Inocyben. 2-6.
1973-1975. s. **Stangl**, Johann.

1822 **Veselý, Rudolf.** Amanita. = Atlas des Champignons de l'Europe.
1. Prag: Kavina & Pilát 1934. 80 S. Mit 40 Taf. und 10 Textabb.
8° (804)

> Biogr.: ČM 18, 124-125 (m. Portr.): A. Pilát; 21, 126-127 (m.
> Portr.): F. Kotlaba

1823 — **František Kotlaba und Zdeněk Pouzar.** Přehled československ-
ých hub. Úvod do studia našich hub. Ilustr. Antonín Zezula.
Prag: Acad. Nakladatelství Československé Akad. Věd 1972. 424
S. Mit Abb. 8° (1318)

> Rez.: MOeMG 129, 1975: M. Moser; ZfP 39, 263: M. Moser

Viennot-Bourgin, Georges. Les Champignons de France. 1959. s.
Maublanc, André.

1824 **Vill, Georg.** Unterirdische Pilze in der Pfalz. Speisetrüffeln,
Hirschtrüffeln, Wurzeltrüffeln. (Aus: Pollichia. N.F. 2 (1926) S.
117-138. Mit 4 Taf (805)

Villinger, Wilhelm. Die wichtigsten Pilze in der Natur und im
Haushalt. 1949. s. **Buch**, Richard.

> Biogr.: ZfP 25, 35: H. Haas

1825 **XXIIe salon du champignon.** (Paris: Mus. Nat. d'Hist. Natur.)
1972. 19 Bl. (davon 6 mit Abb.) 4° (1348). Austellungskatalog.

1826 **Viola, Severino.** I Funghi come sono. Presentazione di Mario Sol-
dati. (Nuova ed. aggiorn. ed ampl.) (Milano:) Maestretti (1967). 2
Bl., 284 S., Mit 179 farb. Abb. auf Taf. i.T. 4° (1306)

> Rez.: SZP 43, 78: T. Snozzi (Ausg. 1953)

1827 —. Die Pilze. (Übers. aus dem Ital. von Ilse Maier-Popp. Wissenschaftl. Betreuung der Übers. und Bearb. der Einf. durch Max

Hirmer.) München: Hirmer (1972). 55 S., 1 Bl., 112 farb. Taf. 4°
(1359)

    Rez.: WP 9, 78-79: H. Jahn

1828 **Viviani, Domenico.** I Funghi d'Italia e principalmente le loro
specie mangereccie, velenose, o sospette. Genua: Ponthenier 1834-
1838. XV, 64 S. Mit Titelvign. und 60 kolor. lithogr. Taf. Fol.
(806)

    Brunet V, 1336; Graesse VI, Tl 2, 381 (kennen nur fasc. 1-5 mit
    10 Taf.).- Pritzel 9819.- Nissen 2074.- MNE II, 327 (der Text
    zu den Taf. 52-60 erschien nicht mehr).- Krieger/Kelly, S.
    233.-

1829 **Vogel, Herbert.** Keine Angst vor Pilzen. Ein Ratgeber für Ge-
legenheitspilzsammler. Mit Zeichnungen von Ilse Mau. Hamburg:
Hanseatische Verl.anst. (1967.) 8 Bl. Mit 15 farb. Abb. 8° (983)

1830 — —. (Neue Aufl.) Hamburg: Hanseatische Verl.anst. o.J. (um
1970.) 8 Bl. Mit 15 farb. Abb. 8° (1307)

Vogelzangs, Franz. Einige Informationen über den Pleurotusanbau in Italien. 1974. s. **Zadražil**, František.

Vries, J.X. de. The Discovery, isolation, elucidation of structure,
and synthesis of antamanide. 1968. s. **Wieland**, Theodor.

1831 **Vuillemin, Paul.** Anomalies du réceptacle chez les Hyménomycètes. 1926. vgl. Aufn. zu: **Vuillemin**: Remarques sur la production des Hyméniums adventices. (Beibd 11.)

1832 —. Un nouvel Aspergillus brun, Eurotium verruculosum. 1918.
vgl. Aufn. zu: **Vuillemin**: Remarques sur la production des Hyméniums adventices. (Beibd 13.)

    Krieger/Kelly, S. 235.-

1833 —. Les Bases actuelles de la systématique en mycologie. (Aus:
Progressus Rei Botanicae. 2 (1907) S. 1-170.) (1159)

    Krieger/Kelly, S. 235.-

1834 —. Cancer et tumeurs végétales. Um 1900. vgl. Aufn. zu: **Vuillemin**: Remarques sur la production des Hyméniums adventices.
(Beibd 15.)

1835 —. Un nouveau Champignon parasite de l'homme, Glenospora
gandavensis. 1921. vgl. Aufn. zu: **Vuillemin**: Sur un champignon
parasite de l'homme, Glenospora Graphii (Siebenmann). (Beibd
3.)

1836 —. Sur un Champignon parasite de l'homme, Glenospora Graphii (Siebenmann). (Aus: Comptes Rendus des Séances de l'Acad. des Sciences. 154 (1912) S. 141-143.) (1961-1966)

Angeb.: **Vuillemin**: Le Verdissement du bois de Poirier. (Aus: Comptes Rendus des Séances de l'Acad. des Sciences. 157 (1913) S. 323-324.)

2. **Vuillemin**: Une nouvelle Espèce de Syncephalastrum; affinités de ce genre. (Aus: Comptes Rendus des Séances de l'Acad. des Sciences. 174 (1922) S. 986-988.)

3. **Vuillemin**: Un nouveau Champignon parasite de l'homme, Glenospora gandavensis. (Aus: Comptes Rendus des Séances de l'Acad. des Sciences. 173 (1921) S. 378-380.)

4. **Vuillemin**: Mycoses de l'épiderme. (Aus: Comptes Rendus des Séances de l'Acad. des Sciences. 189 (1929) S. 405-407.)

5. **Vuillemin**: Nomenclature des bactéries et autres microbes. O. O.u.J. (um 1930.) Aus? 1 Bl.

1837 —. Le Cladochytrium pulposum parasite des betteraves. 1896. vgl. Aufn. zu: **Vuillemin**: Remarques sur la production des Hyméniums adventices. (Beibd 2.)

    Krieger/Kelly, S. 234.-

1838 —. Sur le Dicranophora fulva Schroet. 1907. vgl. Aufn. zu **Vuillemin**: Remarques sur la production des Hyméniums adventices. (Beibd 5.)

    Krieger/Kelly, S. 234.-

1839 —. Une nouvelle Espèce de Syncephalastrum; affinités de ce genre. 1922. vgl. Aufn. zu: **Vuillemin**: Sur un champignon parasite de l'homme, Glenospora Graphii (Siebenmann). (Beibd 2.)

1840 —. Sur une nouvelle Espèce de Tilachlidium et les affinités de ce genre. 1912. vgl. Aufn. zu: **Vuillemin**: Remarques sur la production des Hyméniums adventices. (Beibd 7.)

    Krieger/Kelly, S. 235.-

1841 —. Études biologiques sur les champignons. (Nancy: Berger-Levrault) o.J. (um 1890.) 1 Bl. (leer), 129 S. Mit 6 lithogr. Taf. 8° (807)

1842 —.Genera Schizomycetum. 1913. vgl. Aufn. zu: **Vuillemin**: Remarques sur la production des Hyméniums adventices. (Beibd 8.)

    Krieger/Kelly, S. 235.-

1843 —. Sur les Mortierella des groupes polycephala et nigrescens. 1918. vgl. Aufn. zu: **Vuillemin**: Remarques sur la production des Hyméniums adventices. (Beibd 14.)

    Krieger/Kelly, S. 235.-

1844 —. Mycoses de l'épiderme. 1929. vgl. Aufn. zu: **Vuillemin**: Sur un champignon parasite de l'homme, Glenospora Graphii (Siebenmann). (Beibd 4.)

1845 —. Nomenclature des bactéries et autres microbes. Um 1930. vgl. Aufn. zu: **Vuillemin**: Sur un champignon parasite de l'homme, Glenospora Graphii (Siebenmann). (Beibd 5.)

1846 —. Le Phyllome et le frondome chez les Angiospermes. 1924. vgl. Aufn. zu: **Vuillemin**: Remarques sur la production des Hyméniums adventices. (Beibd 10.)

1847 —.Recherches des organismes étrangers dans l'urine. 1903. vgl. Aufn. zu: **Vuillemin**: Remarques sur la production des Hyméniums adventices. (Beibd 3.)

1848 —. Remarques concernant la nomenclature et la description des états biologiques des champignons parasites. Um 1928. vgl. Aufn. zu: **Vuillemin**: Remarques sur la production des Hyméniums adventices. (Beibd 12.)

1849 —. Remarques sur la production des Hyméniums adventices. (Aus: Bulletin de la Soc. Mycologique de France. 7 (1891) S. 26-31. Mit 7 Abb.) (1968-1983)

Angeb.: **Vuillemin**: Structure et affinités des Microsporium. (Aus: Bulletin de la Soc. Mycologique de France. 11 (1895) S. 94-103.)

2. **Vuillemin**: Le Cladochytrium pulposum parasite des betteraves. (Aus: Bulletin de la Soc. Botanique de France. 43 (1896) S. 497-505.)

3. **Vuillemin**: Recherche des organismes étrangers dans l'urine. (Aus: Revue Médicale de l'Est. 1903. 16 S.)

4. **Vuillemin**: Le Spinalia radians g. et sp. nov. et la série des dispirées. (Aus: Bulletin de la Soc. Mycologique de France. 20 (1904) S. 26-33. Mit 1 Taf.)

5. **Vuillemin**: Sur le Dicranophora fulva Schroet. (Aus: Annales Mycologici. 5 (1907) S. 33-40. Mit 8 Abb.)

6. **Vuillemin**: Répartition des Gonatobotrytideae entre les Conidiosporés et les Blastosporés. (Aus: Bulletin de la Soc. Botanique de France. 58 (1911) S. 164-170.)

7. **Vuillemin**: Sur une nouvelle Espèce de Tilachlidium et les affinités de ce genre. (Aus: Bulletin de la Soc. Mycologique de France. 28 (1912) S. 113-120. Mit 1 Taf.)

8. **Vuillemin**: Genera Schizomycetum. (Aus: Annales Mycologici. 11 (1913) S. 512-527.)

9. **Vuillemin**: Nouvelles Souches thermophiles d'Aspergillus glaucus. (Aus: Bulletin de la Soc. Mycologique de France. 36 (1920) S. 127-136. Mit 3 Abb.)

10. **Vuillemin**: Le Phyllome et le frondome chez les Angiospermes. (Aus: Bulletin de la Soc. Botanique de France. 71 (1924) S.
117-119.)

11. **Vuillemin**: Anomalies du réceptacle chez les Hyménomycètes.
(Aus: Bulletin de la Soc. Mycologique de France. 42 (1926) S. 208-
215.)

12. **Vuillemin**: Remarques concernant la nomenclature et la description des états biologiques des champignons parasites. O.O.
u.J. (um 1928.) Aus? 8 S.

13. **Vuillemin**: Un nouvel Aspergillus brun, Eurotium verruculosum. (Aus: Bulletin de la Soc. Mycologique de France. 34 (1918)
S. 76-83. Mit 17 Abb.)

14. **Vuillemin**: Sur les Mortierella des groupes polycephala et
nigrescens. (Aus: Bulletin de la Soc. Mycologique de France. 34
(1918) S. 41-46. Mit 3 Abb.)

15. **Vuillemin**: Cancer et tumeurs végétales. (Aus: Bulletin des
Séances de la Soc. des Sciences de Nancy. O.J. (um 1900.) 26 S.)

Krieger/Kelly, S. 234 und 234/235 (Beibd 1.2.4-9.13.14.).-

1850 —. Répartition des Gonatobotrytideae entre les Conidiosporés et
les Blastosporés. 1911. vgl. Aufn. zu: **Vuillemin**: Remarques sur la
production des Hyméniums adventices. (Beibd 6.)

Krieger/Kelly, S. 235.-

1851 —. Nouvelles Souches thermophiles d'Aspergillus glaucus. 1920.
vgl. Aufn. zu: **Vuillemin**: Remarques sur la production des Hyméniums adventices. (Beibd 9.)

Krieger/Kelly, S. 235.-

1852 —. Le Spinalia radians g. et sp. nov. et la série de dispirées.
1904. vgl. Aufn. zu: **Vuillemin**: Remarques sur la production des
Hyméniums adventices. (Beibd 4.)

Krieger/Kelly, S. 234.-

1853 —. Structure et affinités des Microsporium. 1895. vgl. Aufn. zu:
Vuillemin: Remarques sur la production des Hyméniums adventices. (Beibd 1.)

Krieger/Kelly, S. 234.-

1854 —. Le Verdissement du bois de Poirier. 1913. vgl. Aufn. zu:
Vuillemin: Sur un champignon parasite de l'homme, Glenospora
Graphii (Siebenmann). (Beibd 1.)

1855 **Wälde, Adolf.** Das Pilzbüchlein für den Sammler und wandern-
den Naturfreund. 2., verb. Aufl. = Bibliothek der Naturkunde. 9.
Stuttgart: Moritz (1917). 64 S. Mit 10 Farbtaf. und 4 Textfig. 8°
(877)

Krieger/Kelly, S. 237 (3. Aufl.).-

1856 **Wagenführ, Rudi.** Holz unter Lupe und Mikroskop. Wittenberg:
Ziemsen 1957. 69 S. Mit 61 Abb. 8° (810)

    Rez.: WP 2, 29-30: H. Jahn

1857 **Wagner, C.** Die "Pilz-Küche". (Andelfingen: Hepting 1943.) 32 S.
8° (1048)

    Rez.: SZP 21, 142:-

1858 **Wagner, E.** Eine Ehrenrettung des Pfeffermilchlings. (Aus: Zeitschrift für Pilzkunde. 36 (1970) S. 271-273.) (1399)

Wahlbäck, Axel. Monographia Omphaliarum Sueciae. 1854.
Resp. s. **Fries**, Elias.

1859 **Wahlén, Jan und Sven Ekblom.** God Svamp. Enkla och tydliga
beskrivningar av våra vanligaste svampar. = Sesam-Bok. Stockholm: Aldus, Bonnier 1965. 64 S. Mit Abb. (davon 47 farb.) 8°
(811)

Waid, J.S. s. **Ecology, The, of soil fungi**. 1960.

1860 **Wakefield, Elsie Maud.** The observer's Book of common fungi.
(Repr.) London, New York: Warne (1964). X, 118 S. Mit Textfig.,
32 farb. Taf. von Ernest C. Mansell und 64 photogr. Aufn. 8°
(878)

Waldvogel, Fred. Das große Buch der Pilze. 1975. s. **Schlittler**,
Jakob.

—. Pilze. 1972. s. **Schlittler**, Jakob.

Walli, Autar. Antamanide protects hepatocystes from phalloidin
destruction. 1974. s. **Faulstich**, Heinz.

1861 **Walther, Ernst.** Taschenbuch für Pilzsammler. Neue, durchges.
Ausg. Leipzig: Hesse & Becker (1918). 96 S. Mit 50 farb. Abb. auf
24 Taf. und 48 Federzeichnungen von Arno Grimm i.T. 8° (814)

    Krieger/Kelly, S. 237.-

1862 —. Taschenbuch für deutsche Pilzsammler. = Hesses Volksbücherei. 1166-1170. Leipzig: Hesse & Becker 1917. 95 S. Mit 50
farb. Abb. auf 24 Taf. und 48 Federzeichnungen von Arno
Grimm i.T. 8° (812)

1863 — —. (2. Aufl.) = Hesses Volksbücherei. 1166-1170. Leipzig:
Hesse & Becker (1918). 96 S. Mit 50 farb. Abb. auf 24 Taf. und 48
Federzeichnungen i.T. 8° (813)

Walty, Hans. Schweizer Pilztafeln. 1947-1972 u.ö. s. **Verband Schweizerischer Vereine für Pilzkunde Bern**.

> Biogr. SZP 21, 145-146 (m. Portr.): E. Burki; 22, 197:-; 26, 143-145 (m. Portr.): A. Alder; 31, 212: W.E.

1864 —. Russula. (Aus: Schweizerische Zeitschrift für Pilzkunde. 21. 22. 1943-1944. 61 S. Mit 1 Tab., 1 Taf. und 4 Textabb.) (950)

1865 **Wandtafel** (ca 51 × 40 cm) mit 8 farb. Abb. von Pilzen (6 Arten der Gattung Amanita, 1 der Gattung Volvariella und 1 der Gattung Rhodophyllus). O.O.u.J. (um 1920.) (1418)

Warren, Tyler B. The Marasmius-Blight Fungus. 1973. s. **Singer**, Rolf.

Wasem, Werner. Mein Pilzbuch. Um 1958. s. **Habersaat**, Ernst.

1866 **Wasicky, Richard.** Giftige Pilze und die durch sie hervorgerufenen Vergiftungen. (Aus: Wiener Klinische Wochenschrift. 1937, Nr 1. 15 S.) (815)

1867 **Wassink, E.C.** Observations on the luminescence in Fungi. 1. (Aus: Recueil des Travaux Botaniques Néerlandais. 41 (1948) S. 150-211. Mit 2 Taf.) (816)

Wasson, R. Gordon. Les Champignons hallucinogènes du Mexique. 1958. s. **Heim**, Roger.

1868 **— und Roger Heim.** Soma. Divine mushroom of immortality. = Ethnomycological Studies. 1. New York: Harcourt, Brace & World (1968). XIII, 380 S., 2 Bl. Mit 19 farb., 5 s.-w. Taf., 3 Landkt., 1 Falttab. und 10 Textabb. 8° (1016). Nr 409 von 680 Exemplaren, typogr. gest. von Giovanni Mardersteig.

> Rez.: ČM 24, 179-182: A. Pilát; SZP 48, 133-138: A. Pilát

1869 **Watling, Roy.** Boletaceae, Gomphidiaceae, Paxillaceae. = British Fungus Flora. Agarics and Boleti. 1. Edinburgh: Her Majesty's Stationery Office 1970. Titel, 124 S., 1 Bl. Mit 108 Abb. 8° (1353)

> Rez.: ČM 25, 127-128: A. Pilát; Pe 6, 292-293: R.A. Maas Geesteranus; WP 9, 23-24: H. Jahn; ZfP 36, 284: M. Moser

—. British Fungus Flora. Agarics and Boleti: Introduction. 1969. s. **Henderson**, Douglas Mackay.

1870 **Weber, E.H.** Familien und Gattungen der Blätterpilze und Röhrlinge. Bestimmungsschlüssel Gams/Moser. Bern 1958. 2 aufgezogene Taf. (817)

1871 — —. 2. Aufl. Bern 1963. 2 Taf. (880)

Webster, J. s. **Abstracts of symposia papers.** Um 1971.

1872 **Wedde, Karin.** Bindung von E. coli RNA Polymerase an Hauptbanden- und Satelliten-DNA von Drosophila virilis. (Diplomarbeit.) Düsseldorf: Inst. für Allg. Biologie der Univ. 1975. 1 Bl., 29 geź. Bl. 4° (1993)

1873 **Wehmer, Carl.** Beiträge zur Kenntnis einheimischer Pilze. Tl 1-3 in 1 Bd. Hannover, Leipzig: Hahn (2.3 : Jena: G. Fischer) 1893-1915. (1: 2 neue Schimmelpilze. 1893) VII, 92 S. Mit 2 Taf., 1 Textholzschnitt und 1 Tab. i.T.; (2: Untersuchungen über die Fäulnis der Früchte. 1895) VI S., 1 Bl., 184 S. Mit 3 (davon 1 farb.) Taf. und 6 Tab. i.T. (3: Experimentelle Hausschwammstudien. 1915) Titel, IV, 99 S., 1 Bl. Mit 2 Taf. und 14 Textabb. 8° (818)

Wehner, Martha. Der Waldwanderer. 1956. s. **Graf**, Jakob.

1874 **Wells, Mary Hallock und D.H. Mitchel.** Colorado Mushrooms. = Denver Mus. of Natur. History. Mus. Pictorial. No 17. Denver 1966. 80 S. Mit farb. Abb. auf 16 Taf. i.T. und s.-w. Textabb. 8° (851)

1875 **Wendisch, Ernst.** Der Champignon von der Spore bis zum Konsum. 3. vollst. neubearb. und bedeutend verm. Aufl. von 'Die Champignonskultur in ihrem ganzen Umfange'. Neudamm: Neumann 1905. VI S., 1 Bl., 152 S. Mit 108 Abb. 8° (819)

1876 —. Die Champignons-Cultur in ihrem ganzen Umfange, die werthvollsten, in den letzten Jahren in den Treibereien des In- und Auslandes gewonnenen Erfahrungen berücksichtigend. Berlin: Grundmann 1892. 101 S., 1 Bl. Mit 56 (vielm. 49) Abb. 8° - Angeb.: **Der Braunschweiger Spargelbau.** Anleitung, den Spargel zu seiner größesten Vollkommenheit und den höchsten Erträgen anzuziehen. 2. Aufl. Neu bearb. von G. Burmester. Braunschweig & Leipzig: Wollermann 1898. 28 S., 1 Bl., 1 Falttaf. - 2.: **Binz, F.C.**: Der Spargelbau. Neue praktische Winke zur Erhöhung des Ertrages größerer und kleinerer Spargelkulturen. Neudamm: Neumann (1890). 19 S. Mit 3 Abb. - 3.: **Meyer, E.H.**: Der Spargelbau nach Braunschweiger Methode. Braunschweig: Hrsg. 1894. 37 S. Mit 5 Abb. (1373). Diverse Zeitungsauschnitte bzw. hs. Notizen zu Champignonzucht und Spargelbau eingeklebt und lose beigelegt.

Wennerström, Nils Gustaf. Om Pilplanteringar och dessas vigt för landthushållningen. 1. 1836. Resp. s. **Fries**, Elias.

Westerhout, Arnold van. Theatrum fungorum oft het tooneel der Campernoelien. 1675 u.ö. s. **Sterbeeck**, Franciscus van.

Thieme-Becker XXXV, 446.-

1877 **Westfälische Pilzbriefe.** Hrsg. von der Pilzkundl. Arbeitsgem. in Westfalen. Schriftleitung: H. Jahn. Heiligenkirchen/Detmold. In laufendem Bezug ab Bd 1, 1957/1958. (820)

1878 **Wettstein, Richard von.** Vorarbeiten zu einer Pilzflora der Steiermark. Tl 1.2. (Aus: Verhandlungen der Zoologisch-Botanischen Ges. Wien. 35 (1885) S. 529-618 und 38 (1887) S. 161-218.) (821)

Wieland, Otto. The toxic Peptides of Amanita species. 1972. s. **Wieland**, Theodor.

—. Studien über den Mechanismus der Giftwirkung des Phalloidins mit radioaktiv markierten Giftstoffen. 1963. s. **Rehbinder**, Dietrich.

1879 **Wieland, Theodor, Heinz Faulstich, Wolfgang Burgermeister, W. Otting, W. Möhle, M.M. Šemjakin, Ju. A. Ovčinnikov, V.T. Ivanov und G.G. Malenkov.** Affinity of antamanide for sodium ions. (Aus: Febs Letters. 9 (1970) S. 89-92. Mit 1 Tab. und 5 Abb.) (1639)

1880 —. Amanita phalloides. (Aus: Kagaku no Ryoiki. 25, No 10 (1971) S. 60-64. Mit 3 Tab. und 2 Abb.) (1640)

—. Amanitin binding to calf thymus RNA polymerase B. 1970. s. **Meihlac**, M.

—. Amanitins. Chemistry and action. 1970. s. **Fiume**, L.

—. Analysis of the toxins of amanitin-containing mushrooms. 1974. s. **Faulstich**, Heinz.

—. Antamanide protects hepatocytes from phalloidin destruction. 1974. s. **Faulstich**, Heinz.

—. Conformation and toxicity of amanitins. 1973. s. **Faulstich**, Heinz.

—. Conformations of the Li-antamanide complex and Na-(Phe⁴, Val⁶) antamanide complex in the crystalline state. 1973. s. **Karle**, Isabella L.

1881 —, **Gerhard Lüben, Henricus Ottenheym, J. Faesel, J.X. de Vries, Axel Prox und J. Schmid.** The Discovery, isolation, elucidation of structure, and synthesis of antamanide. (Aus: Angewandte Chemie. Intern. ed. 7 (1968) S. 204-208. Mit 1 Tab., 3 Schemata und 2 Abb.) (1612)

—. Inhibitory Effect of naturally occurring and chemically modified amatoxins on RNA polymerase of rat liver nuclei. 1971. s.
Buku, Angeliki.

1882 —. Gifte und Antigifte. (Aus: Nova Acta Leopoldina. N.F. 35
(1970) S. 315-328. Mit Portr. und 16 Abb.) (1642)

1883 —. Über die Giftstoffe der Gattung Amanita. (Aus: Zeitschrift für
Pilzkunde. 39 (1973) S. 103-112. Mit 1 Tab. und 2 Abb.) (1842)

1884 —, **Karl Mannes und Albert Schöpf.** Über die Giftstoffe des
grünen Knollenblätterpilzes. 15. Die Konstitution des Phalloins.
(Aus: Justus Liebigs Annalen der Chemie. 617 (1958) S. 152-162.
Mit 1 Tab.) (1645)

1885 **—und Wilhelm Boehringer.** Über die Giftstoffe des grünen Knollen-
blätterpilzes. 19. Umwandlung von β-Amanitin in a-Amanitin.
(Aus: Justus Liebigs Annalen der Chemie. 635 (1960) S. 178-181.
Mit 1 Tab.) (1652)

1886 — **und Horst W. Schnabel.** Über die Giftstoffe des grünen Knollenblätterpilzes. 21. Die Konstitution des Phallacidins. (Aus:
Justus Liebigs Annalen der Chemie. 657 (1962) S. 218-225.) (1644)

1887 — — —. 22. Neue Sequenzanalyse von Phalloidin und Phalloin.
(Aus: Justus Liebigs Annalen der Chemie. 657 (1962) S. 225-228.
Mit 1 Abb.) (1648)

1888 — **und Irmgard Sangl.** Über die Giftstoffe des grünen Knollenblätterpilzes. 24. Synthese von Ketophalloidin durch Recyclisie-
rung der Secoverbindung. (Aus: Justus Liebigs Annalen der Chemie. 671 (1964) S. 160-164.) (1651)

1889 — **und Ulrich Gebert.** Über die Inhaltsstoffe des grünen Knollen-
blätterpilzes. 30. Strukturen der Amanitine. (Aus: Justus Liebigs
Annalen der Chemie. 700 (1966) S. 157-173. Mit 3 Tab. und 5
Abb.) (1650)

1890 —, **Dieter Rempel, Ulrich Gebert, Angeliki Buku und Hans
Boehringer.** Über die Inhaltsstoffe des grünen Knollenblätterpilzes. 32. Chromatographische Auftrennung der Gesamtgifte und
Isolierung der neuen Nebentoxine Amanin und Phallisin sowie des
ungiftigen Amanullins. (Aus: Justus Liebigs Annalen der Chemie.
704 (1967) S. 226-236. Mit 2 Tab. und 9 Abb.) (1641)

—. Über die Inhaltsstoffe des grünen Knollenblätterpilzes. 34.
1968. s. **Faulstich**, Heinz.

1891 —, **Maria Pilar Jordan de Urries, Helmut Indest und Heinz Faul-
stich.** Über die Inhaltsstoffe des grünen Knollenblätterpilzes. 45.
Die absoluten Konfigurationen des giftigen und des ungiftigen
Phalloidinsulfoxides und der Amatoxine. (Aus: Justus Liebigs
Annalen der Chemie. 1974, S. 1570-1579. Mit 2 Tab. und 4 Abb.)
(1878)

—. Interaction of phalloidin with actin. 1974. s. **Lengsfeld**, Anneliese M.

—. In-Vitro Effect of phalloidin on a plasma membrane preparation from rat liver. 1972. s. **Govindan**, V.M.

1892 —. Isolierung und chemische Bearbeitung der Inhaltsstoffe des grünen Knollenblätterpilzes <Amanita phalloides>. (Aus: Arzneimittelforschung <Drug Research>. 22 (1972) S. 2142-2146. Mit 2 Tab. und 4 Abb.) (1643)

1893 —, **Gerhard Lüben, Henricus Ottenheym und Heidrun Schiefer.** Isolierung und Charakterisierung eines antitoxischen Cyclopeptids, Antamanid, aus der lipophilen Extraktfraktion von Amanita phalloides. (Aus: Justus Liebigs Annalen der Chemie. 722 (1969) S. 173-178. Mit 1 Abb.) (1613)

1894 —. Cyclische Peptide als Werkzeuge der molekularbiologischen Forschung. (Aus: Rheinisch-Westfäl. Akad. der Wissenschaften. Vorträge. N 246 (1975) S. 7-18. Mit 2 Abb.) (1856)

1895 — **und Otto Wieland.** The toxic Peptides of Amanita species. (Aus: Microbial Toxins. 8 (1972) S. 249-280. Mit 1 Tab. und 9 Abb.) (1646)

1896 —. Poisonous Principles of mushrooms of the genus Amanita. (Aus: Science. 159 (1968) S. 946-952. Mit 3 Abb.) (1647)

1897 —. Properties of antamanide and some of its analogues. (Aus: Chemistry and Biology of Peptides. 1972. S. 377-396. Mit 7 Tab., 1 schemat. Darst. und 8 - gez. 7 - Abb.) (1941)

—. Relation of toxicity and conformation of phallotoxins as revealed by optical rotatory dispersion studies. 1971. s. **Faulstich**, Heinz.

1898 —. Struktur und Wirkung der Amatoxine. (Aus: Die Naturwissenschaften. 59 (1972) S. 225-231. Mit 3 Tab. und 3 Abb.) (1649)

—. Studien über den Mechanismus der Giftwirkung des Phalloidins mit radioaktiv markierten Giftstoffen. 1963. s. **Rehbinder**, Dietrich.

1899 —. Les Substances vénéneuses de l'Amanite phalloide. (Aus: Physiologie des Parathyroides et Exploration Biochimique du Syndrome d'Hypoparathyroidie. (?) 1959. S. 108-120. Mit 2 Tab. und 2 Abb.) (2037)

—. Suche nach einem Metaboliten bei Vergiftung mit Desmethylphalloin (DMP). 1969. s. **Puchinger**, H.

1900 —, **Werner Motzel und Hanz Merz.** Über das Vorkommen von Bufotenin im gelben Knollenblätterpilz. (Aus: Justus Liebigs Annalen der Chemie. 581 (1953) S. 10-16. Mit 2 Abb.) (1876)

Wikander, Peter August. Monographia Armillariarum Sueciae. 1854. Resp. s. **Fries**, Elias.

1901 **Wikberg, Eskil und Nils Fries.** Some new and interesting biochemical Mutations obtained in Ophiostoma by selective enrichment technique. (Aus: Physiologia Plantarum. 5 (1952) S. 130-134.) (1766)

Wildgemüse und Pilze, ihre Einsammlung und Verwertung. 1917. s. **Reichsstelle für Gemüse und Obst**.

Willdenow, Carl Ludwig. Geschichte der merckwürdigsten Pilze. 1795-1820. s. **Bolton**, Jacob.

Willer, Karl Heinz. Speisepilz? Giftpilz? 1975. s. **Rauh**, Werner.

Winge, Ø. Mykologisk Ekskursionsflora. 1943. s. **Ferdinandsen**, Carl.

1902 **Winkler, Hans.** Über Parthenogenesis und Apogamie im Pflanzenreiche. (Aus: Progressus Rei Botanicae. 2 (1908) S. 293-454. Mit 14 Abb.) (1158)

1903 **Winter, Georg.** Die Pilze Deutschlands, Oesterreichs und der Schweiz. Schizomyceten, Saccharomyceten und Basidiomyceten. 2. Aufl. = Rabenhorst's Kryptogamenflora von Deutschland, Oesterreich und der Schweiz. Bd 1, Abt. 1. Leipzig: Kummer 1884. X, 924 S. Mit 1 Farbwerttaf. und zahlr. Textabb. 8° (822)

ADB XLIII, 468-470.- Krieger/Kelly, S. 242.-

1904 **Wirtz, Heinrich.** Die Einordnung der mikrobiologischen Verfahren sowie der durch diese zu gewinnenden Erzeugnisse unter den Erfindungsbegriff im Straßburger Übereinkommen. (Aus: Gewerblicher Rechtsschutz und Urheberrecht. 72 (1970) S. 105-107.) (1543)

1905 —. Zur Offenbarung biochemischer Verfahren. (Aus: Gewerblicher Rechtsschutz und Urheberrecht. 71 (1969) S. 115-117.) (1542)

1906 —. Der Patentschutz biochemischer Verfahren. (Dissertation Freiburg i.d. Schweiz.) München 1967. 2 Bl., XIII, 70, 19 S. 8° (1432)

1907 **Withering, William.** An Arrangement of British plants according to the latest improvements of the Linnaean system. With an easy introd. to the study of botany. 6. ed. Vol. 1-4. London: Scholey 1818. XVIII (false XX), 402 S., 2 Bl.; Titel, 595 S.; Titel, S. 597-

I MICETI

DELL' AGRO BRESCIANO

DESCRITTI ED ILLUSTRATI

CON FIGURE TRATTE DAL VERO

D A

ANTONIO VENTURI

SOCIO ONORARIO DELL'ATENEO DI BRESCIA

E SOCIO CORRISPONDENTE DELLA REALE ACCADEMIA DI TORINO

DI QUELLA VALDARNESE

DELL' IMPERIALE REGIA ACCADEMIA PISTOJESE

DELLA SOCIETÀ D'INCORAGGIAMENTO PER L'AGRIC. DEL TIROLO E VORALBERG

DI QUELLA D'AGRARIA DI BOLOGNA

DELL' ACCADEMIA LABRONICA DI LIVORNO

DELL'I. R. ATENEO ITAL. EC.

BRESCIA

DALLA TIPOGRAFIA DEL PIO ISTITUTO IN S. BARNABA

———

M. DCCC. XLV.

Zu Nr. 1817

Illustrierte Monatsschrift für praktische und wissenschaftliche Pilz= und Kräuterkunde.

Herausgegeben unter Mitwirkung von Botanikern und Pilzkundigen.

Heft 1. Nürnberg, 15. Juli 1917 1. Jahrgang.

Was wir wollen!

Einige Worte zum Geleit!

Willst Du ins Unendliche schreiten
Geh' nur im Endlichen nach allen Seiten
Willst Du Dich im Ganzen erquicken
So mußt Du das Ganze im Kleinsten erblicken
Goethe.

Ein Helfer und Berater in den Fragen seines Ge=
bietes will der Pilz= und Kräuterfreund vor allem
während des Krieges sein. Wie es aber unter Freunden
Brauch ist, will er seinen hoffentlich bald recht vielen
Lesern Auskunft geben über Herkommen, Zweck und Ziel
seines Weges.

Es ist keine Kriegsidee, die mit der Herausgabe des
Pilz= und Kräuterfreundes ihre Verwirklichung findet,
denn obwohl erst jetzt geboren, spielt der Krieg in der
stillen Geschichte des Blattes schon eine bedeutsame Rolle.
1914 oder 15 — wie wenig Pilzfreunde interessierten sich
da für die Pilz= und Kräuterkunde! Zwar der Stein
war im Rollen — zurück zur Natur war ein mehr und
mehr gehörter Ruf, bei dem auch unser Gebiet Freunde
gewann, — der Krieg jedoch übertönte mit einem Male
alle Dinge und auch die Pilz= und Kräuterfreunde schienen
eher weniger denn mehr zu werden. Da blieb auch die
Pilz= und Kräuterzeitung ungedruckt. Doch was zwei
Kriegsjahre niedergehalten hatten, die Not des dritten
gebar es um so mächtiger und so scheint auch hier nach
anfänglichem Rückgange der Krieg rascher und tiefgreifender
mit Vorurteilen und Einbildungen aufzuräumen, als es
jedenfalls in einer größeren Anzahl von Friedensjahren
gegangen wäre.

Aushungerung, — dieses gewaltige Kampfmittel
ist es, das Regierungen und den Einzelnen rastlos auf
die Suche nach bisher noch ungeborgenen Lebensmitteln
zwingt. Wie so manches Andere, so entdeckt man, miß=
trauisch zwar oft noch, aber staunend und mit Verwun=
derung, welch reichen und köstlichen Tisch die Natur uns
auch in den Pilzen, Wildgemüsen und Kräutern
gedeckt hat. Doch nun mangelt vielfach das Wissen zum
Erkennen und sachgemäßen Verbrauch dieser Werte. Die
alten Rezepte und Kenntnisse gingen verloren, sind versteckt,
oder in wenigen einzelnen Köpfen der Masse nicht zugängig.

Da erwacht nun der Pilz= u. Pflanzenfreund aus seinem
Dornröschenschlaf und will seinen Lesern von dem Wissen
und Erfahrungen bieten, die ahnend schon ge=
sammelt wurden, will ausgraben, festlegen und
verbreiten, was unserer Zeit verloren ging. Doch
soll über materiellen Gesichtspunkten die allgemein
wissenschaftliche Seite nicht vernachläßigt, die Liebe
und der notwendige Schutz der Pflanzen gepflegt
und geweckt werden.

Immer größer wird die Bedeutung der wildwach=
senden Nutzpflanzen für das tägliche Leben. In behörd=
lichen Erlassen wird die Bevölkerung auf den Wert der
Pilze, Wildgmüse, Tee-Ersatzpflanzen, Beeren,
Heilkräuter, Wurzeln usw. hingewiesen und zur
rastlosen Erfassung und Ausnützung aufgefordert. Viele
pflanzliche Rohstoffe zur Bekleidung, Oelgewinn=
ung, Viehfütterung, für Kriegsbedürfnisse,
Medikamente, Bäder u. s. f. können neu gewonnen
werden.

Ueber all diese Bemühungen und ihre Ergebnisse
unterrichtet die einzige im deutschen Sprachgebiet erschei=
nende Fachzeitung,

Der Pilz= und Kräuterfreund.

In der Pilzabteilung wird Auskunft gegeben über
eßbare, verdächtige und giftige Pilze, über Erkennen, Be=
stimmung und Einteilung derselben, Sammeln, Pilzzucht,
Ausstellungen, Doppelgänger, Pilzvergiftungen, Auskunfts=
und Bestimmungsstellen, Handel und Märkte, Verwertung
jeder Art, interessante Pilze, wissenschaftliche Konservierung,
Literatur, Monatskalender, amtliche Bekanntmachungen,
Vereinsberichte, Kochrezepte, Briefkasten usw.

In der zweiten Abteilung:

„Nutzpflanzen aus Wald und Flur“

werden unsere wichtigen freiwachsenden verwendbaren
Gemüse, nach und nach ausführlich und leicht erkenn=
bar beschrieben und abgebildet, die schmackhaften Wild=
salate, auch die Wurzelgemüse im Frühjahr und
Herbst in Erinnerung gebracht. Hervorragende Beachtung
aber werden unsere deutschen Teepflanzen, sowie ihre
sachgemäße Mischung und Zubereitung finden. Auch die
Zusammensetzung vieler in der Presse um teures Geld

1138, 17 Bl.; Titel, 481 S., 9 Bl. Mit insgesamt 34 Kupfertaf. 8°
(1309)

Brunet V, 1467.- Graesse VI, Tl 2, 467 (Ausg. 1830).- Pritzel
10360 (nicht diese Ausg.).- Krieger/Kelly, S. 242 (nicht diese
Ausg.).-

Witkop, Bernhard. Conformations of the Li-antamanide complex
and Na-(Phe[4], Val[6]) antamanide complex in the crystalline state.
1973. s. **Karle**, Isabella L.

1908 **Witt, Wilhelm.** Das neue Champignonbuch. Frankfurt/Oder,
Berlin: Trowitzsch (1932). 92 S. Mit 70 Abb. auf Taf. i.T. und 21
Zeichnungen 8° (1034)

1909 **Witzell, Philipp Arnold Heinrich.** Über die Pilze <Fungi> in sani-
täts-polizeilicher Beziehung. (Dissertation.) Marburg: Pfeil 1859.
32 S., 1 Bl. 8° (823)

1910 **Woike, Siegfried.** Notizen über Funde von Erdzungen-Pilzen
<Geoglossaceen>. (Aus: Jahresberichte des Naturwissenschaftl.
Vereins in Wuppertal. H. 24 (1971) S. 14-18. Mit 5 farb. Abb.)
(1355)

Rez.: WP 9, 24: H. Jahn

Wolff, Barbara. Blütenlose Pflanzen. 1970. s. **Shuttlerworth**,
Floyd Stephen.

1911 **Wollweber, Hartmund.** Tagung der Mykologischen Sektion des
Naturwissenschaftlichen Vereins im Naturwissenschaftlichen und
Stadthistorischen Museum in Wuppertal am 2. und 3. November
1968. (Aus: Jahresberichte des Naturwissenschaftl. Vereins in
Wuppertal. H. 24 (1971) S. 5.) (1356)

1912 **Wünsche, Otto.** Flore générale des champignons. Trad. par J.-L.
de Lanessan. Éd. franç., rev. par l'auteur. Paris: Doin 1883, XV,
537 S., 1 Bl. (leer.) 8° (824)

1913 —. Die Kryptogamen Deutschlands. Nach der analytischen
Methode bearb. Die höheren Kryptogamen. Leipzig: Teubner
1875. XXXV, 127 S. 8° (825)

1914 —. Die verbreitetsten Pilze Deutschlands. Leipzig: Teubner 1896.
XII, 112 S. 8° (826)

Krieger/Kelly, S. 243.-

—. Nützliche, schädliche und verdächtige Schwämme. 1879 u.ö.
s. **Lenz**, Harald Othmar.

1915 **Wünschmann, K.** Über den Narzissengelben Wulstling <Amanita junquillea>. (Aus: Zeitschrift für Pilzkunde. N.F. 12 (1933) S. 122-123.) (933)

1916 **Wüst, Valentin.** Pilzkochbuch. 350 neue Kochvorschriften. Mit einem Anh.: Pilz-Sparküche und einem Verz.: Die bekanntesten eßbaren Pilze und ihre Benützung. Freiburg i.Br.: Th. Fisher 1920. VIII, 75 S. 8° (827)

   Rez.: PuK 4, 238: Spilger

1917 **Wyatt, I.J.** Das Einmischen von Insektiziden in den Kompost. (Aus: Der Champignon. Nr 170 (Okt. 1975) S. 16-22. Mit 3 Abb.) (1921)

Yde-Andersen, A. s. **Fomes annosus**.

Yusef, Hasan M. Two fatty acid requiring Mutants of Ophiostoma multiannulatum. 1955. s. **Fries**, Nils.

1918 **Zadražil, František.** Aktivmyzel - eine Ersparnis für die Pleurotusherstellung. (Aus: Der Champignon. Nr 151. März 1974. 2 S.) (1518)

1919 —. Anbau, Ertrag und Haltbarkeit von Pleurotus Florida FovoSe. (Aus: Der Champignon. Nr 141. Mai 1973. 6 S. Mit 3 Tab. und 2 Abb.) (1521)

1920 —. Über den Anbau von Speisepilzen. (Aus: Dt. Zeitschrift für Lebensmitteltechnologie. 25 (1974) S. 71-74. Mit 7 Abb.) (1523)

1921 —. Anbauverfahren für Pleurotus Florida FovoSe. (Aus: Der Champignon. Nr 139. März 1973. 2 S. Mit 1 Abb.) (1520)

1922 — **und Joachim Schliemann.** Behälter zum Kultivieren von Pilzen. = Auslegeschrift. 24 52 039. (München:) Dt. Patentamt 1975. 2 Bl. Mit 1 Taf. 4° (1959)

1923 —, **Marianne Schneidereit, Gerda Pump, H. Kusters.** Ein Beitrag zur Domestikation von Wildpilzen. (Aus: Der Champignon. Nr 138. Febr. 1973. 16 S. Mit 2 Tab. und 13 Abb.) (1396)

1924 — **und Gerda Pump.** Ein Beitrag zur Kulturtechnik von Flammulina velutipes. (Aus: Der Champignon. Nr 141. Mai 1973. 4 S. Mit 5 Abb.) (1394)

1925 — **und Joachim Schliemann.** Ein Beitrag zur Ökologie und Anbautechnik von Stropharia rugosoannulata (Farlow ex Murr.) (Aus: Der Champignon. Nr 163 (März 1975) S. 7-22. Mit 10 Abb. und 1 Tab.) (1434)

1926 —. A general Description to the cultural technique. (Aus: Journal of the Horticultural Soc. of China. 20 (1974) S. 41-43. Mit 5 Abb.) Text in Chinesisch. (1440)

1927 —. The Ecology and industrial production of Pleurotus ostreatus, Pleurotus Florida, Pleurotus cornucopiae and Pleurotus eryngii. Paper presented to the 9th Intern. Scientific Congress on the Cultivation of Edible Fungi Tokyo, on Nov. 4, 1974. Hamburg: Mykofarm 1974. 1 Bl., 49 S. Mit 19 Abb. und 6 Tab. 8° (1419)

1928 —. Der Einfluß von langjährigen Düngungsmaßnahmen mit Stroh- und Gründüngung sowie Stickstoffdüngung auf einige physikalische, chemische und biologische Bodeneigenschaften. (Dissertation Gießen.) Gießen 1971. 4 Bl., 138 S., 21 Bl. Mit 22 Tab. und 38 Abb. 8° (1572)

1929 — **und Joachim Schliemann.** Einfluß der Temperatur auf Habitus und Färbung des Basidiocarps von Pleurotus Florida <Austernseitling>. (Aus: Die Naturwissenschaften. 62 (1975) S. 139.) (1768)

1930 —. Freisetzung wasserlöslicher Verbindungen während der Strohzersetzung durch Basidiomyceten als Grundlage für eine biologische Strohaufwertung. (Aus: Zeitschrift für Acker- und Pflanzenbau. 142 (1976) S. 44-53. Mit 2 Tab. und 4 Abb.) (2041)

1931 — **und Marianne Schneidereit.** Die Grundlagen für die Inkulturnahme einer bisher nicht kultivierten Pleurotus-Art. (Aus: Der Champignon. Nr 135 (Nov. 1972) S. 1-10. Mit 7 Abb.) (1522)

1932 — **und Joachim Schliemann.** Ökologische und biotechnologische Grundlagen der Domestikation von Speisepilzen. (Hamburg: Mykofarm 1974.) Titel, 22 S. Mit 9 Abb. und 1 Tab. 8° (1461)

1933 —. Influence of CO_2 concentration on the mycelium growth of three Pleurotus species. (Aus: European Journal for Applied Microbiology. 1975. S. 327-335. Mit 2 Tab. und 3 Abb.) (1936)

1934 — **und Franz Vogelzangs.** Einige Informationen über den Pleurotusanbau in Italien. (Aus: Der Champignon. Nr 150 (Febr. 1974) S. 10.) (1512)

1935 —. Über die Möglichkeiten der Nutzung von Sulfid(!)ablaugen - Bycobact - im Pilzanbau und bei der Pilzproteinproduktion. (Aus: Der Champignon. Nr 163 (März 1975) S. 23-26. Mit 3 Abb.) (1433)

1936 —. Pleurotus-Sporen als Allergene. (Aus: Die Naturwissenschaften. 61 (1974) S. 456.) (1475)

1937 —. Pleurotus-Sporen-Allergie. (Aus: Der Champignon. Nr 143. Juli 1973. 2 S.) (1519)

1938 —. The basic Research on cultivation of oyster mushroom. (Aus: Journal of the Horticultural Soc. of China. 19 (1973) S. 410-415. Mit 7 Abb.) Text in Chinesisch. (1441)

1939 —. The Research on cultivation of Pleurotus Florida FovoSe. (Aus: Journal of the Chinese Soc. for Horticultural Science. 20. 1974. 3 Bl. Mit 3 Tab. und 3 Abb.) Text in Chinesisch. (1439)

—. Untersuchungen zum potentiellen Substratspektrum von Pycnoporus cinnabarinus (Jacq. ex Fr.) Karst. 1975. s. **Schliemann**, Joachim.

1940 —. Die Zersetzung des Stroh-Zellulose-Ligninkomplexes mit Pleurotus Florida und dessen Nutzung. (Aus: Zeitschrift für Pflanzenernährung und Bodenkunde. 1975. S. 263-278. Mit 8 Tab. und 4 Abb.) (1940)

1941 **Zahl, Paul.** Bizarre World of the fungi. (Aus: National Geographic Magazine. 128 (1965) S. 502-527. Mit farb. Abb.) (828)

Zallinger, Jean. Blütenlose Pflanzen. 1970. s. **Shuttlerworth**, Floyd Stephen.

1942 **Zanella, Giuseppe.** Conoscere i funghi. Mailand: Piccoli o.J. (um 1962.) 24-teilige Falttaf. mit 48 farb. Abb. und erkl. Kurztext in 5 Sprachen auf der Rückseite (Ital., Dt., Franz., Engl., Span.). 8° (829)

Rez.: SZP 40, 89: T. Snozzi

1943 **Zangheri, Pietro.** Funghi mangerecci. Guida elementare per il loro facile riconoscimento. Novi Ligure: Arti Grafiche Novesi 1960. 173 S., 1 Bl. Mit 22 Farbtaf. und 45 Textabb. 8° (830)

Rez.: SZP 40, 27: T. Snozzi

1944 **Zattler, Fritz.** Vererbungsstudien an Hutpilzen <Basidiomyceten>. (Aus: Zeitschrift für Botanik. 16 (1924) S. 433-499. Mit 1 Taf. und 33 Tab.) (1317)

1945 **Zeitlmayr, Linus.** Knaurs Pilzbuch. Das Haus- und Taschenbuch für Pilzfreunde. (4. Aufl.) München, Zürich: Droemer 1961. 244 S. Mit Rand- und Textfig. sowie 70 farb. Abb. von Claus Caspari auf 48 Taf. i.T. 8° (831)

Biogr. ZfP 40, 240: A. Bresinsky
Rez.: MOeMG 83, 1962: K. Lohwag

—. Die Pilze des 'Kapuziner Hölzls' und des 'Nymphenburger Schloßparkes'. 1960. s. **Bresinsky**, Andreas.

1946 **Zeitschrift für Pilzfreunde.** Populäre Mitteilungen über eßbare und schädliche Pilze. Jg. 1. (H. 1-12.) Dresden & Bodenbach: Köhler 1883. 8° (1344)

Kayser 24, 682 (erwähnt noch einen 2. Jg.).

1947 **Zeitschrift für Pilzkunde.** Organ der Dt. Ges. für Pilzkunde. Bd 1
(N.F.)- In laufendem Bezug. Die alte Folge ersch. u.d.T.: Der Pilz-
und Kräuterfreund. Vgl. Nr 1377

Impressum: 1-2: Heilbronn: Rembold. 3-8: Leipzig: Klinkhardt.
9-10,1: Darmstadt: Dt. Ges. für Pilzkunde; Leipzig: Klinkhardt
in Komm. 10,2-15: Darmstadt: Dt. Ges. für Pilzkunde. 16-20:
Darmstadt: Verl. Zeitschrift für Pilzkunde. 21 (1948-1955!):
Karlsruhe: Müller. 22-33: Bad Heilbrunn/Obb.: Klinkhardt.
34 ff.: Lehre: Cramer. (832.1157)

1948 **Zellner, Julius.** Zur Chemie der höheren Pilze. 1. Trametes sua-
veolens Fr. (Aus: Sitzungsberichte der k. Akad. der Wissenschaften in Wien. Math.-Nat. Kl. 116 (1907) S. 1285-1294.) (1300)

1949 — —. 2. Polyporus igniarius Fr. (Aus: Sitzungsberichte der k.
Akad. der Wissenschaften in Wien. Math.-Nat. Kl. 117 (1908) S.
757-773.) (1337)

1950 — —. 3. Über Pilzdiastasen. (Aus: Sitzungsberichte der k. Akad.
der Wissenschaften in Wien. Math.-Nat. Kl. 118 (1909) S. 3-18.
Mit 6 Tab.) (1312)

1951 — —. 4. Über Maltasen und glykosidspaltende Fermente. (Aus:
Sitzungsberichte der k. Akad. der Wissenschaften in Wien.
Math.-Nat. Kl. 118 (1909) S. 439-446. Mit 4 Tab.) (1311)

1952 — —. 5. Über den Maisbrand <Ustilago Maydis Tulasne>. (Aus
Sitzungsberichte der k. Akad. der Wissenschaften in Wien.
Math.-Nat. Kl. 119 (1910) S. 441-458.) (1334)

1953 — —. 6. Chemische Beziehungen zwischen höheren parasitischen
Pilzen und ihrem Substrat. (1.) (Aus: Sitzungsberichte der k.
Akad. der Wissenschaften in Wien. Math.-Nat. Kl. 119 (1910) S.
459-465.) (1313)

1954 — —. 7. Hypholoma fasciculare Huds. (Aus: Sitzungsberichte der
k. Akad. der Wissenschaften in Wien. Math.-Nat. Kl. 120 (1911)
S. 839-845.) (1291)

1955 — —. 8. Über den Weizenbrand <Tilletia levis Kühn und tritici
Winter>. (Aus: Sitzungsberichte der k. Akad. der Wissenschaften
Wien. Math.-Nat. Kl. 120 (1911) S. 847-856.) (1314)

1956 — —. 9. Über die durch Exobasidium Vaccinii Woron. auf
Rhododendron ferrugineum L. erzeugten Gallen. (Aus: Sitzungsberichte der k. Akad. der Wissenschaften in Wien. Math.-Nat. Kl.
121 (1912) S. 1317-1325. Zugl. aus: Monatshefte für Chemie. 34
(1913) S. 311-319.) (1330)

1957 — —. 10. Über Armillaria mellea Vahl., Lactarius piperatus L.,
Pholiota squarrosa Müll. und Polyporus betulinus Fr. (Aus:
Sitzungsberichte der k. Akad. der Wissenschaften in Wien.

Math.-Nat. Kl. 121 (1912) S. 1327-1342. Zugl. aus: Monatshefte für Chemie. 34 (1913) S. 321-336.) (1340)

1958 — —. 11. Über Lactarius scrobiculatus Scop., Hydnum ferrugineum Fr., Hydnum imbricatum L. und Polyporus applanatus Wallr. (Aus: Sitzungsberichte der k. Akad. der Wissenschaften in Wien. Math.-Nat. Kl. 124 (1915) S. 225-246. Zugl. aus: Monatshefte für Chemie. 36 (1915) S. 611-632. Mit 4 Abb.) (1191)

1959 — —. 12. Über Lenzites sepiaria Sw., Panus stypticus Bull. und Exidia auricula Judae Fr. (Aus: Sitzungsberichte der k. Akad. der Wissenschaften in Wien. Math.-Nat. Kl. 126 (1917) S. 183-194. Zugl. aus: Monatshefte für Chemie. 38 (1917) S. 319-330.) (1192)

1960 — —. 13. Über Scleroderma vulgare Fr. und Polysaccum crassipes DC. (Aus: Sitzungsberichte der k. Akad. der Wissenschaften in Wien. Math.-Nat. Kl. 127 (1918) S. 411-423. Zugl. aus: Monatshefte für Chemie. 39 (1918) S. 603-615.) (1207)

1961 — —. 14. Über Lactarius rufus Scopol., Lactarius pallidus Pers. und Polyporus hispidus Fr. (Aus: Sitzungsberichte der Akad. der Wissenschaften in Wien. Math.-Nat. Kl. 129 (1920) S. 441-451. Zugl. aus: Monatshefte für Chemie. 41 (1920) S. 443-453.) (1208)

— —. 15. 1921/1922. s. **Hasenöhrl.**, Rudolf.

1962 —. Über das fettspaltende Ferment der höheren Pilze. (Aus: Sitzungsberichte der k. Akad. der Wissenschaften in Wien. Math.-Nat. Kl. 115. 1906. 10 S. Mit 2 Tab.) (1559)

1963 **Zetterberg, Gösta und Nils Fries.** Spontaneous Back-Mutations in Ophiostoma multiannulatum. (Aus: Hereditas. 44 (1958) S. 556-558. Mit 1 Tab.) (1770)

—. Reactivation of Ophiostoma cells photodynamically inactivated with visible light. 1961. s. **Bose**, Sushil K.

Zetterstedt, Gustaf Vilhelm. Monographia Cortinariorum Sueciae. 1851. Resp. s. **Fries**, Elias.

Zezula, Antonin. Přehled československých hub. 1972. s. **Veselý**, Rudolf.

Zim, Herbert Spencer. Blütenlose Pflanzen. 1970. s. **Shuttlerworth**, Floyd Stephen.

1964 **Zimmermann, Hans.** Studien über Entwicklung und Exkretion von Pilzmycelien. (Dissertation.) Erlangen: Vollrath 1898. 64 S., 2 Bl. Mit 10 Tab. i.T. und 1 Taf. 8° (1310)

Zipfel, Klaus. Pilzpigmente. 17. 1973. s. **Besl**, Helmut.

— —. 19. 1974. s. **Steglich**, Wolfgang.

Zobeley, S. Conformation and toxicity of amanitins. 1973. s. **Faulstich**, Heinz.

1965 **Zogg, Hans.** Über die Hysteriaceen-Gattung Bulliardella (Sacc.) Paoli. (Aus: Berichte der Schweizerischen Botanischen Ges. 66 (1956) S. 19-25. Mit 3 Abb.) (833)

1966 **Zopf, Wilhelm.** Die Pilze in morphologischer, physiologischer, biologischer und systematischer Beziehung. Breslau: Trewendt 1890. 2 Bl., XII, 500 S. Mit 163 Abb. 8° (1571)

    Krieger/Kelly, S. 259.-

1967 —. Die Pilzthiere oder Schleimpilze. Nach dem neuesten Standpunkte bearb. Breslau: Trewendt 1885. VIII, 174 S. Mit 52 (gez. 51) Textholzschnitten. 8° (972)

    Krieger/Kelly, S. 245.-

1968 **Zycha, Herbert und Ferenc Kató.** Untersuchungen über die Rotfäule der Fichte. = Schriftenreihe der Forstl. Fak. der Univ. Göttingen und Mitteilungen der Niedersächsischen Forstl. Versuchsanst. 39. Frankfurt/Main: Sauerländer (1967). 120 S. Mit 24 Tab. und 38 Abb. 8° (966)

    Rez. MOeMG 108, 1969: K. Lohwag

Nachtrag

1969 **Bresinsky, Andreas.** Gattungsschlüssel für Blätter- und Röhrenpilze nach mikroskopischen Merkmalen. (In: Beihefte zur Zeitschrift für Pilzkunde. 1 (1976) S. 1-42. Mit Skizzen.) (2075)

1970 **— und Hans Haas.** Übersicht der in der Bundesrepublik Deutschland beobachteten Blätter- und Röhrenpilze. Nach Angaben von: A. Bresinsky, H. Derbsch, A. Einhelliger, H. Haas, H. Jahn, W. Neuhoff, H. Schwöbel, J. Stangl und H. Steinmann. (In: Beihefte zur Zeitschrift für Pilzkunde. 1 (1976) S. 43-160. Mit 10 Kt.-skizzen.) (2076)

1971 **Chandra, Aindrila und R.P. Purkayastha.** Studies on some mushroom mycelia as dietary components for laboratory animals. (Aus: Indian Journal of Experimental Biology. 14 (1976) S. 63-64. Mit 2 Tab. und 1 Abb.) (2077)

1972 **Dörfelt, Heinrich.** Beiträge zur Pilzgeographie des hercynischen Gebietes. Reihe 2: Einige thermophile Elemente der Pilzflora.

(Aus: Hercynia. N.F. 11 (1974) S. 405-431. Mit 11 Kt. und 5 Abb. i.T.) (2078)

1973 **— und H.D. Knapp.** Mykofloristische Charakteristika subkontinental beeinflußter Eichen-Elsbeeren-Wälder einiger Naturschutzgebiete der südlichen DDR. (Aus: Archiv für Naturschutz und Landschaftsforschung. 14 (1974) S. 273-284. Mit 1 Kt. i.T. und 5 Taf.) (2079)

1974 **Domsch, Klaus H. und Walter Gams.** Pilze aus Agrarböden. Stuttgart: G. Fischer 1970. XI, 222 S. Mit 140 Abb. 8° (2080)

1975 **Donk, Marinus A.** Revision der niederländischen Heterobasidiomycetae und Homobasidiomycetae-Aphyllophoraceae. Repr. = Bibliotheca Mycologica. Bd 21. Lehre: Cramer; Codicote, Herts.: Wheldon & Wesley; New York: Stechert-Hafner 1969. 3 Bl., S. 69-200, 278 S. 8° (2081)

Eden, Gerolf. Pleurotus ostreatus - breeding potential of a new cultivated mushroom. 1976. s. **Eger**, Gerlind.

1976 **Eger, Gerlind, Gerolf Eden und Elke Wissig.** Pleurotus ostreatus - breeding potential of a new cultivated mushroom. (Aus: Theoretical and Applied Genetics. 47 (1976) S. 155-163. Mit 3 Tab. und 3 Abb.) (2082)

1977 **Fujinuma, Tomotada.** Shiitake Saibai No Shin-Gijyutsu. (New techniques relating to the cultivation of 'Lentinus edodes'.) Tokio 1974. 256 S., 1 Bl. Mit Abb. auf 12 Taf. und i.T. 8° (2083)

Gams, Walter. Pilze aus Agrarböden. 1970. s. **Domsch**, Klaus H.

1978 **Gillet, Claude Casimir.** Les Hyménomycètes ou description de tous les champignons <fungi> qui croissent en France avec l'indication de leurs propriétés utiles ou vénéneuses. 4 Bde (davon 3 mit Taf.). Alençon: Thomas 1874 [-1893]. 828 S. Mit 714 kolor. lithogr. Taf. 8° (2084)

Nissen 707 (erwähnt nur 711 Taf.).-

Haas, Hans. Übersicht der in der Bundesrepublik Deutschland beobachteten Blätter- und Röhrenpilze. 1976. s. **Bresinsky**, Andreas.

1979 **Jahn, Hermann.** Phellinus hippophaëcola H. Jahn, a new species. (Aus: Memoirs of the New York Botanical Garden. 28 (1976) S. 105-108. Mit 1 Abb.) (2097)

1980 **Kelley, Arthur Pierson.** Mycotrophy in plants. Lectures on the biology of mycorrhizae and related structures. = A New Ser. of Plant Science Books. Vol. 22. Waltham, Mass.: Chronica Botanica Comp. 1950. XIV S., 1 Bl., 223 S. Mit 5 Taf. und 25 Abb. i.T. 8° (2094)

Knapp, H.D. Mykofloristische Charakteristika subkontinental beeinflußter Eichen-Elsbeeren-Wälder einiger Naturschutzgebiete der südlichen DDR. 1974. s. **Dörfelt**, H.

1981 **Krieglsteiner, German J.** Untersuchungen zur Verbreitung der Großpilze in Ostwürttemberg. <2.> Die Europa-Kartierungspilze. <= Programm 1.> = Lupe '76. Mitteilungen des Naturkunde-Vereins Schwäbisch Gmünd. Jg. 6. Schwäbisch Gmünd: Naturkundeverein Mai 1976. 16 S. 8° (2085)

1982 **Lamotte, Martial.** Iconographie et descriptions des champignons de l'Auvergne. T. 1-6. 865 Aquarelltafeln (v.J. Coulon und M. Lamotte fils) mit hs. Text. Um 1860. Fol. (2099)

Vgl. Nr 1697 (Lot 432) und Junk Cat. 195 (No 269).-

1983 **Lelley, Jan.** Kulturträuschling. =Anregungen für Produktion und Absatz. H. 9. Bonn: Landwirtschaftskammer Rheinland 1976. 24 S. Mit 6 Abb. 8° (2086)

Lohwag, Irmgard. Beitrag zur Uredineenflora Irans und Afghanistans. 1972. s. **Petrak**, Franz.

1984 **Maas Geesteranus, Rudolf Arnold.** Hydnaceous Fungi of the eastern old world. = Verhandelingen der Koninkl. Nederlandse Akad. van Wetenschappen. Afd. Natuurkunde. R. 2, dl 60, no 3. Amsterdam, London: North-Holland Publ. Comp. 1971. 175 S. Mit 8 Taf. mit farb. Abb. und 243 s.-w. Textabb. 4° (2087)

1985 **Magnus, Paul.** Die Pilze <Fungi> von Tirol, Vorarlberg und Liechtenstein. Unter Beistand von K.W. v. Dalla Torre und Ludwig Graf v. Sarnthein bearb. = Flora der Gefürsteten Grafschaft Tirol, des Landes Vorarlberg und des Fürstenthumes Liechtenstein. Bd 3. Innsbruck: Wagner 1905. LIV S., 1 Bl., 716 S. 8° (2088)

1986 **Marchand, André.** Champignons du nord et du midi. 4. Aphyllophorales <fin>, Hydnaceae, Gasteromycetes, Ascomycetes. Perpignan: Soc. Mycologique des Pyrénées Méditerranéennes (1976). 261 S., 1 Bl. Mit 100 farb. Taf. und 100 s.-w. Skizzen i.T. 8° (1256). Erg. Nr 1077

1987 **Montagne, Jean François Camille.** Skizzen zur Organographie und Physiologie der Classe der Schwämme. Übers. und mit eini-

gen Anm. vers. von J.D.C. Pfund. Prag: Calve 1844. X, 67 S. 8°
(2095)

Pritzel 6375.- Nouv. biogr. gén. XXXVI, 35-37.-

1988 Neuner, Andreas. Pilze. Alle wichtigen Pilze nach Farbfotos bestimmen. 2. Aufl. = BLV Naturführer. Bd 3. München, Bern,
Wien: BLV Verl.ges. (1975.) 143 S. Mit farb. Abb. 8° (2089)

1989 Nuss, Ingo. Zur Ökologie der Porlinge. Untersuchungen über die
Sporulation einiger Porlinge und die an ihnen gefundenen Käfer-
arten. = Bibliotheca Mycologica. Bd 45. Vaduz: Cramer 1975.
258 S. Mit 36 Tab. und 62 Abb. 8° (2090)

1990 Petersen, Ronald H. Specific and infraspecific Names for fungi
used in 1821. 3. (Aus: Mycotaxon. Vol. 3 (1975/1976) S. 239-260.)
(2039). Erg. Nr 1340

1991 Petrak, Franz und Irmgard Lohwag. Beitrag zur Uredineenflora
Irans und Afghanistans. (Aus: Sydowia. 26 (1972) S. 140-143.)
(2091)

Purkayastha, R.P. Studies on some mushroom mycelia as dietary
components for laboratory animals. 1976. s. **Chandra**, Aindrila.

1992 Rabenhorst, Ludwig. Deutschlands Kryptogamenflora oder Handbuch zur Bestimmung der kryptogamischen Gewächse Deutschlands, der Schweiz, des Lombardisch-Venetianischen Königreichs
und Istriens. Bd 1.2, Abth. 1-3 (nebst) Synonymreg. in 3 Bdn.
Leipzig: Kummer 1844-1853. (1: Pilze. 1844) XXII, 613 S.; (2, 1:
Lichenen. 1845) XII, 129 S., 1 Bl.; (2, 2: Algen. 1847) XIX, 216 S.;
(2, 3: Leber-, Laubmoose und Farrn. 1848) XVI, 352 S.; (Syno-
nymenreg. 1853) 1 Bl., 144 S. 8° (2098)

Pritzel 7383.-

1993 Steineck, Hellmut. Pilze im Garten. Stuttgart: Ulmer (1976). 142
S. Mit 24 farb., 39 s.-w. Photos und 13 Zeichnungen. 8° (2092)

1994 Thiers, Harry Delbert. California Mushrooms. A field guide to the
Boletes. New York: Hafner (1975). X, 261 S. Mit 1 Microfiche. 8°
(2093)

1995 Willstaedt, Harry. Carotinoide Bakterien- und Pilzfarbstoffe. =
Sammlung chemischer und chemisch-technischer Vorträge. N.F.
H. 22. Stuttgart: Enke 1934. Titel, 119 S. 8° (2096)

Wissig, Elke. Pleurotus ostreatus - breeding potential of a new
cultivated mushroom. 1976. s. **Eger**, Gerlind.

Bibliographischer Anhang

A.) Biographien, Bibliographien und Kataloge

ADB. Allgemeine deutsche Biographie. 56 Bde und Reg.-Bd. Leipzig 1875-1912.

Brunet, Jacques-Charles: Manuel du libraire et de l'amateur de livres. 5ième éd. 6 Bde und 2 Suppl.-Bde. Paris 1860-1880.

Ebert, Friedrich Adolf: Allgemeines bibliographisches Lexikon. 2 Bde. Leipzig 1821-1830.

Graesse, Johann Georg Theodor: Trésor de livres rares et précieux ou Nouveau dictionnaire bibliographique. 7 Bde. Dresden 1859-1869.

Holzmann/Bohatta. Holzmann, Michael und Hanns Bohatta: Deutsches Pseudonymenlexikon. Wien, Leipzig 1906.

Kayser, Christian Gottlieb: Vollständiges Bücherlexikon. 36 Bde. Leipzig 1834-1911.

Krieger/Kelly. Krieger, Louis Charles Christopher: Catalogue of the mycological library of Howard A. Kelly. Baltimore 1924. Vgl. Nr 897.

Linnström, Hjalmar: Svenskt boklexikon. 2 Bde. Stockholm 1883-1884.

Lütjeharms, Wilhelm Jan: Zur Geschichte der Mykologie. Das 18. Jh. Gouda 1936. Vgl. Nr 1053.

MNE. Krieg, Michael O.: Mehr nicht erschienen. 2 Bde. Bad Bocklet, Wien, Zürich, Florenz 1954-1958.

NDB. Neue deutsche Biographie. Bd 1-10 (A-Kaf). Berlin 1953-1974.

Nissen, Claus: Die botanische Buchillustration. 2 Bde und Suppl.-Bd. Stuttgart 1951-1966. Vgl. Nr 1256.

Nouv. biogr. gén. Hoefer, Johann Christian Ferdinand: Nouvelle biographie générale. 46 Bde. Paris 1855-1866.

Pritzel, Georg August: Thesaurus literaturae botanicae omnium gentium. Nachdr. Mailand 1950. Vgl. Nr 1391.

Raab, Hans: Aus der Geschichte der Mykologie. In: Schweizerische Zeitschrift für Pilzkunde. Jg. 43 (1965) H. 6 ff.

Thieme/Becker. Thieme, Ulrich und Felix Becker: Allgemeines Lexikon der bildenden Künstler von der Antike bis zur Gegenwart. 37 Bde. Leipzig 1908-1950.

Vicaire, Georges: Bibliographie gastronomique. 2nd ed. London 1954. = Derek Verschoyle acad. and bibliogr. publ. Ser. 1, no 1.

B.) Auflösung der Sigel von Periodika, deren Rezensionsteil ausgewertet wurde
    (bis Februar 1976; Titel des Nachtrags unberücksichtigt)

BSMF. Bulletin Trimestriel de la Société Mycologique de France pour le progrès et la diffusion des connaissances relatives aux champignons. Vgl. Nr 228.

ČM. Česká Mykologie. Vgl. Nr 248.

DBP. Deutsche Blätter für Pilzkunde. Vgl. Nr 1142.

Fr. Friesia. Vgl. Nr 584.

MOeMG. Österreichische Mykologische Gesellschaft. Mitteilung. Vgl. Nr 1285.

MyM. Mykologisches Mitteilungsblatt. Vgl. Nr 1221.

ÖZP. Österreichische Zeitschrift für Pilzkunde. Vgl. Nr 1142.

Pe. Persoonia. Vgl. Nr 1335.

PuK. Der Pilz- und Kräuterfreund. Vgl. Nr. 1377.

RM. Revue de Mycologie. Vgl. Nr 1444.

SPRd. Südwestdeutsche Pilzrundschau. Vgl. Nr 1755.

Sy. Sydowia. Vgl. Nr 1762.

SZP. Schweizerische Zeitschrift für Pilzkunde. Vgl. Nr 1604.

WP. Westfälische Pilzbriefe. Vgl. Nr 1877.

ZfP. Zeitschrift für Pilzkunde. Vgl. Nr 1947.

Pe. Persoonia. Vgl. Nr 1335.

PuK. Der Pilz- und Kräuterfreund. Vgl. Nr. 1377.

RM. Revue de Mycologie. Vgl. Nr 1444.

SPRd. Südwestdeutsche Pilzrundschau. Vgl. Nr 1755.

Sy. Sydowia. Vgl. Nr 1762.

SZP. Schweizerische Zeitschrift für Pilzkunde. Vgl. Nr 1604.

WP. Westfälische Pilzbriefe. Vgl. Nr 1877.

ZfP. Zeitschrift für Pilzkunde. Vgl. Nr 1947.

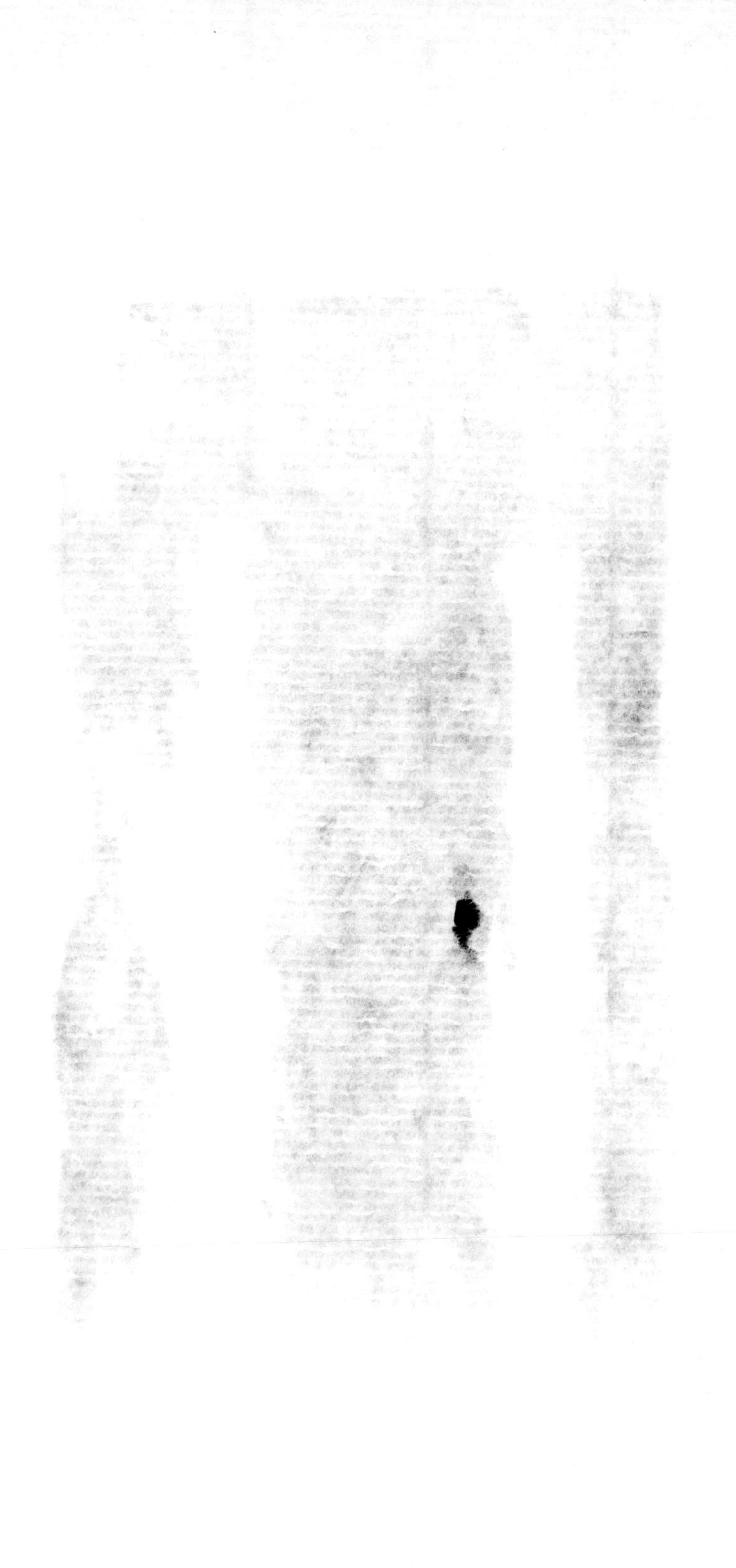